プリンタブル有機エレクトロニクスの最新技術

Advanced Science and Technologies for Printable Organic Electronics

《普及版／Popular Edition》

監修 横山正明，鎌田俊英

シーエムシー出版

はじめに

　最近，有機ELディスプレイ，有機トランジスタ，有機太陽電池，各種センサーなど，有機半導体，有機電子材料をベースとする電子デバイスが著しい進歩を遂げ，従来の無機シリコン半導体に代わって「有機エレクトロニクス」が注目を集めている。電子写真有機感光体に続いて実用化が期待されていた有機EL（電界発光）が，すでに携帯電話のディスプレイに搭載され，2007年12月には世界初の有機ELテレビが発売されるなど，有機ELの実用化が一段と進んだ。さらにその有機ELディスプレイの駆動を有機トランジスタで実現しようという研究も盛んに行われ，まさに有機エレクトロニクス時代の始まりを匂わせている。しかし，このような有機エレクトロニクスが産業として成長できるかどうかは，有機ならではの電子デバイス研究と同時に，省エネルギーを念頭において，電子デバイスや電子回路の作製に，高温プロセスが必要なシリコン無機半導体と十分に差別化できる，低温・低コスト製造プロセスが有機エレクトロニクスで開発できるかどうかに掛かっている。一方，省資源の視点から，「必要な材料を，必要なところに，必要なだけ」用いて電子回路や電子デバイスを作製する技術の開発が不可欠である。最近，これまで画像形成技術として発展してきた印刷技術やインクジェットプリント技術が，「必要な材料を，必要なところに，必要なだけ」基板上に配置して有機電子デバイス，電子回路パターンを作製する新しい製造プロセス技術として導入され，「プリンタブル有機エレクトロニクス」という概念が新しく誕生した。この技術はまだ確立されたものではなく，現在あらゆるプリンタブル技術，ファブリケーション技術が検討されているのが現状である。

　したがって本書では，「プリンタブル有機エレクトロニクスの最新技術」と題して，第1章でプリンタブル有機エレクトロニクスの必要性とそれに期待するところを概説し，第2，3，4章で，プリンタブル有機エレクトロニクスの概念を生み出した印刷技術，特にスクリーン印刷技術ならびにインクジェット技術の基本を解説し，プリンタブル有機エレクトロニクスへの展開とその実際を紹介する。第5章では，真空蒸着を用いない各種パターニング技術，有機半導体のファブリケーション技術，塗布成膜技術などプリンタブルエレクトロニクスを支える技術をいくつか取りあげた。後半の第6章では，材料サイドから成膜が容易なポリマー材料，自己組織化が期待できる液晶半導体材料，ならびに低分子半導体材料とそれぞれに期待される電子デバイスについて，第7章でプリンタブルエレクトロニクスが期待される有機デバイスの要素技術とその現状ならびに将来技術動向を，それぞれの分野で第一線で活躍しておられる方々に執筆いただいた。

　当初の出版予定が監修者の一人（M.Y）の体調不良も重なって大幅に遅れ，執筆者の方々に大

変ご迷惑をお掛けしましたこと心からお詫び申し上げます。またそれにもかかわらず辛抱強くサポート頂いたシーエムシー出版編集部の西出寿士氏に厚く感謝申し上げます。

2008年11月

大阪大学　横山正明

普及版の刊行にあたって

　本書は2008年に『プリンタブル有機エレクトロニクスの最新技術』として刊行されました。普及版の刊行にあたり，内容は当時のままであり加筆・訂正などの手は加えておりませんので，ご了承ください。

2015年4月

シーエムシー出版　編集部

執筆者一覧（執筆順）

横山 正明	大阪大学　先端科学イノベーションセンター　特任教授；大阪大学名誉教授
鎌田 俊英	㈱産業技術総合研究所　光技術研究部門　有機半導体デバイス研究グループ　グループ長
佐野 康	㈱エスピーソリューション　代表取締役
大西 勝	㈱ミマキエンジニアリング　技術本部　取締役技師長
村田 和広	㈱産業技術総合研究所　ナノテクノロジー研究部門　スーパーインクジェット連携研究体　連携研究体長
小田 正明	㈱アルバック　第9研究部　部長
八瀬 清志	㈱産業技術総合研究所　光技術研究部門　副研究部門長
細矢 雅弘	㈱東芝　研究開発センター　首席技監
福村 裕史	東北大学　大学院理学研究科　教授
山形 豊	㈱理化学研究所　VCADシステム研究プログラム　加工応用チーム　チームリーダ
南方 尚	旭化成㈱　新事業本部　研究開発センター　主幹研究員
谷垣 宣孝	㈱産業技術総合研究所　光技術研究部門　デバイス機能化技術グループ　研究グループ長
鈴木 裕樹	山梨大学大学院　医学工学総合教育部
奥崎 秀典	山梨大学大学院　医学工学総合研究部　有機ロボティクス講座　准教授
金藤 敬一	九州工業大学　大学院生命体工学研究科　教授
半那 純一	東京工業大学　大学院理工学研究科　教授
瀧宮 和男	広島大学　大学院工学研究科　物質化学システム専攻　教授
宮碕 栄吾	広島大学　大学院工学研究科　物質化学システム専攻　助教
岡田 裕之	富山大学　理工学研究部　教授
中 茂樹	富山大学　理工学研究部　准教授
笠原 二郎	元 ソニー㈱　先端マテリアル研究所　融合領域研究部　R&Dダイレクター；統括部長
北村 孝司	千葉大学　大学院融合科学研究科　情報科学専攻　教授
後上 昌夫	大日本印刷㈱　電子モジュール開発センター　RFID開発部　部長
柄澤 潤一	セイコーエプソン㈱　新完成品企画推進部　主事
平本 昌宏	自然科学研究機構　分子科学研究所　分子スケールナノサイエンスセンター　ナノ分子科学研究部門　教授
北村 隆之	㈱フジクラ　材料技術研究所　太陽光発電研究室　主席研究員
松井 浩志	㈱フジクラ　材料技術研究所　太陽光発電研究室　主査
岡田 顕一	㈱フジクラ　材料技術研究所　太陽光発電研究室　係長
小口 寿彦	森村ケミカル㈱　技術部　技術本部長
大石 知司	芝浦工業大学　工学部　応用化学科　教授

執筆者の所属表記は，2008年当時のものを使用しております。

目　　次

第1章　有機エレクトロニクスの研究動向　　横山正明

1　有機エレクトロニクスの発展経緯と電子デバイス ……………………………… 1
2　有機エレクトロニクスの幕開け ………… 2
3　プラスチックトランジスタの出現とその集積化 …………………………………… 3
4　プリンタブルエレクトロニクスの幕開け …………………………………………… 4
5　おわりに …………………………………… 5

第2章　印刷技術が拓くプリンタブル有機エレクトロニクス　　鎌田俊英

1　はじめに …………………………………… 6
2　高生産性に向けたプロセス革新 ………… 6
3　プリンタブルエレクトロニクスとインク材料 ……………………………………… 8
4　有機エレクトロニクス材料 ……………… 9
5　印刷解像度と素子性能 …………………… 11
6　プリンタブル有機エレクトロニクスの応用展開 …………………………………… 13
7　プリンタブル有機エレクトロニクスの未来発展 …………………………………… 15

第3章　スクリーン印刷　　佐野　康

1　はじめに …………………………………… 17
2　これまでのエレクトロニクス分野でのスクリーン印刷技術 …………………… 18
3　スクリーン印刷の8つの適用方法 ……… 21
　3.1　成膜（ベタ印刷） ……………………… 21
　3.2　パターンニング ……………………… 22
　3.3　スルーホール印刷 …………………… 22
　3.4　ビアフィル印刷 ……………………… 23
　3.5　バンプ・ドット印刷 ………………… 23
　3.6　落とし込み印刷 ……………………… 24
　3.7　積層印刷 ……………………………… 24
　3.8　転写印刷 ……………………………… 25
4　スクリーン印刷の「ペーストプロセス」的な適正化手法 ……………………… 26
5　プリンタブル有機エレクトロニクスへのスクリーン印刷の応用例 ………… 30
6　おわりに …………………………………… 33

第4章 インクジェット

1 エレクトロニクスへのインクジェット応用 …… **大西 勝** … 34
  1.1 はじめに …………………………………… 34
  1.2 インクジェット技術の特徴 ……………… 35
  1.3 インクジェット技術の現状と課題 …………………………………………… 36
    1.3.1 プリント可能な細線のレベル …………………………………… 36
    1.3.2 プリント速度 ……………………… 36
    1.3.3 着弾位置精度 ……………………… 37
    1.3.4 吐出安定性 ………………………… 37
  1.4 エレクトロニクス分野への利用拡大のために必要となる技術と課題 …………………………………………… 38
    1.4.1 インク ……………………………… 38
    1.4.2 インクジェットヘッド …………… 38
    1.4.3 その他の必要な総合技術 ……… 39
  1.5 まとめ ……………………………………… 39

2 スーパーインクジェット …… **村田和広** … 40
  2.1 はじめに …………………………………… 40
  2.2 背景 ………………………………………… 40
  2.3 基板上での液体の振る舞い（一般的なインクジェット液滴の場合）…… 41
  2.4 超微細液滴の特徴 ………………………… 42
  2.5 材料 ………………………………………… 43
  2.6 超微細配線 ………………………………… 44
  2.7 課題 ………………………………………… 46
  2.8 おわりに …………………………………… 47

3 インクジェット用の独立分散金属ナノ粒子インク …… **小田正明** … 49
  3.1 まえがき …………………………………… 49
  3.2 独立分散金属ナノ粒子の生成 …………… 49
  3.3 ナノメタルインクによる膜形成 ………… 49
    3.3.1 膜の概要 …………………………… 49
    3.3.2 ナノメタルインク膜の電気抵抗と密着性 ………………………… 50
    3.3.3 低温焼成型の銀ナノメタルインク ………………………………… 52
    3.3.4 独立分散ITOナノ粒子インク …………………………………… 54
  3.4 ナノメタルインクを使用したインクジェット法による配線形成 …… 55
    3.4.1 インクジェット法の特徴 ……… 55
    3.4.2 基板の表面処理 …………………… 56
    3.4.3 PDPテストパネル試作 ………… 56
    3.4.4 System in Package（SiP）試作 …………………………………… 57
  3.5 おわりに …………………………………… 60

第5章 各種パターニング・ファブリケーション技術

1 マイクロコンタクトプリント法 …………………………………… **八瀬清志** … 61
  1.1 はじめに …………………………………… 61
  1.2 マイクロコンタクトプリント（μCP）法 …………………………………………… 61
  1.3 マイクロコンタクト法による金属

		配線の印刷 ………………… 62
	1.4	マイクロコンタクト法による有機TFTの作製 ……………… 63
	1.5	おわりに ……………………… 65
2	電子写真法によるデジタルファブリケーション ……………… 細矢雅弘 … 67	
	2.1	はじめに——電子写真技術の優位性—— …………………… 67
	2.2	技術開発動向 ………………… 67
	2.2.1	電極・配線形成 …………… 68
	2.2.2	カラーフィルタ・ブラックマトリクスの形成 …………… 70
	2.2.3	蛍光体・誘電体・PDP隔壁・他 ………………………… 71
	2.3	液体トナーによるデジタルファブリケーション ………………… 71
	2.4	おわりに——課題と展望—— … 73
3	レーザーアブレーション法 ………… 福村裕史 … 74	
	3.1	はじめに ……………………… 74
	3.2	パルスレーザー付着(PLD：Pulsed Laser Deposition) ………… 74
	3.3	マトリックス支援パルスレーザー蒸着(MAPLE：Matrix-Assisted Pulsed Laser Evaporation) ……… 75
	3.4	アブレーション転写(LAT：Laser Ablation Transfer) ……………… 76
	3.5	分子注入(LMI：Laser Molecular Implantation) ………………… 78
	3.6	おわりに ……………………… 80
4	エレクトロスプレー・デポジション法 ……………………………… 山形　豊 … 82	
	4.1	はじめに ……………………… 82
	4.2	有機合成高分子・生体高分子のパターニング手法について ……… 83
	4.3	エレクトロスプレー・デポジション法 …………………………… 84
	4.4	パターニング実験 …………… 86
	4.4.1	ガラスマスクによるパターニング ……………………… 86
	4.4.2	MEMSプロセスによる微細マスクによるパターニング …… 86
	4.4.3	厚膜フォトレジストによるステンシルマスクを用いたパターニング …………………… 89
	4.5	考察とまとめ ………………… 90
5	有機半導体塗布技術 ……… 南方　尚 … 93	
	5.1	はじめに ……………………… 93
	5.2	オリゴマーの塗布技術 ……… 93
	5.3	縮合多環化合物の塗布技術 … 94
	5.3.1	誘導体 ……………………… 94
	5.3.2	前駆体 ……………………… 94
	5.3.3	直接塗布 …………………… 95
	5.3.4	薄膜の高品質化 …………… 96
	5.4	まとめ ………………………… 98
6	高分子摩擦転写技術 ……… 谷垣宣孝 … 100	
	6.1	はじめに ……………………… 100
	6.2	摩擦転写 ……………………… 101
	6.3	摩擦転写を用いた有機デバイス … 102
	6.3.1	トランジスタ ……………… 102
	6.3.2	有機EL ……………………… 104
	6.3.3	光電変換素子 ……………… 104
	6.4	おわりに ……………………… 105
7	ラインパターニング技術 ………………	

……………鈴木裕樹，奥崎秀典…… 107		7.4.1	高分子分散型液晶ディスプレイ ………………………… 110
7.1	はじめに ………………………… 107	7.4.2	プッシュスイッチ ……………… 111
7.2	ラインパターニング法 ………… 107	7.4.3	ショットキーダイオード …… 111
7.3	溶媒効果 ………………………… 109	7.5	おわりに ………………………… 112
7.4	デバイス化 ……………………… 110		

第6章 有機電子デバイスと有機半導体材料

1	ポリマー材料 ………**金藤敬一** 114	2.2.3	伝導キャリア …………………… 130
1.1	はじめに ………………………… 114	2.2.4	移動度 …………………………… 130
1.2	機能性高分子 …………………… 115	2.2.5	伝導のモデル化 ………………… 131
1.3	導電性高分子 …………………… 116	2.2.6	物質の純度 ……………………… 132
1.3.1	ポリアセチレン（PA）……… 116	2.2.7	構造欠陥 ………………………… 132
1.3.2	ポリピロール（PPy）………… 116	2.2.8	電極界面の電気特性 …………… 133
1.3.3	ポリチオフェン（PT）……… 118	2.3	デバイスへの応用 ……………… 133
1.3.4	ポリアニリン（PANi）……… 120	2.3.1	有機EL素子 …………………… 133
1.3.5	ポリパラフェニレンビニレン（PPV）……………………… 120	2.3.2	薄膜トランジスタ ……………… 135
		2.3.3	太陽電池 ………………………… 140
1.3.6	ポリパラフェニレン（PPP）……………………………… 120	2.4	残された課題 …………………… 141
		2.5	おわりに ………………………… 142
1.3.7	ポリフルオレン（PF）……… 121	3	低分子系 ……**瀧宮和男，宮碕栄吾** 146
1.3.8	ポリエリレンジオキシチオフェン（PEDOT）…………… 121	3.1	はじめに ………………………… 146
		3.2	p型材料 ………………………… 146
1.3.9	その他の機能性ポリマー …… 121	3.2.1	ペンタセン前駆体 ……………… 146
1.4	相補型電界効果トランジスタ（C-MOS FET）………………… 121	3.2.2	可溶性チオフェン系オリゴマー ……………………………… 147
1.5	おわりに ………………………… 123	3.2.3	可溶性アセン類 ………………… 148
2	液晶系 ………………**半那純一** 125	3.2.4	高溶解性TTF誘導体 ………… 149
2.1	はじめに ………………………… 125	3.3	n型材料 ………………………… 151
2.2	有機半導体としての液晶物質 … 126	3.3.1	C60誘導体 ……………………… 151
2.2.1	液晶物質の構造と種類 ……… 127	3.3.2	ナフタレン，およびペリレンビス（ジカルボキシイミド）
2.2.2	伝導の次元性 ………………… 127		

誘導体 ……………………… 152
3.3.3 オリゴチオフェン誘導体 …… 153
3.3.4 チエノキノイド誘導体 …… 154
3.4 おわりに ……………………… 156

第7章　プリンタブルエレクトロニクスが期待される有機デバイスとその要素技術

1 有機ELディスプレイ ………………
　　　　　　　　岡田裕之, 中　茂樹 …… 159
　1.1 背景 ………………………………… 159
　1.2 提案されてきたプリンタブル有機ELデバイス作製法 ……………… 159
　　1.2.1 大面積対応のプリンタブル作製プロセス ……………………… 160
　　1.2.2 各種方式の比較 ……………… 164
　　1.2.3 有機ELデバイスに関連したデバイス，プロセスや，フレキシブルパネル試作の報告 … 166
　1.3 発光ポスターへ向けての試み …… 167
　　1.3.1 マルチカラー自己整合IJP有機ELデバイス ………………… 167
　　1.3.2 ラミネートプロセスによる自己整合IJP有機ELデバイスと非接触電磁給電 …………… 169
　1.4 将来展望と解決すべき課題 ……… 172
2 有機TFTの現状と塗布／印刷プロセスの可能性 …………… 笠原二郎 …… 175
　2.1 はじめに ……………………………… 175
　2.2 塗布／印刷プロセスを目指す有機TFT ……………………………… 175
　　2.2.1 有機半導体 …………………… 176
　　2.2.2 ゲート絶縁膜 ………………… 177
　　2.2.3 電極と配線 …………………… 181
　2.3 全有機TFTの応用例 ……………… 183
　2.4 将来展望 …………………………… 184
3 トナーディスプレイ ……… 北村孝司 …… 186
　3.1 はじめに ……………………………… 186
　3.2 1粒子移動型（電荷注入型）……… 187
　　3.2.1 表示原理 ……………………… 187
　　3.2.2 試料 …………………………… 188
　　3.2.3 表示特性 ……………………… 188
　　3.2.4 電荷輸送層 …………………… 188
　3.3 2粒子移動型（摩擦帯電型）……… 191
　　3.3.1 表示原理 ……………………… 191
　　3.3.2 試料 …………………………… 191
　　3.3.3 表示特性 ……………………… 192
　　3.3.4 フォトリソグラフィーを用いた隔壁の作製 ………………… 193
　　3.3.5 隔壁作製方法 ………………… 194
　3.4 カラートナーディスプレイ ……… 195
　3.5 まとめ ……………………………… 197
4 ICタグ ……………………… 後上昌夫 …… 199
　4.1 ICタグの現状技術 ………………… 199
　4.2 アンテナ …………………………… 200
　4.3 ICチップ実装 ……………………… 202
　4.4 ICタグ実装技術動向 ……………… 205
　4.5 ICタグ実装技術の課題 …………… 205
　4.6 ICタグから見た実用デバイスへの課題——有機エレクトロニクスとIC

　　　　タグ ················ 206
　　4.6.1　チップ面積と集積度 ········ 206
　　4.6.2　電荷の移動度 ············ 206
　　4.6.3　動作電圧 ················ 207
　　4.6.4　信頼性，耐久性 ·········· 207
5　有機強誘電体メモリ ········ **柄澤潤一** ··· 208
　4.1　はじめに ···················· 208
　5.2　有機FeRAM ················ 208
　5.3　強誘電体高分子P(VDF/TrFE) ··· 209
　5.4　フレキシブル1T型有機FeRAM ··· 212
　5.5　課題 ························ 216
　5.6　おわりに ···················· 218
6　有機太陽電池 ············ **平本昌宏** ··· 220
　6.1　はじめに ···················· 220
　6.2　p-i-n接合型有機固体太陽電池 ··· 221
　6.3　ナノ構造制御技術 ············ 221
　6.4　大面積セル作製技術 ·········· 223
　6.5　有機半導体の超高純度化技術と厚
　　　　い i 層を持つ高効率p-i-nセルの
　　　　作製 ······················· 223
　6.6　長期動作テスト ·············· 226
　6.7　開放端電圧の増大 ············ 228
　6.8　まとめ ······················ 229
7　色素増感太陽電池 ·······················
　　　　······ **北村隆之，松井浩志，岡田顕一** ··· 231
　7.1　はじめに ···················· 231
　7.2　太陽電池の大面積化 ·········· 232

　7.3　プリンタブルDSC ············ 234
　7.4　大面積DSCの実際 ············ 236
　7.5　おわりに ···················· 238
8　回路配線形成技術 ········ **小口寿彦** ··· 239
　8.1　はじめに ···················· 239
　8.2　金属コロイドインクと回路配線 ··· 239
　8.3　金属コロイド液 ·············· 240
　8.4　インクジェットを利用した回路配
　　　　線 ························· 241
　8.5　レーザー刻印を利用した回路配線
　　　　···························· 244
　8.6　ナノインプリントによる回路配線
　　　　···························· 245
　8.7　まとめ ······················ 247
9　ラテント顔料を用いたインクジェット
　　法によるカラーフィルタ形成法の開発
　　···························· **大石知司** ··· 249
　9.1　はじめに ···················· 249
　9.2　現行カラーフィルタ作製法と問題
　　　　点 ························· 249
　9.3　ラテント顔料について ········ 250
　9.4　ラテント顔料の合成 ·········· 251
　9.5　インクジェットプリンティング(IJP)
　　　　法によるカラーフィルタ形成技術
　　　　···························· 252
　9.6　おわりに ···················· 255

第1章　有機エレクトロニクスの研究動向

横山正明*

1　有機エレクトロニクスの発展経緯と電子デバイス

「導電性ポリマーの発見とその開発」に対する2000年のノーベル化学賞と相前後して，有機半導体をベースとした有機デバイスに大きな期待が寄せられるようになった。それは，丁度その頃，電子写真複写機・レーザープリンタの感光体として成功を収めた有機光導電材料（OPC）が，有機EL（電界発光）発光デバイス（OLED）として新たな展開を見せ，そしてさらに有機トランジスタへと発展しはじめた時期であった。もともと有機半導体研究には大きく2つの流れがあった。すなわち，一つは有機物質で金属に匹敵する高導電性の実現を目指した研究であり，もう一つは絶縁性有機物質が示す物性，光導電性やキャリア輸送に主眼をおいた研究で，電子写真感光体のように電子デバイスとして利用しようとするデバイス開発的な研究である。図1に両者の

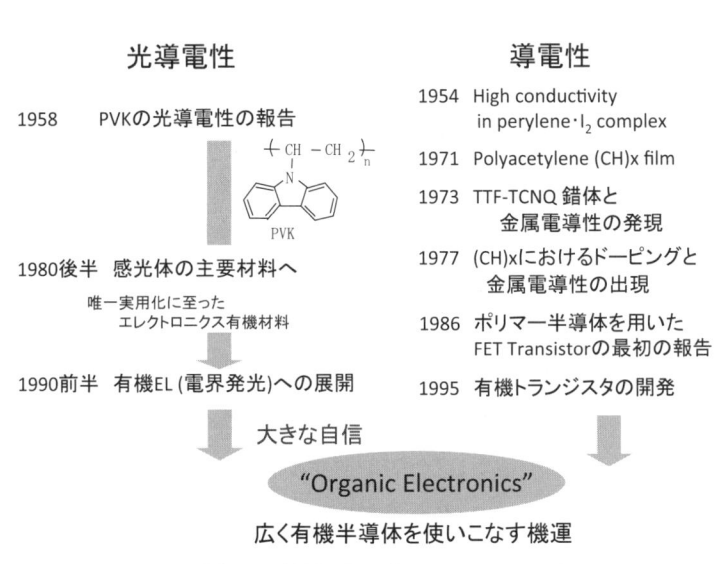

図1　有機電子材料開発研究における2つの流れ

---

* Masaaki Yokoyama　大阪大学　先端科学イノベーションセンター　特任教授；大阪大学名誉教授

発展経過を対比して示した。有機感光体として唯一実用に至り大きな成功を納めたOPCは，その後有機EL素子におけるキャリア輸送材料として展開され，一方，導電性ポリマーを中心とした有機半導体は，有機トランジスタとしての開発が始まり，それぞれ「有機エレクトロニクス」の旗印のもとに，実用デバイスとして広く有機半導体を使いこなそうという機運が高まった。

有機半導体が目指す実用電子デバイスの代表的なものとしては，歴史的に見ると，①現在の情報化社会を支えている電子写真有機（OPC）感光体デバイス，②OPC感光体が成熟期に突入しかけた頃，C.W. Tangの最初の報告[1]を契機に本格的に実用化を目指して研究開発が始まり，現在，実用デバイスとして開花した有機EL発光デバイス，③有機ELの実用化に啓発され，フレキシブル「電子ペーパー」への期待とともに有機ELに続く有機半導体の次のターゲットとして登壇してきた有機トランジスタを挙げることができる。その他，④有機太陽電池や⑤各種センサーが続く。有機トランジスタ開発は，有機電子デバイスとして実用間近となった有機ELディスプレイや電子ペーパーにおいて，折角の有機電子デバイスを何とか有機トランジスタで駆動・制御したいとの願望も大いに開発の動機になっている。さらに有機デバイスの駆動・制御としての有機トランジスタだけでなく，ICタグ，プライスタグや盗難防止ステッカーのように有機トランジスタを集積して，論理・演算に利用することも試みられている。また有機太陽電池は，有機ELよりも早くから注目され研究開発が行われてきたが，変換効率が上がらずにいた。しかし，有機エレクトロニクスの進歩とともに変換効率が著しく向上し，最近の原油高によるエネルギー問題の再認識とCO_2の削減を目指して再び注目を浴びて実用化研究が盛んな電子デバイスの一つである。

しかしながら，これらの電子デバイスは，まさにシリコン半導体あるいは無機半導体がすでに電子産業として打ち立ててきた電子デバイスである。今，「有機エレクトロニクス」を旗印に，シリコンならびに無機半導体に迫ろうという挑戦が繰り広げられているが，シリコン半導体あるいは無機半導体に比べて物性的には，キャリア移動度しかり，電気特性の安定性，耐久性など，はるかに劣るとされる有機半導体が注目を集めている背景は何であろうか？　なぜ本書で取り扱うプリンタブル有機エレクトロニクスなのか？

したがってここでは，これから展開されるプリンタブル有機エレクトロニクスの開発の視点を明確にし，有機電子材料の利点を活かしたプリンタブル有機エレクトロニクスをベースに，2017年には約500億ドル市場に達するともいわれる有機電子デバイスが産業として確立するためのシナリオを考えてみたい。

2　有機エレクトロニクスの幕開け

2000年10月ノーベル化学賞受賞者が決定した一週間後，バンクーバーで開催された米国画像学

第1章　有機エレクトロニクスの研究動向

図2　2000年11月にE-Ink社とBell研究所Lucent Technologyが発表した
有機トランジスタ駆動のフレキシブルE-インク表示デバイス

会（The Society for Imaging Science and Technology, IS & T）の国際会議での特別セッション「有機エレクトロニクス」において，事前に講演依頼していたHeeger教授から，恐らく受賞決定後はじめてと思われる同教授の講演を聞く機会に恵まれた。受賞の対象となった導電性高分子を用いた有機ELに関する講演であった。博士は，今後「有機エレクトロニクス」がますます盛んになることを力説され，有機エレクトロニクスのゴールは，プライスタグや使い捨て携帯電話，フレキシブルディスプレイのような「安くて，フレキシブルで持ち運びのできる，まさに手のひらの上で目的を果たしてくれるデバイスを作りあげることで，手軽に作れるローエンドユースを中心とした応用になるだろう」と予測された。丁度その頃，E-Ink社の着色微粒子の電気泳動を利用したフレキシブルで，ペーパーライクディスプレイあるいは電子ペーパーと呼ばれる面状のディスプレイ（図2）が新しく登場して話題を集めていた時期であり，このフレキシブルなポリマー基板上に作製された書き換え可能な文字表示デバイスは，有機電子デバイスが目指す一つの究極のモデルを提案するもので，その後の「フレキシブル有機電子デバイス」，「プリンタブル有機エレクトロニクス」の研究開発に拍車を掛けた。実際に，ディスプレイ部分を着色微粒子の電気泳動に代えて，自発光で視認性のよい有機EL発光表示に置き換えることを目指した研究も行われるようになり，まさにディスプレイ分野から「有機エレクトロニクス」の幕開けとなった。

3　プラスチックトランジスタの出現とその集積化

有機半導体を用いた電界効果型トランジスタは，ポリアセチレンの導電性の報告から約10年後の1986年にはじめて報告され，導電性ポリマーとして電解重合ポリチオフェンを用いて，2～3桁の電流のON/OFF動作が日本ではじめて確認されている[2]。その後1994年頃，フレキシブルな導電性ポリマーの特徴を活かしたAll Plastic TransistorがフランスのGarnier教授のグループから報告[3]され，この頃から，もともと有機材料のフレキシブルで大面積化が容易で，溶液からのキ

ャストなどの簡易な低温プロセスで作製可能というキャッチフレーズが実践されはじめたが，有機トランジスタの性能は実用デバイスとして十分でなかったためにすぐに「プラスチックエレクトロニクス」を開花させるまでには至らなかった。しかし，1998年にBell研究所Lucent Technologyから有機ELディスプレイの個々のピクセルを有機トランジスタで駆動することが提案[4]され，2000年にはオランダのフィリップス社から[5]，有機トランジスタを集積して15ビットのcode generatorの作製に成功し，フレキシブルなプライスタグや盗難防止ステッカーなどへの応用を目指した研究開発が始まった。同じ2000年，前述のE-Ink社とLucent Technologyは，有機トランジスタで動作するペーパーライクディスプレイ（図2）を発表し，「有機エレクトロニクス」は着実に「フレキシブルエレクトロニクス」としての足場を築いて行った。

4　プリンタブルエレクトロニクスの幕開け

これまで有機材料は，たとえば封止材料，液晶パネルの配向膜やカラーフィルタの形成，バックライトのマイクロレンズなど，シリコンデバイスの周辺電子部品として多く利用されてきた。しかしながらデバイス周辺でなくその中心デバイスとなるには，その性能，耐久性，信頼性において課題は山積する。

「有機エレクトロニクス」が実用電子デバイスの基盤エレクトロニクスとして認知されたのは，やはり有機ELディスプレイの実用化によるところが大きい。実用有機デバイスとして先に成功を収めた有機感光体で扱われる電流量はμAオーダーであったが，有機ELの出現は，有機材料においても電極から大量の電子・ホールを注入できること，かつmAオーダーの通電でも基本的に有機分子が耐久性を持つことを示した。この意義は大きい。従来無理と考えられていた有機電子デバイスの開発に我々を駆り立て，従来の無機シリコン半導体デバイスの領域に踏み込むことになる。

有機デバイスの実用化にともなうその製造プロセスを開発するにあたって，2つの視点，あるいは背景が考慮される。その一つは，シリコン系電子デバイスと差別化するために，有機材料の特長を生かすこと。すなわち，有機電子材料のキャッチフレーズであった，①分子設計が容易で低分子化合物から高分子まで多様性に富み，②軽量でフレキシブル，③大面積化が容易で，④溶液からのキャストなどの簡易な低温プロセスでデバイス作製可能という有機材料ならではの特長を活用することが肝要である。もう一つの視点は，④の簡易な低温プロセスでデバイス作製可能という特長に関連して，昨今のエネルギー問題，さらに最近の話題のエネルギー消費に伴うCO_2の削減のための省エネルギー化である。シリコンデバイスの800℃付近の高温製造プロセスに比較して，有機材料では，真空蒸着においても300，400℃，塗布プロセスでの100℃前後の製造プ

ロセスと，無機シリコンデバイスでは真似の出来ない特長を有する。幸い有機材料はすでに，カラー・フィルタの形成のように，周辺電子部品としてすでに，その製造プロセスに印刷技術を用いたパターニング技術を開発してきた。さらに最近，これまで紙面上の画像形成技術として発展してきたインクジェットプリント技術が，「必要な材料を，必要なところに，必要なだけ」基板上に配置して有機電子デバイス，電子回路パターンを作製する新しい製造プロセス技術として導入されるようになり，「プリンタブル有機エレクトロニクス」の概念が新しく誕生した。これに伴い，印刷技術，インクジェット技術以外にナノインプリント，マイクロコンタクトプリント法，レーザーアブレーションやエレクトロスプレーデポジション法など，従来有機デバイス作製技術として開発されたものでない技術も含め，「必要な材料を，必要なところに，必要なだけ」配置する低温，省エネルギー技術が検討されている。この製造プロセス技術はどれかに限定されるものでなく，TPOに応じてそれぞれのプロセスが用いられるものと思われる。

5 おわりに

有機電子デバイスの製造プロセスに，無機シリコンとの差別化，省エネルギー，省資源，CO_2削減による環境問題の解決に向けて，「プリンタブル有機エレクトロニクス」の概念が導入され，実用有機デバイスの開発に拍車が掛かり，フレキシブル有機デバイスの開発研究が盛んに行われている。製造プロセスでプリンタブルエレクトロニクスが適用できるようになったのは，やはり有機半導体の性能がある程度まで向上したこと，安定的に製造できるようになったこと，そこそこの寿命を確保できたことが大きいが，「プリンタブル有機エレクトロニクス」が有機電子デバイス産業を打ち立てる正攻法であるなら，たとえば印刷法，インクジェット法などのプロセスで用いるインク材料の開発とともに，プリンタブルエレクトロニクスに適したデバイス構造の開発研究も今後ますます重要となると思われる。

文　　献

1) C.W. Tang, S. A. VanSlyke, *Appl. Phys. Lett.*, **51**, 913 (1987)
2) A. Tsumura, H. Koezuka, T. Ando, *Appl. Phys. Lett.*, **49**, 1210 (1986)
3) F. Garnier, R. Hajlaoui, A. Yassar, P. Srivastava, *Science*, **265**, 1684 (1994)
4) A. Dodabalapur *et at.*, *Appl. Phys. Lett.*, **73**, 142 (1998)
5) G. Gelinck, T. Geuns, D. de Leeuw, *Appl. Phys. Lett.*, **77**, 1487-1489 (2000)

第2章　印刷技術が拓くプリンタブル有機エレクトロニクス

鎌田俊英*

1　はじめに

　情報通信技術が人々の日常生活の中に深く浸透するようになってきた今日，さらなる利便性の高い情報通信技術の利用に関する人々の期待はますます高まってきている。特に，人々が実際に日常生活で利用する情報通信用の端末機器に対する要望はますます多様になっていく傾向にある。情報端末機器に関する最近の傾向としては，如何に利便性の高い機能を有する機器を提供するかという要求に加え，如何にこうした機器を広く普及させるかということが大きな課題となっている。高度普及のためには，値ごろな価格での機器の提供が必須であり，その点で生産性の向上は極めて重要な課題となっている。

　こうした中，様々な電子デバイスの作製に印刷技術の適用（プリンタブルエレクトロニクス）が期待されるようになってきている。材料使用効率，生産工程数，タクトタイム，フットプリントなど，様々な生産性要因で向上が図られ，プロセス革新がもたらされるとの期待が高いためである。ここではこうした技術適用の背景，トレンドなどに関する概要を紹介するとともに，それを解決するための一つの技術である有機エレクトロニクスの適用との相関を紹介していく。

2　高生産性に向けたプロセス革新

　今日薄膜状の電子素子・回路を作製する場合，一般的には真空プロセスが用いられてきている。高純度な薄膜が形成しやすく，素子の性能を制御しやすいというのが大きな特徴である。しかしながらこの場合，プロセス温度が高い，真空装置を要するため装置が高価でタクトタイムが長くなる，パターニングにはマスクを用いるか，フォトリソを用いるため，材料使用効率が悪いといった生産にかかる様々な課題を抱えている。小さな素子を作製している分にはさほど気にはならないという課題であったが，ディスプレイや薄膜太陽電池など大面積デバイスにおいては，こうしたプロセスの生産性に関する課題は，機器の普及に大きく反映してきてしまうため，重要な技

---

*　Toshihide Kamata　㈱産業技術総合研究所　光技術研究部門
　　　　　　　　　　有機半導体デバイス研究グループ　グループ長

第2章　印刷技術が拓くプリンタブル有機エレクトロニクス

術課題となってきている。こうしたデバイスの生産性向上のためには，現状技術の中においては，「脱真空プロセス」，「脱高温プロセス」，「脱フォトリソグラフィー」といった点が課題となっており，それを実現するプロセス革新が求められるようになってきている。

　こうした中，印刷や塗布などの溶液プロセスによって電子素子や回路を作製する技術に大きな関心が寄せられるようになってきている。溶液プロセスで薄膜素子・回路が作製できるとなると，上述のような生産性向上のための課題が解決されるようになり，生産性が著しく向上することが期待されるためである。

　ここで実例を検討して，その生産性向上の要素を抽出してみる。図1(a)に，一般的な真空プロセス＋フォトリソグラフィーで作製する配線パターンの形成工程を示す。比較的一般的な工程であるが，全11工程でパターン形成がなされるようになっている。ここでの工程に見られるように，真空プロセスは，しばしば「引き算のプロセス」と言われることがある。一度，基板全面に薄膜を形成し，その後不要な部分を削り出していくという手法となるためである。こうした削り取るという原理だと，自ずと材料の使用効率は低下してしまう。また，フォトリソグラフィーの場合，レジスト材など最終的な素子には残らない間接材を多く用いなければならず，ここでも材料を大きく無駄にしてしまう工程が生じてしまっている。

　これに対して，同様のパターン形成をインクジェット法などの直描型の溶液プロセスで作製する例を図1(b)に示す。ここに示すように，この手法を用いると同じパターンを作製するのに3

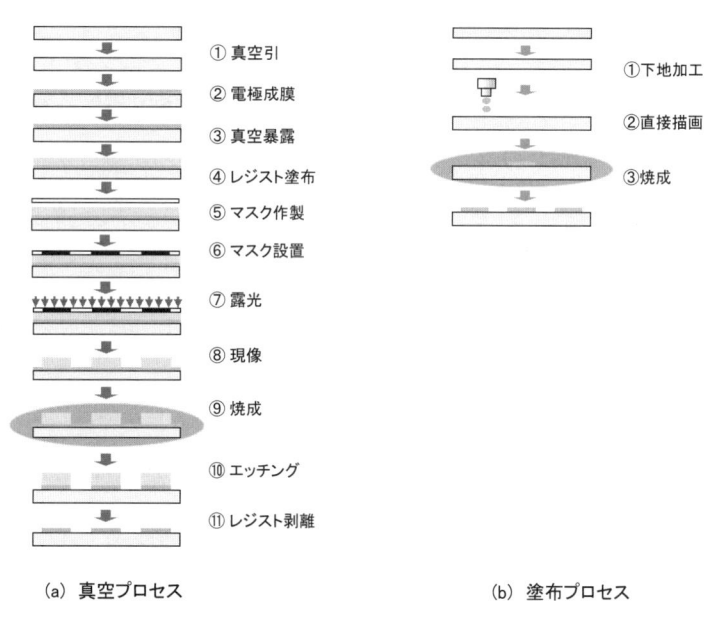

図1　導体パターン形成のための工程比較

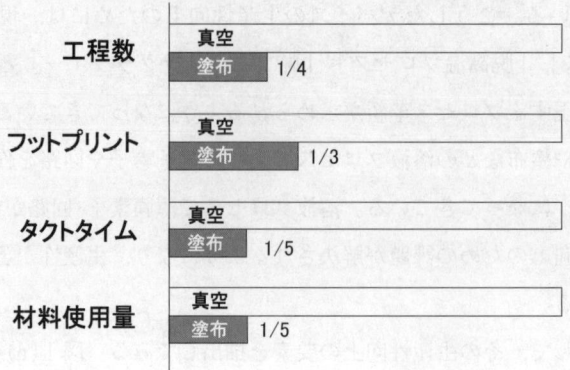

図2 真空プロセスと塗布プロセスの生産性比較

工程で済んでいる。直描型溶液プロセスは，材料を必要な場所に必要な量だけ設置していく（置いていく）というプロセスとなるため，真空プロセスが「引き算のプロセス」と呼ばれるのに対応させて「足し算のプロセス」という言われ方をする。必要なものしか用いないという点では，原理的に材料使用効率が高くなるプロセスである。

今ここでの真空プロセスと溶液プロセスとの比較は，解像度や均質性など性能要因を考慮していないので，直接的な比較検討としては必ずしも適当ではないかもしれない。しかし，上述の例が示すように，工程数の減少，材料使用効率の向上という点では，直描型溶液プロセスを用いることができるようになれば，かなり生産性が向上させられることが期待できることとなるのである。

生産性向上の見通しを，大まかに見積もってみた例がある。印刷法などの溶液プロセスでは，工程数は真空プロセスの約四分の一，フットプリントは約三分の一，タクトタイムは約五分の一，材料使用量は約五分の一にまで減らせられるとの見通しがある（図2）。実際には，まだこれを正しく見積もることができる製造ラインが存在するわけではなく，期待値を込めての値であるから，そのまま真に受けるわけにはいかないかもしれない。しかしながら，それでも生産コストが二桁も減少させることができるという見積もりは，あながち無理な話でもないかもしれないとの期待は持てるようにはなる。

3 プリンタブルエレクトロニクスとインク材料

さて，電子素子・回路を形成させるためには，基本的に導体，絶縁体（誘電体），半導体が必要である。印刷法で電子素子・回路を形成させるとなると，これらをいずれも印刷で形成可能に

第2章 印刷技術が拓くプリンタブル有機エレクトロニクス

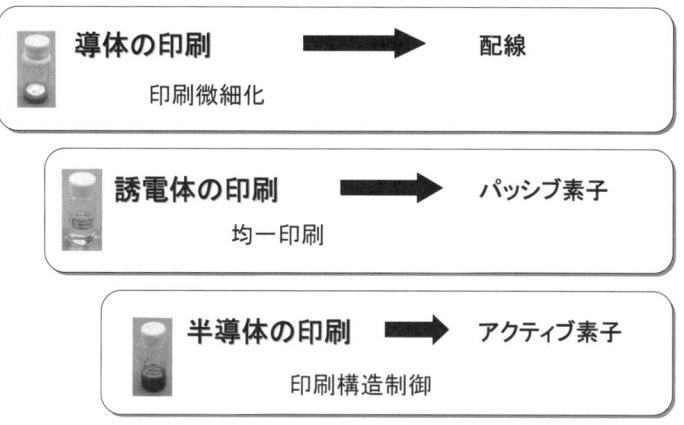

図3 電子材料インクと製造可能素子

する必要がある(図3)。

　まず,金属などの導体が印刷形成できると,回路中の配線・電極が印刷形成できることになる。面積的には回路中最も大きいところになるので,用途は広く,今日すでにプリント配線基板など様々なところで印刷形成として用いられている。低抵抗化が必要なため,ある程度厚膜として形成されることが多い。そのため印刷法としては,スクリーン印刷などが用いられることが多い。現在の技術的な課題としては,微細加工化がまず一番にあげられる。この電極・回路の微細化が,素子の性能や集積化を大きく左右することになるためである。

　次に,誘電体,絶縁体が印刷形成できるようになると,絶縁を取らなければならない絶縁被覆部分の構成とともに,導体形成とあわせることでパッシブ素子が印刷形成できるようになる。ポリイミドなど高分子系誘電体のインク化技術の開発などが進んでおり,絶縁部やキャパシターの構成などに用いられるようになっている。現在の技術課題としては,パッシブであっても素子を形成させるという点から,均一膜の形成ということなどがあげられる。

　最後に,半導体が印刷形成できるようになるとアクティブ素子が印刷形成できるようになる。ここまでできるようになると,回路全体がすべて印刷で形成できるようになるため,その意義は極めて高い。半導体は,その薄膜の構造が素子性能に大きく影響してくるため,技術的には印刷による薄膜構造の制御,ならびにその構造の均質化というのが大きな技術課題となっている。

4　有機エレクトロニクス材料

　プリンタブルエレクトロニクス実現のためには半導体層の印刷形成が一つの大きな鍵であるこ

とを述べた。その半導体であるが，今日半導体として用いられている材料は，シリコンや化合物半導体などの無機半導体である。ところが，これらの半導体材料は，印刷で薄膜形成可能なようにするためのインク化をすることが非常に難しい。シリコンインクの開発例もなくはないが，決して容易なことではなく，その例は極めて数少ない。そこで，印刷形成可能な半導体として期待を寄せられているのが，有機半導体である。

　有機材料は，一般に溶媒に対する溶解性を付与することが可能であり，このため溶液化，インク化することが比較的容易であり，プリンタブルエレクトロニクス用材料としては活用しがいがある材料である。しかし，有機材料の多くのものは絶縁体であることから，電子素子を形成する際には，絶縁材として用いられる部分を形成するのに用いられることがほとんどであり，導体や半導体として用いられることはあまりなかった。有機半導体の研究開発自体は，すでに長い歴史を有しており，様々な材料開発が進められてきたが，これまでは移動度などその基本的な性能が低かったため，学術的な研究対象となるだけであった。しかし，最近の各技術方面での多大な研究開発の努力により，今日有機半導体材料も優れたものが得られるようになってきている（図4）。その実用化への期待が膨らんできているところである。また，場合によっては，導体として用いられることも可能となってきており，導体材料として活用されることへの期待も膨らんできている。

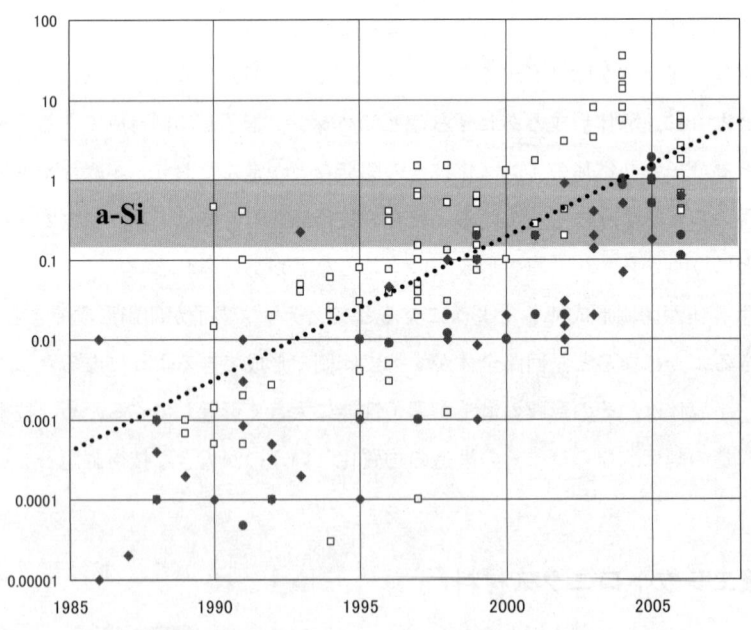

図4　有機半導体の移動度の発展（□：真空プロセス，■：溶液プロセス）

第2章　印刷技術が拓くプリンタブル有機エレクトロニクス

ところで半導体薄膜の形成に有機半導体を用いる場合，無機半導体を用いるのとはその薄膜形成法に大きな違いが生じる点がある。半導体層は，その結晶性，秩序性が高いほど移動度性能が向上することが知られている。従って，高い移動度性能を発現させるためには通常結晶化を進行させるための高温焼成処理やレーザー照射による焼成処理が施される。これが，高温プロセスを要してしまうポイントとなっている。しかし，有機材料を用いる場合は少し事情が異なる。有機半導体薄膜は，基本的に分子の集合体として構成される。この際各分子は，分子同士が秩序性正しく凝集しようとする力，すなわち自己組織化力が働く。従って，薄膜の形成過程において，この自己組織化力をうまく用いてやると，必ずしも後焼成の適用などが必要ではなくなってくる。印刷などの溶液プロセスは，薄膜を構成する粒子が真空プロセスのようにとめどなくランダムに降ってくるわけではなく，いつも必ず液滴という限られた空間に閉じ込められているという特徴を有している。このため，原理的には分子の自己凝集力の制御が比較的行いやすいという状態にある。すなわち薄膜の構造制御は，その要因さえうまく制御することができれば，秩序性薄膜の形成は比較的容易になるはずであり，プロセスの制御性も高くなるというわけである。実際には，溶液プロセスでの薄膜構造制御法はまだ十分に確立はされていない。特に印刷法では，インクをいかに基板にのせるかということに関しては，実に多くの技術開発がなされているが，そののせたインクの薄膜の構造制御をしようという試みはまだほとんどなされておらず，まさにこうしたところが，今後の技術開発の大きな課題となっている。

5　印刷解像度と素子性能

電子素子・回路を作製する際，その性能を制御するためには，そこに用いられる材料の性能とともに，素子形成技術の精度が大きく影響する。そのため，印刷で電子素子・回路を設計する場合，その印刷形成解像度がどの程度あるのかは，重要な課題となる。表1に，今日一般に知られている代表的な印刷形成技術の解像度などの性能を示す。それぞれ使用できるインクの粘度が異なり，解像度やスループットにも違いが生じてきている。解像度に関しては，最近の様々な技術開発の結果，ラボレベルではかなり高いものが得られるようになってきている。中には，$1\mu m$を切ることさえ可能になってきているものもある。しかし，プリンタブルエレクトロニクスという限り，その生産性ということをなおざりにすることができない。すなわち，実際の生産マシーンとしての性能がどのくらいなのかということが重要となる。それで実際に今日知られている状況を比較してみると，いずれもその解像度には大差はなく$30\mu m$くらいとなっているのが現状である。基板搬送や位置合わせなど，印刷行為そのもの以外の所にも技術を施さなければならないため，必ずしもベストな解像度は得られないようである。

プリンタブル有機エレクトロニクスの最新技術

表1 印刷製造技術のエレクトロニクス素子適応への指標

印刷法	分解能（ラボ）	分解能（生産マシン）	厚さ（Wet）max	インク粘性	スループット m²/sec
オフセット	1μm	10μm	5μm	20,000 - 100,000	20
グラビア	10μm	30μm	20μm	50 - 200	50
フレキソ	1μm	30μm	20μm	50 - 500	10
スクリーン	5μm	30μm	100μm	500 - 50,000	<10
インクジェット	0.1μm	30μm	1μm	< 20	0.01
μコンタクト	0.1μm		1μm		10^{-5}

次に，素子の側からはどのような解像度が要求されるのかを整理してみる。要求解像度を検討するにあたっては，基本的な素子の構造として，2端子素子と3端子素子の2種類を考慮すればよい（図5）。2端子素子とは，対向する電極間に半導体層や誘電体層が挟まれている素子構造で，ダイオードやコンデンサ，抵抗の構造などがこれにあたる。素子の性能を定めるためには，電極の面積とともに各層を形成する薄膜の厚さの制御が必要である。特に，薄膜の厚さの制御に精度が求められるため，印刷で形成する場合，膜厚の制御に注意を払う必要がある。印刷で薄膜を形成する場合，その膜厚の制御はインクの粘度で調整することが多い。従って，欲する膜厚によりインクの粘度がある程度定められ，その粘度のインクを用いることができる印刷法が定まってくるという相関関係がある。面積に関する解像度もインクの粘弾性に大きく左右されることが

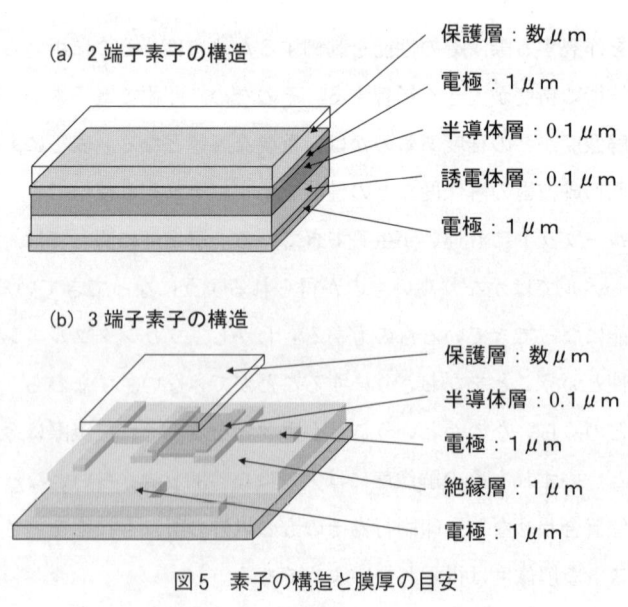

図5 素子の構造と膜厚の目安

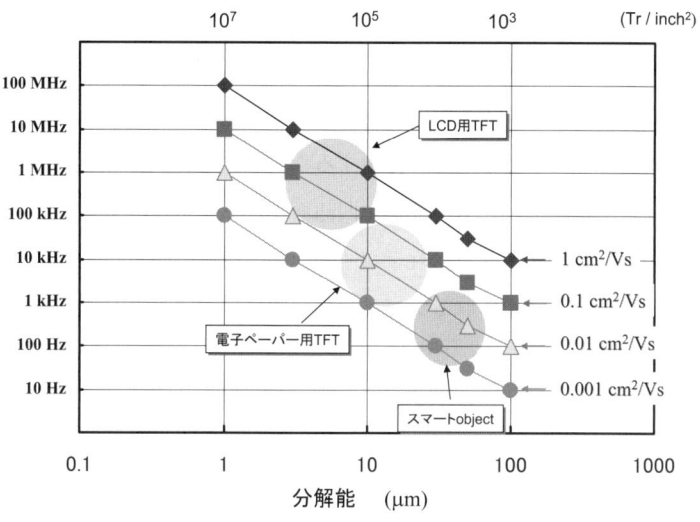

図6 素子のサイズと性能の相関

多い。しかし，膜厚と比べるとそのスケールが大きく異なるため，膜厚の精度の方がよりクリティカルになることが多い。

これに対して3端子素子とは，上記2端子素子の構造に加え，一端に配置されている電極がさらに電極面内で対向するように二つ設置される構造をとるものである。薄膜トランジスタの構造などがこれにあたる。素子性能を定める要因は，2端子素子の場合同様，まず各層を構成する薄膜の厚さの制御が重要となるが，さらにこれに加え，面内に対向するように設置された電極間距離の制御，すなわち面内方向の印刷解像度が要求される。

図6に，3端子素子において使用する半導体の移動度および印刷解像度（面内解像度）と，それにより形成されるトランジスタの応答速度および集積化度とを示す。どのような素子に用いるために設計するかという視点で見ると，どのような材料（半導体インク）を開発すればよいのか，素子形成技術にはどのくらいの解像度が要求されるのかがわかってくる。今日印刷で形成できる半導体の移動度は，1 cm^2/Vsを少し超える程度までとなっているため，印刷解像度の向上に対する期待も高まっている。

6 プリンタブル有機エレクトロニクスの応用展開

プリンタブル有機エレクトロニクスは，上述のように製造プロセスの革新による生産性の著しい向上をもたらすことが期待されているが，一方でこうした技術が適応できるならではの新市場

の創出が期待されている（図7）。

　有機材料を用いたプリンタブルエレクトロニクスということで，製造温度を比較的低く抑えることが可能となる。このため，素子や回路を形成させる基板に，プラスチックフィルムを用いることが可能になってくる。となると途端に作製する素子がフレキシビリティーを備えたものとすることができ，柔軟性を持つデバイス，曲面や凹凸面など形状平坦性を持たない場所へ設置できるデバイス，超薄型軽量デバイス，可搬性デバイスなどといった新デバイスが創出できることになる。こうしたキーワードが適用されるデバイスとしては，ディスプレイ，電池（太陽電池，薄膜電池），照明，無線タグ，センサー（圧力センサー，ガスセンサー，位置センサーなど），スマートオブジェクト（ラベル，メモリー，スピーカー，キーボード，電磁シールドなど）などが各種提案され，それぞれ様々な技術を適用して開発が進められている。ディスプレイは，曲面ディスプレイ，大型巻き取り式スクリーンディスプレイ，超軽量可搬型ディスプレイなどの実現に向けた期待が大きい。電池では，薄膜デバイスなどに設置する省スペース薄膜バッテリー，超軽量可搬型太陽電池などの実現に向けた期待が大きい。無線タグは，これが印刷製造できるとなると，様々な製品のパッケージに直接製造添付することができるようになる。その結果，ここの製品にバーコードを付けるかのごとく設置していくことが可能になる。これまで商品が種別管理であったのが，個体管理にすることが可能となるため，流通業にとっては革命的な出来事になるとの期待が高い。スマートオブジェクトというのが，まさにプリンタブルエレクトロニクスの特徴を生かすデバイス名称である。すなわち，新たな用途として知恵を出したものが，その知恵の実現のためにデバイスを作製していった結果できるものということである。薄膜デバイス，フレキシブルデバイスということでイメージされるものから自由に設計して創出していくデバイスであ

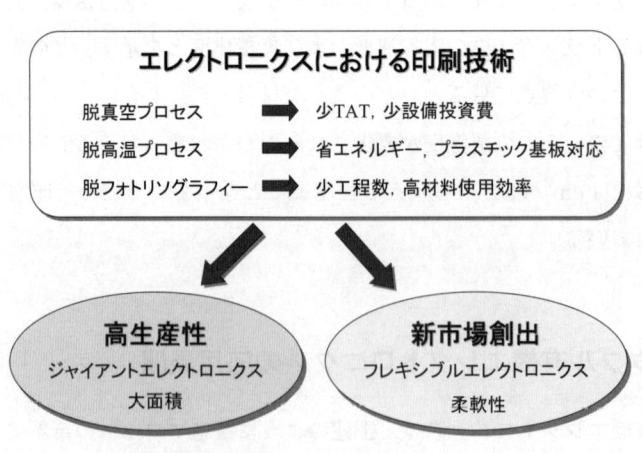

図7　印刷技術が変える電子デバイス製造

第2章　印刷技術が拓くプリンタブル有機エレクトロニクス

る。まさに知恵の出しどころで，新市場の創出というところである。

　むろんこうした提案があっても実際に技術が追い付かないと実現できないわけであるから，それぞれのデバイスカテゴリーにおいても技術難度に応じた各々のロードマップ策定などが行われている。たとえば，最も適用が大きく期待されているディスプレイに関しては，最初は表示ラベルなどの極めて簡単でパッシブ駆動する表示素子として開発されることが見込まれている。次にアクティブ駆動するディスプレイとして，電子ブックなどが開発されていき，その後高精細フレキシブルディスプレイ（電子の紙）として開発されていくことが期待されていくというシナリオである。またその他のターゲットとして，バーコード代替などとして期待が高い無線タグなどでは，最初にパッシブ素子だけで構成できる共振タグの開発がなされると見込まれている。次に数bit程度のアクティブ動作タグが開発され，その後64 bit超のバーコード代替タグとしての開発が図られていくというシナリオである。これらのロードマップを踏まえて，開発すべき技術の優先度が少しずつ変わってきているようである。

7　プリンタブル有機エレクトロニクスの未来発展

　こうした有機エレクトロニクスのさらなる未来像としては，プリンターで作製できる電子デバイスという期待がある。今後情報通信技術が社会にますます浸透していくと，情報端末機器の出番が実に多様なものになっていくことが想像できる。その時の端末デバイスは，使う人の利便性に合致したものであることが必要となってくるため，もはやだれかに供給してもらうというものでは我慢できなくなってくるという状況が想像される。となると，使う人が自分の欲しいものを作るというのが究極の姿となっていく。このような構想を消費者による端末機器の生産ということでProsumer electronics（Prosumer=Producer + Consumer）と呼んでいる。さて，それでは使用者自身で作製する情報端末機器はといった時，どのような構想を描けばよいのか。一般の人が汎用的に所有している情報端末用製造機器といったら真っ先にプリンターがあげられる。すでに，紙への印刷という形で，プリンターを用いて様々な情報伝達媒体を製造している現状がある。この際用いるインクが電子材料インクであれば，電子情報端末機器は作製可能になるということである。現実味を出すにはもう少し時間がかかりそうな構想ではあるが，今日の情報通信技術の社会への普及を考えると，自ずと向かっていく方向であることが見て取れる。これを一番端的に現実化させられる技術の一つがプリンタブル有機エレクトロニクス技術と言えるわけである。

文　　献

1) 鎌田俊英,「有機TFT技術によるディスプレイの革新」, 月刊ディスプレイ, **11**, 1 (2005)
2) 鎌田俊英,「有機エレクトロニクスを印刷で創る」, 日経エレクトロニクス, **925**, 131 (2006)

第3章　スクリーン印刷

佐野　康＊

1　はじめに

　近年，エレクトロニクス分野の製造プロセスにおいて印刷法を利用してコストダウンを図るという試みが目立つようになってきた。このような動きは，これまで広く行われてきた真空成膜法やフォトリソプロセスでは今後のコストダウンに限界が見えてきたと思われ始めたからであると考えられる。つまり，初期コストが安く生産性が高く，さらに低環境負荷である印刷法によるウエットコート法やダイレクトパターンニング法が期待され始めた事の現れであると思われる。

　現在，エレクトロニクス分野において実際に利用されている印刷工法は，一部で利用されてきたフレキソ印刷法，グラビア印刷法やインクジェット法を除いては，ほとんどがスクリーン印刷法である。スクリーン印刷は，セラミック回路基板，プリント配線板，メンブレン・フィルム回路基板，電子ディスプレー基板や多くの電子部品の製造工程に利用されており，近年ますますその技術と品質レベルが向上し，今後は，広く有機エレクトロニクスのデバイス製造にも利用できると期待されている。

　最近では，スクリーン印刷やインクジェット技術などを利用して，有機半導体でトランジスタを製作しようとする動きも活発になってきた。有機半導体は，従来のシリコンなどの固体半導体と異なり，塗布工程だけの低温プロセスでトランジスタが製作できる為，フレキシブルなフィルム上への半導体デバイス製造が実現できると期待されている。

　フィルム上へのフレキシブルな半導体デバイスが製作できれば，フレキシブルなディスプレーやフレキシブルなコンピュータが実現できるなどと喧伝されている。

　一方，有機トランジスタは，素子一個あたりの価格でも電気的な特性の面でも現状のシリコントランジスタには到底太刀打ちできないと思われる。今後，技術が進んでも集積度やキャリア移動度に関しての大きな差はなかなか縮まらないと考えるのが妥当である。

　では，有機半導体，有機トランジスタのシリコン半導体などの固体デバイスに対しての優位性とは何か。それは，真空プロセスを使用しないで，常圧での塗布プロセスのみで製造できるということに他ならない。つまり，スクリーン印刷やインクジェット技術などの簡便でスループット

　＊　Yasushi Sano　㈱エスピーソリューション　代表取締役

が高いプロセスだけで半導体デバイスが製作できるという事である。このような塗布型プロセスでは，サブミクロン以下のデバイスを作成する事は不可能であるが，大面積にトランジスタを多数配置するような場合には，ローコストで製造できるという特長がある。

つまり，有機エレクトロニクスデバイスは，大面積での製造コストの安い印刷工法を駆使してローコストのデバイスを製作する事が最も有利であり，このことから有機エレクトロニクスと印刷技術とは非常に相性が良いといえる。

2　これまでのエレクトロニクス分野でのスクリーン印刷技術

1940年代にシルクスクリーン印刷の技法を応用して，金属粉末をペースト状にしてエレクトロニクスの基板にパターンを塗布した事から，このプロセスをそれまで行われていた蒸着法に比べて厚い膜を得られると言う意味で「Thick film process　厚膜プロセス」と呼ぶようになった。(蒸着などの従来の方法をThin Film Process薄膜プロセスと呼ぶようになった。)

つまり，厚膜プロセスとはスクリーン印刷で機能材料ペーストを直接基板に成膜，パターンニングする工法の事であり，このとき印刷されるペーストの事を厚膜ペーストと呼ぶ。

厚膜ペーストは，スクリーン印刷により成膜，パターンニングされ乾燥や焼成などの熱処理を経て，それぞれの固有の機能を発現するように設計されている。

このような厚膜プロセスは，アルミナなどのセラミック基板の上に導体，抵抗体，絶縁体（誘電体）をスクリーン印刷でパターンニングする工法としてハイブリッドIC，サーマルヘッド，チップ抵抗，可変抵抗など多くの用途で利用されてきた。

また焼成前の生セラミックシート（グリーンシート）に厚膜ペーストを印刷し，そのシートを積層し，同時焼成する多層基板製造方法にも利用されている。

使用するセラミックシートの焼成温度に合わせて厚膜ペーストの焼成温度をマッチングさせる必要があり，その温度で高温同時焼成基板（HTCC）と低温同時焼成基板（LTCC）に分けられる。前者は1400～1450℃，後者は850～950℃で焼成する。

すでに1990年当時，LTCCの応用ではスーパーコンピュータの50層以上の積層回路基板用として，100 μm以下のファインライン印刷が行われていた実績がある。

現在の多くのIT機器の重要な受動部品である積層チップコンデンサ（MLCC）や積層チップインダクタ（MLI）もグリーンシートに導電ペーストを印刷して，積層，焼成して製造されている。高積層のMLCCの内部電極印刷では，印刷乾燥膜厚1 μm以下という非常に薄い膜を印刷することもある。つまり，「厚膜プロセスで薄い膜を形成する」事もあるのである。

一方，有機基板やフィルムの上にスクリーン印刷して導体や抵抗体，絶縁層を形成する事も行

第3章 スクリーン印刷

われている。これらに使用されるペーストは高分子厚膜ペースト（Polymer Thick Film; PTF）と呼ばれ前述の焼成タイプとは異なり熱処理温度が比較的低いものである。

焼成タイプは，焼成後有機成分は熱分解して除去され，無機成分だけが残るが，PTFでは，有機成分である樹脂で無機成分のフィラーが固着され機能を発現するように設計されている。

PTFは，使用する樹脂の種類や溶剤の選択で熱処理温度は，80℃から300℃程度まで幅広い製品がある。使用する基材フィルムや前工程で形成された素子の耐熱性で処理可能温度を選択する。一般的には，高い熱処理温度のペーストの方が高い特性を得られ易い。

現在，これらの応用はメンブレンスイッチやタッチパネル，部品内蔵型有機基板などの分野で利用されている。

この分野での高分子厚膜ペーストの一部が，その機能と印刷性能を向上させることによりプリンタブル有機エレクトロニクス分野で利用されるようになると期待されている。

以上のような厚膜プロセスとしての応用と，プリント配線版（PWB）製造におけるスクリーン印刷技術の変遷は，全く異なっていたと言える。PWBでのスクリーン印刷は銅張り積層板のエッチングレジストインクのパターンニングを主目的として利用された。しかしながら，エッチングレジストインキという中間材料のパターンニングではプロセスとしての付加価値が低く，技術的にも「ピン間3本のパターン（150μmライン）の安定した印刷が困難」として，80年代後半には，ドライフィルムを使用したフォトリソプロセスに代替された。

米国から導入されたドライフィルムプロセスは，プロセスステップは長いが寸法精度が高く，作業者の技量を必要としないプロセスとして急速に広まった。その後，ソルダレジストも感光性のものが使用され始め，作業者の技量が必要と思われていたスクリーン印刷技術を敬遠するPWBメーカーが増加した。

90年代前半には，それまでセラミック多層基板製であったPCのMPU用のパッケージ基板がPWBと製造工程が似ている有機基板製になり，この有機パッケージ基板の製造方法においてスクリーン印刷による穴埋め技術である「ビアフィル」印刷と感光性ソルダレジストの厚塗り印刷が必須となり，再度，この技術が注目され始めた。

この頃までは，エレクトロニクス分野のスクリーン印刷の資機材メーカーはセラミック関連分野とPWB関連分野の二つに分かれて営業活動を展開していたような状況であった。

しかし，90年代後半から，大型PDP工場の建設ラッシュがおこり，スクリーン印刷技術が蛍光体塗布工程や誘電体の成膜工程に利用されるようになり，それまで棲み分けていた資機材メーカーがこぞってこの分野に参入を始め，技術開発競争が激化した。

PDPのスクリーン印刷の応用は，それまでにない大型でかつ非常に高い品質が要求され，このことが各要素技術の進歩を加速させることになった。事実，その後のPDPでの応用によりス

プリンタブル有機エレクトロニクスの最新技術

クリーン印刷品質，とくに膜厚均一性，寸法安定性の面で大幅な進歩をもたらした。そしてこの技術進歩が他のセラミック電子部品製造のためのスクリーン印刷技術にも大きな貢献をした。

　2007年，エレクトロニクス関連の展示会では，多くの資機材メーカーが図1の写真のような10μmのファインパターン印刷サンプルを展示するようになり，PDP用のスクリーン版も図2のように3.5×3.0mの「42インチ6面取り」のサイズまで大型化するまでになった。そして，図3のような大型スクリーン印刷機が量産工程で使用されるようになった。

図1　グリーンシート基板へのライン／スペース10/10ミクロン印刷
（東京プロセスサービス　提供）

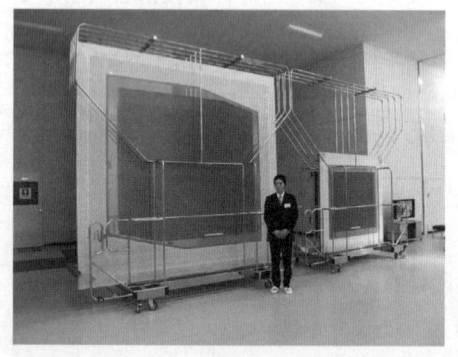

図2　大型PDP用3.5×3.0メートル
　　　スクリーンマスク
（東京プロセスサービス　提供）

図3　大型3.5メートル版対応PDP用
　　　スクリーン印刷機
（ニューロング精密工業　提供）

3 スクリーン印刷の8つの適用方法

通常,印刷技術とは,成膜とパターンニングの技術であるとされているがスクリーン印刷はこのほかにもエレクトロニクスの多くの分野でのさまざまな工法として利用されている。実際にローコストのプリンタブル有機エレクトロニクス製品を製造するためには,有機トランジスタ製作工程以外の回路形成,実装の工程においてもローコストのプロセスを利用する必要がある。

スクリーン印刷は,同一の印刷装置でスクリーン仕様,スキージ仕様やテーブル治具を変更し,ペーストをそれぞれの目的に応じて適正化することで表1のような8つの工法への適用が可能である。

表1 スクリーン印刷の8つの適用工法

工法	内容	応用分野の例
成膜（ベタ印刷）	均一な膜厚形成	PDP誘電体,レジスト厚塗りなど
パターンニング	乳剤でのパターン形成	LTCC電極,PDP電極など
スルーホール印刷	印刷＋吸引ブロー	ハイブリッドIC,プリント基板
ビアフィル印刷	高粘度ペースト充填	有機基板,LTCC
バンプ印刷	微小ドット形成	クリームはんだ,ドットスペーサ
落とし込み印刷	溝部への充填	PDP蛍光体など
積層印刷	印刷／乾燥の繰り返し	PDP隔壁,ボンディングダムなど
転写印刷	突起部だけの成膜	パッケージシール剤塗布など

3.1 成膜（ベタ印刷）

スクリーンメッシュが直接基板表面に接触し,図4のようにスキージでメッシュ全体に均一に印圧を加える事により,メッシュの厚み（×開口率）相当分のペーストを均一な厚さで塗布する。

通常,印刷面内でのメッシュ厚みのバラツキは,±2％以内であり,適正にスキージの圧力を基板に加えれば印刷膜厚は±3～5％程度である。

メッシュの選択により,ウエット膜厚で5～120μm程度の成膜が可能である。

図4 成膜（ベタ）印刷時のスクリーンメッシュと基板との関係

3.2 パターンニング

メッシュにコーティングされた，感光性乳剤が図5のように基板に接触してペーストの印刷解像性を規定する。ペーストの粘弾性の適正化が重要である。乳剤の解像性は，ライン／スペース10/10μm程度まで可能である。基板の種類や濡れ性の違いにより印刷解像性が異なる。一般にファインパターン印刷ほど寸法精度の要求も高くなるが現在の要素技術の集積で20〜30μm程度までのファインパターン回路までは量産可能であると思われる。

図5　パターンニング印刷時のスクリーンメッシュ，乳剤と基板の関係

3.3 スルーホール印刷

セラミック基板のハイブリッドICの「スルーホール」やPWBの「銀スルーホール」の応用で古くから利用されている工法である。図6のように基板孔の上に印刷されたペーストを印刷テーブルに内蔵されたエアー吸引装置（ブロア）で下方に流動させ，孔内壁にペーストを塗布する。

ペーストの流動特性や粘着性の適正化，装置の吸引均一性が必要であり，スクリーン印刷の中では最も管理が困難とされている。孔径は小さくても200μmφ程度までに適用できる。

最近では基板の孔径が小さくなりビアフィル印刷するケースが増えている。

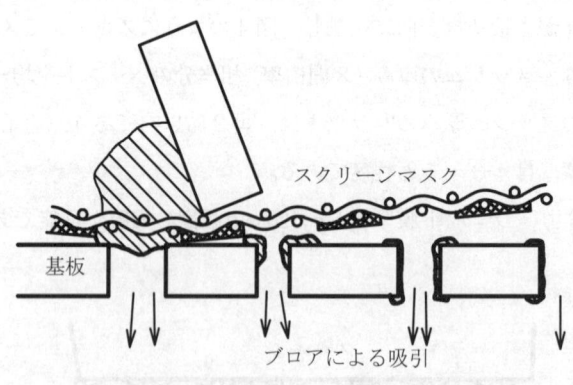

図6　スルーホール印刷時のスクリーン版とブロア吸引

第3章　スクリーン印刷

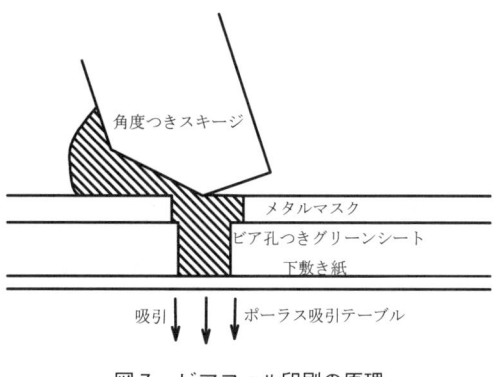

図7　ビアフィル印刷の原理

3.4　ビアフィル印刷

　基板孔に導電ペースト又は絶縁ペーストを完全に充てんすることで，基板孔の上も回路として有効に利用できるようになる。スクリーン印刷によりペーストを基板孔に充てんする事を「ビアフィル」又は「プラギング」という。貫通孔にペーストを充てんする場合，テーブル治具にサグリを作り斜め研磨スキージで小さいアタック角度で印刷する。基板がグリーンシートのように柔軟な場合，図7のようにポーラステーブル上に上質紙を敷いて，下から弱く吸引してエアーの逃げを作る。フィルム基板の両面を使用する場合には必須の技術となる。

　ペーストは後工程の熱処理での体積収縮が少ない高粘度又は無溶剤のものが望ましい。

　基板孔が裏まで貫通していない有底孔では，空気の逃げ場がないため，真空印刷機を使用し，減圧した状態で印刷し，印刷後に大気開放してペーストを孔に充てんする。

3.5　バンプ・ドット印刷

　150μm以下の微小なバンプを印刷する場合は，アディティブプロセスで製作したメタルマスクを使用するケースが多い。メタルマスク厚さは，30～80μm程度であり，コンビネーション仕様の版としてできるだけ張力が高いほうが良い。

　微小ドットでは，メタルマスク使用でも，通常のスクリーン印刷であるオフコンタクト印刷が可能であり，スキージも通常のゴムスキージ，ペーストは比較的粘度の高いものを使用する。

　クリームはんだ印刷のようにできるだけ高さが必要な場合は，メタル厚は開口径の50％以下として，印刷時に開口部のペーストが全て基板上に転写させる必要がある。

　メタル厚が厚い場合は，印刷時に開口部の下部分からのペーストしか転写しない。ペーストの種類によっては，図8のように60％開口率メッシュで乳剤厚を厚くしたスクリーン版でも直径50ミクロン程度のバンプ・ドット印刷が可能である。

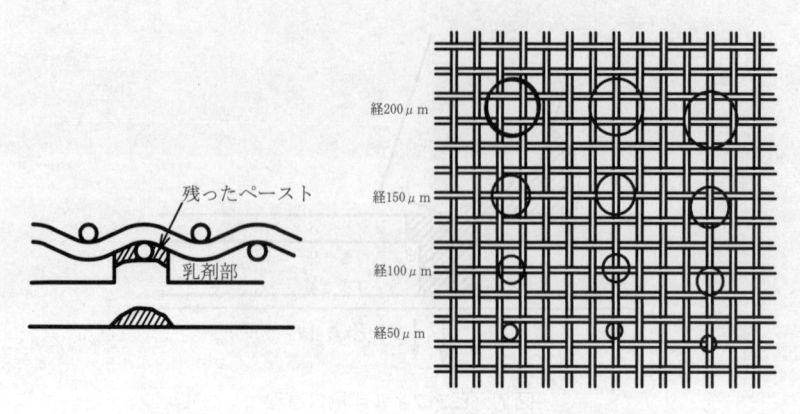

図8　スクリーンメッシュでの微小バンプ印刷の原理

図9　PDP蛍光体落とし込み印刷の原理

3.6　落とし込み印刷

　PDPの応用で最も特徴的な印刷工法である。隔壁間の幅は約250μm，深さは約100μmでこの隔壁と溝の底の表面に蛍光体を15μmの厚さで均一に塗布する事が目的である。

　通常のスクリーン印刷は，スクリーンメッシュ又は乳剤が印刷される基板に接触しているが，この場合は図9のように幅120μmのスクリーン版の乳剤開口部は溝の底から100μm上方に位置する。

　印刷方法は，斜め研磨スキージでアタック角度を20°程度とし吐出力を大きくして蛍光体ペーストを溝の底に落とし込み溝いっぱいに充てんする。蛍光体ペーストは，粘り気のある性質をもたせており，乾燥時にも蛍光体粉末は沈降せず隔壁と底に均一にこびりつく。印刷後，スクリーン版裏にペーストが付着するため専用のクリーニングテープで拭き取る。

3.7　積層印刷

　これも，PDPの隔壁製造工程でのスクリーン印刷の特徴的な印刷工法であるが，現状はフォトリソプロセスを採用しているメーカーが多く，残念ながら量産には利用されていない。

　図10のようにスクリーン開口部70μmでガラスフリット入りのペーストを印刷，乾燥を10回繰

第3章 スクリーン印刷

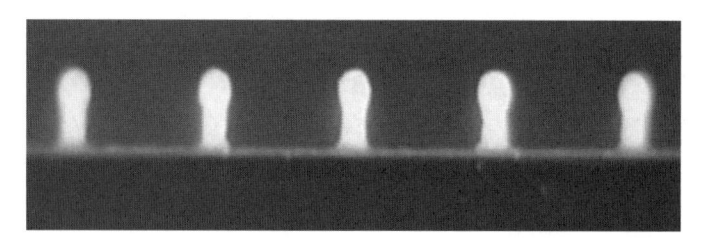

図10 PDP 隔壁積層印刷の焼成後の断面写真（隔壁幅50ミクロン）

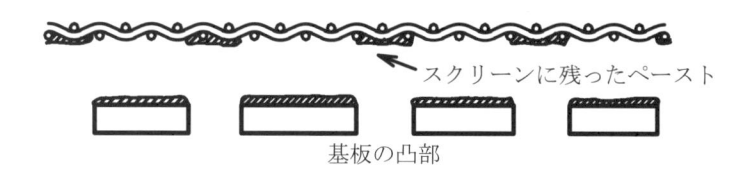

図11 孔あり基板平面部への転写印刷の原理

り返す事で乾燥膜厚約180μm，焼成膜厚120μm，厚みばらつき±3％の隔壁が形成できる。

ベタ印刷でも，1回の膜厚精度が±3％程度である事から，スクリーン印刷は10回積層印刷しても膜厚ばらつきは低下しない事が判る。

スクリーン印刷は適正な品質のスクリーン版で適正な印刷条件範囲で印刷すれば，印刷位置再現性は±5μm以内であり，印刷装置が適正なら積層印刷の難易度はあまり高くない。

3.8 転写印刷

スキージ角度が通常の70°であれば，スクリーン印刷では，版と基板とが接触した部分にしか印刷できない。図11のようにこの原理を利用してベタスクリーン版で基板の突起部だけや，穴のあいた基板の平坦部だけを印刷する事ができる。

この工法は，精密な位置合わせをしないでスクリーン版と基板との接触部だけコーティングする場合に適用できる。突起部間のスペースが狭い場合や孔が小さい場合には，ペーストがだれてブリッジが起きやすいためスクリーンメッシュはできるだけ薄いものを使用する必要がある。

転写印刷後には，接触部以外のスクリーンメッシュには印刷されなかったペーストが残るため，毎回ダミー印刷やスクリーン裏からの専用スキージによる「裏掻き」が必要となる。

4 スクリーン印刷の「ペーストプロセス」的な適正化手法

　昔から，スクリーン印刷は，三つの要素からなることはよく言われてきた。三つの要素とはペースト，スクリーン版，そしてスキージ仕様を含む印刷パラメータのことである。
　スクリーン印刷技術に関する古い著書をなんとか探し出して読んでみると，当然の事のように，この三つの要素を最適化することが高品質の印刷をするために重要であると書いてある。そして，その各々の要素には非常に多くの要因があり，それぞれの要因を組み合わせ適正化することが必要であるというようなことが書いてある。しかし具体的にどのような方法で適正化すべきとはどこにも書いていない。また，書いてあったとしても，全ての印刷パラメータを変化させその影響を個別に調べて，それぞれを適正化しなさいなどという一見科学的なようだが全く実用的でない手法まで紹介されている。
　また，いくつかのメーカーからの「スクリーン印刷は複雑で難しい，そのままでは失敗する。不安だったら，自分の会社の製品を使用しなさい」とでも言いたげな新興宗教の勧誘まがいの「新構造」「新製品」の紹介も見受けられる。
　さらに，印刷条件の設定は非常に煩雑で，「スクリーン印刷は数多くのパラメータを組み合わせなければならない。その見つけ出した条件を全てコンピュータで記憶させましょう。」などと提案しているケースもある。しかし，そのパラメータも印刷結果がどのような影響度で変化するのかを具体的には示していない場合がほとんどである。
　このような説明だけでは，スクリーン印刷を初めて経験する人にとっては，このプロセスは捉えどころのない技術であると思われることになる。また，現在，経験している人にとっても印刷するペーストが変わっただけで，スクリーン印刷は全く違ったものと映ってしまう事になる。これは，スクリーン印刷プロセスを，印刷パラメータを変える側から見た解決手法による思い違いである。逆にこのプロセスを印刷されるペーストの側から見る「ペーストプロセス」的なアプローチをする事により全く異なった考え方が可能になる。
　図12は，従来の考え方でのプロセス構築の方法のイメージと，筆者がこれまで提案してきた「ペーストプロセス」でのプロセス構築のイメージの違いである。従来の手法は，三つの要素がそれぞれ重要であり，この三つで最適化するポイントを見つけ出すという，言うなれば三つ巴の考え方であった。
　「ペーストプロセス」の考え方では，ペーストが印刷品質に及ぼす影響度が全体の70％以上を占めると考える。そしてスクリーン版の仕様，品質が20％程度，印刷パラメータ変更での影響度は10％以下であるという前提である。そして，プロセスの適正化の順序は影響度の低い方から順に決定していくという，言うなればシーケンシャルなプロセス構築の考え方である。

第3章 スクリーン印刷

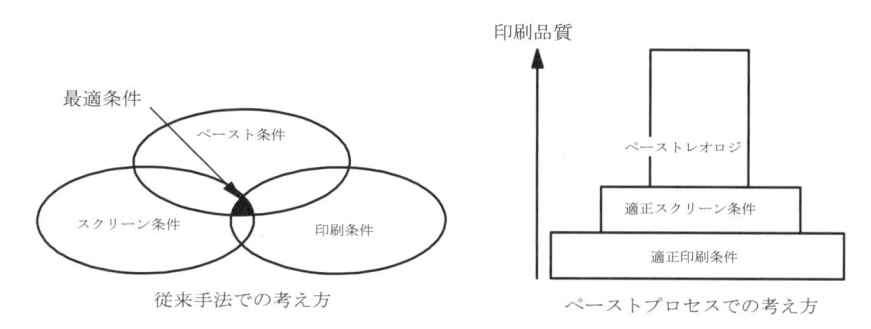

図12 スクリーン印刷三つの要素の適正化の考え方の違い

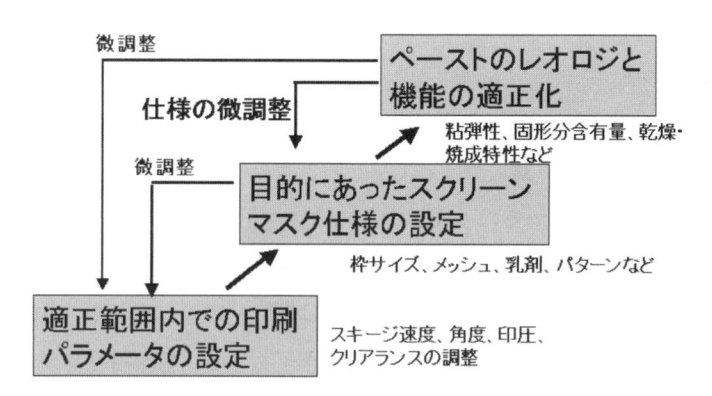

図13 「ペーストプロセス」的な考え方での適正化の手順

　印刷パラメータ変更が印刷品質に対する影響度が低いということは，重要度が低いという事ではなく，変更の自由度が小さいということである。この意味は，どのような目的，状況においても最適なスクリーン印刷条件範囲があるはずで，印刷はこのパラメータ範囲内で行わなければいけないということになる。

　つまり，印刷パラメータとは，これまでの考え方のように他の二つの要素に合わせて無数に変更するのではないのである。言わば「はじめに適正印刷パラメータ有りき」の考え方であり，印刷パラメータは，その工法に合わせて一定の適正な範囲内で固定するものという考え方である。

　図13のように，最初に適正範囲内での印刷条件を設定し，次にスクリーン版の仕様や品質を目的に合わせて適正に設定する。このスクリーン版仕様の設定には正しい知識と適度な経験が必要になる場合もある。そして，この二つの条件をこの範囲からむやみに動かすことなく印刷したときに高品質な結果を得るようにペーストのレオロジーを近づけるというものである。実際には，そのつど印刷品質のフィードバックを行い，若干の印刷パラメータの調整やスクリーン版仕様の

変更を行う。

なお,筆者が定義する高品質スクリーン印刷プロセスとは次の四つを同時に実現することである。

① 高い印刷均一性(形状,膜厚)
② 高い印刷寸法安定性と長いスクリーン寿命
③ 高い印刷解像性と平坦性
④ 作業者の技量を必要としない高い再現性

とくに,④の作業者の複雑なパラメータ変更などの技量を不要にすることが,歩留まり向上には不可欠である。各々の作業者が職人芸を使って印刷品質をスペック内に納めようとするような管理手法は行うべきではない。当然のことながら,そのためにはペーストの印刷適性を十分高めなくては達成できない。

ペーストプロセスの考え方では,印刷パラメータは,正しく理解してその各々の影響度を理解すれば,適正化することはそう難しいことではないと考えられる。

実際の印刷現場で苦労しているほとんどのケースは,正しくないペーストやスクリーン版仕様,品質などの前提条件に合わせて印刷パラメータを変えて印刷品質を向上させようとしていることが原因である。これらは,言わば「ボタンのかけ違い」により起きている問題であると言える。ペーストプロセスの考え方で,最初にかけるべきボタンは,各印刷パラメータをできるだけ少なく分類することである。

「ペーストプロセス」的な考え方では,重要な印刷パラメータを図14のように四つに分類することができるとしている。つまり,スキージ角度(アタック角度),スキージ印圧,スキージ速度,そして基板とスクリーン版との隙間であるクリアランスである。

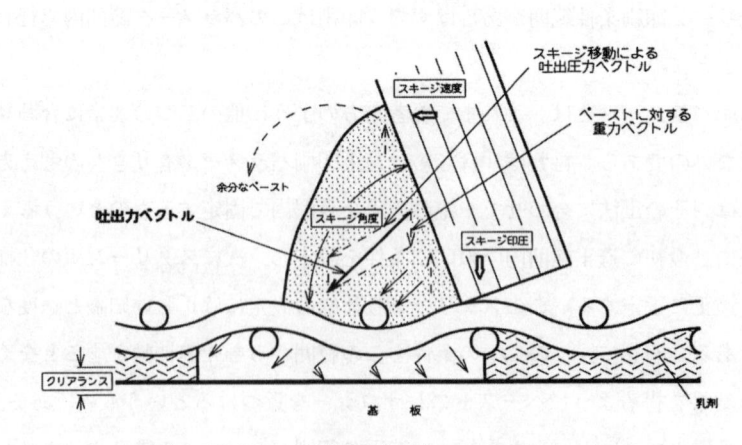

図14 スクリーン印刷の主要な四つのパラメータ

第3章　スクリーン印刷

　ここで，従来考えられてきた他の印刷パラメータがこの四つのパラメータで集約できることを例を挙げて説明する。

　スキージの硬度やスキージホルダからのスキージの突き出し長さは，ミクロ的なスキージのアタック角度とダウンストップ方式を使用した場合のスキージの印圧に影響を及ぼす。これらは，印刷品質を維持する前提条件として予め適正な値に固定すべきものである。

　スキージ長さは，スキージの印圧の定義をスキージの単位長さあたりの実荷重とすることで印圧の定義の中に含むことができる。

　スクリーン版の張力は，クリアランスはもともとスクリーン版の張力に合わせた値を設定するものであり，これもクリアランスの量としての定義に含まれる。

　もちろん，スキージの形状も実際にペーストに接触して印刷している部分の形状を考えることにより，アタック角度やスキージ印圧として考慮する事ができる。

　スクレッパの条件は，スクレッパでのペーストコートは何のために必要かを考える事により，これも可変条件ではなく，均一な印刷のための前提条件として考える事ができる。

　その他の，スキージストローク量やスクレッパとスキージの距離なども印刷プロセスを均一にするための前提条件であると考えるべきである。

　スクリーン印刷においては，均一な印刷品質のための前提条件として固定できるパラメータの方が圧倒的に多く，これらを印刷品質を決める可変条件と勘違いしていたことが印刷条件設定を煩雑にさせていたと言える。

　そして，可変のパラメータが影響を与える印刷品質といっても実際にはペーストの吐出性を増減させる「充てん力」や，膜厚や版離れ性に影響を与えるという事だけであり，印刷解像性そのものはペーストやスクリーン版の品質の影響によるところがほとんどである。

　パラメータの変更範囲が小さいという事は，量産における工程能力が高い事に繋る。実際に「手刷り」でも30ミクロンラインが印刷できるということが，このことの証明である。

　それぞれの工法にあった適正な印刷条件範囲が明確に存在する事を信じて，先ず，この四つのパラメータを適正化する事がプロセス構築の第一歩であると言える。

　四つのパラメータを適正化することも，それぞれの印刷品質に与える影響を明確に理解していればそれほど難しい事ではない。しかしながら何かのパラメータを変えると印刷品質の何かが変わるというように，短絡的に因果関係を納得してしまうと判断を誤る事になる。必ず変化した理由やメカニズムを考えるようにすべきである。

　例えば，「スキージ角度が小さいとペーストが吐出する」と考えるのではなく，「スキージ角度を小さくすると充てん圧力のベクトルが下を向きペーストの吐出性が増す」と考えるべきである。

　このようにどういうメカニズムでこの結果になったのかの理由付けする習慣を持つことが重要

表2 四つの印刷パラメータの適正範囲

印刷パラメータ	設定方法と印刷品質への影響	適正なパラメータ範囲
①クリアランス	良好な版離れを実現させる為のスクリーンの張力を得る。大きすぎると版へのダメージ大。	適正なスクリーン張力の場合スクリーン枠内寸の1/300程度 ベタ印刷ではこの20～30%増
②スキージ印圧	スクリーン版の表面のペーストを掻きとる目的。印圧大で印刷膜厚減少。低すぎると均一性低下。	実印圧200～500g/1cmスキージ ベタ印刷では、少し高め
③スキージ速度	ペーストの「充てん力」の増減に影響。ペースト粘度に合わせ版離れ速度に追随させる必要あり。	ファイン　30～100mm/sec 通常　50～300mm/sec 孔埋　10～50mm/sec
④スキージ角度	ペーストの「充てん力」の増減に大きく影響。斜め研磨スキージで実アタック角度変更。	通常　65～75度 段差，厚塗り　40～60度 孔埋　10～30度

である。

表2に適正な四つの印刷パラメータの範囲を示す。基本的にはこの適正範囲から大きく外れない条件でパラメータを設定する事ができる。

5　プリンタブル有機エレクトロニクスへのスクリーン印刷の応用例

従来のような印刷で製造されているエレクトロニクスデバイスと異なり，プリンタブルエレクトロニクスとは「印刷により半導体を含むデバイスを作成する」という事である。

例えば，ICタグが現状のバーコードに近いレベルで利用されるようになるには，ICタグ一個の値段が1円以下にならなければいけないと言われている。しかしながら，現状のようにアンテナだけを印刷して，シリコン半導体のICチップを実装する方式では，一個10円を切る程度までしか，コストは下がらないとも言われている。

もし，有機半導体でICそのものを作成する場合，トランジスター個あたりの大きさを200ミクロン×200ミクロンとすれば1cm角の面積に2000個以上が集積できる事になり，ICタグとしても十分な容量のICが印刷工法で製造できるようになる。

そして，有機半導体デバイスを印刷工法により1㎡あたり1万円，つまり1cm角辺り1円で製作できれば，この1円のICタグシートを直接品物に貼り付けることもできる。

また，将来実用化されると思われる人間型ロボットの電子人工皮膚も，ロボットの値段が自家用車並みになる事を想定すると，ロボットの皮膚面積およそ2㎡から換算して，1㎡で1万円程度のコストで製造できなくてはいけないとも言われている。

第3章　スクリーン印刷

　一般的にプリンタブルエレクトロニクスの印刷と言えば，多くの方は，最初にインクジェット技術を思い浮かべるようである。しかしながら，インクジェットは版が要らないから試作や少量生産には向いているが，量産では，版がある本来の印刷のほうが生産性が高いのは当然である。

　もし，スクリーン印刷でもインクジェット技術でも同じ品質のパターンが形成できるなら，試作はインクジェット，量産はスクリーン印刷を採用するべきである。これは，材料コスト，プロセスコストの両面から考えて当然のことである。

　しかし，実際には，スクリーン印刷とインクジェット技術とでは要求されるペースト特性が全く異なる為，プロセスとして競合する事はないと思われる。ここで，有機エレクトロニクス分野でのスクリーン印刷の応用例をインクジェット技術との組み合わせの例を交えていくつか示す。

　先ず，薄膜電極パターン形成の応用について紹介する。インクジェット技術でナノ銀ペーストを均一に塗布して0.2ミクロン厚の薄膜を形成する。スクリーン印刷では，薄膜をナノレベルの平坦な膜で形成することは不可能である。ここはやはりナノ粒子の完全分散型インクを塗布できるインクジェットが必須である。

　次に，高粘弾性のエッチングレジストインクをスクリーン印刷でパターン形成する。乾燥後，ウエットエッチングしてレジストを剥離すれば，真空プロセスもフォトリソプロセスも使用しないで，薄膜パターンが形成できる。この方法でアンダーゲート型有機トランジスタのゲート電極形成に利用できる。

　次に，東京大学染谷研究室での応用例から二つのケースの紹介をする。

　有機トランジスタの応用では，平坦なゲート電極の上にポリイミド絶縁層を約0.2ミクロン以下の薄膜で形成しなければいけない。これもインクジェット技術で塗布するのであるが，粘度が非常に低い為に絶縁インクが四方に広がってしまうことがある。この対策として予めスクリーン印刷工法で誘電インクの隔壁となる「partition」を形成して，その中にインクジェット法で低粘度のポリイミドインクを充てんし乾燥する。この方法で均一性の高い誘電層を所定の膜厚で形成することができる。

　次は，半導体材料であるペンタセンを簡易蒸着法で成膜する際「プリントシャドーマスク」をスクリーン印刷法で形成する用途である。この応用は，従来はメタルマスクを基板と位置あわせして選択的に蒸着する「マスクスルー蒸着法」が広く利用されていた。この方法では，メタルマスクとフィルムとの熱膨張の違いによる位置ずれや基板とマスクとの隙間への裏周りの問題があった。また，通常のレジストインクやドライフィルムは，パターン形成や剥離工程にウエットプロセスが必要になるためこの工程には使用できない。

　「プリントシャドーマスク」はスクリーン印刷で微細なパターンが形成でき，かつ蒸着工程後はドライ工程で機械的に剥離でき，基板にもレジストの残渣も残らない。

この工法は，今後他のドライプロセスや塗布型プロセスと組み合わせた，「リフトオフ」プロセスとして広く利用できる可能性がある。

また，今後の可能性としてソース，ドレイン電極のチャンネル長を短くする為のスクリーン印刷の方法として，図15のような三分割スクリーン印刷法が利用できる。電極の櫛歯の部分だけを予め印刷するようにすれば，スクリーン印刷の難易度が低くなるため，20ミクロン以下のファインパターンも容易に形成できる。

図16に400メッシュのスクリーン版を使用して比較的大きなパターンで印刷した樹脂系銀ペーストの三分割スクリーン印刷の写真を紹介する。最初に50ミクロンラインを130ミクロンスペースで印刷して三本のラインを形成し，同じスクリーン版でY方向に50ミクロン，X方向にも90ミクロンシフトして印刷する事でソース／ドレイン電極を形成することができる。

設計上は40ミクロンのチャンネル長であるが若干のだれがあるために30ミクロン以下になった。シフト後の二層目の印刷では一層目の電極の段差の影響があるため斜め研磨スキージで「充てん力」を高めて印刷する必要がある。三層目に，別のスクリーン版で端子部分を同じスキージ方向で印刷し，全体を完成させる。

実際にはこの程度のライン幅の場合は，6本のライン電極を一度に印刷する二分割スクリーン印刷で印刷可能である。チャンネル長を10ミクロン以下にする場合には，二分割ではスクリーン

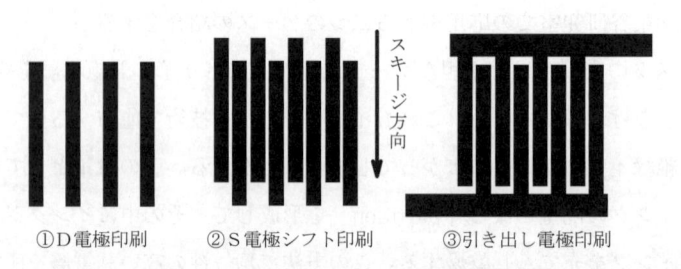

①D電極印刷　②S電極シフト印刷　③引き出し電極印刷

図15　三分割スクリーン印刷法の考え方

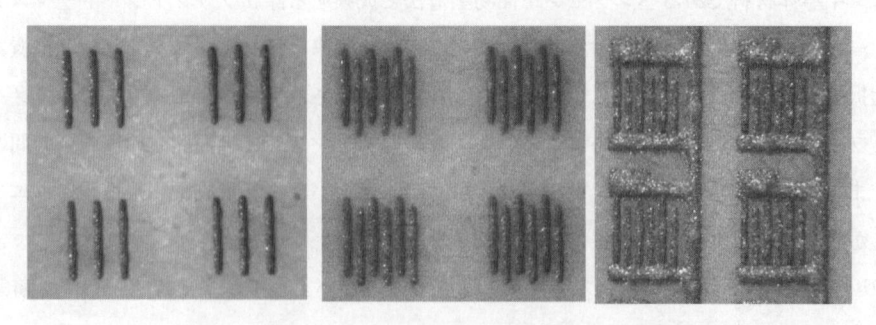

図16　三分割スクリーン印刷法での銀ペースト印刷例

版の製作や印刷が困難になるため三分割の印刷が有効になると思われる。

　スクリーン印刷は，印刷方向やパターン形状で印刷難易度が大きく異なるプロセスである。予めパターンを分割して印刷難易度を低くし，別々に印刷する事が品質と歩留まりの向上に有効である。

　また，スクリーン印刷は，プリンタブル有機エレクトロニクス分野でのパターンニング，成膜工程だけでなく，後工程である実装工程にもビアフィルやバンプ形成技術としても広く応用できる可能性がある。

　なお，高品質スクリーン印刷の処理速度は，1分間に数m^2程度であり，これをもってオフセット，グラビア，フレキソなどの一般の輪転機による印刷工法の百分の一以下であるとして，量産プロセスとしてスループットが低いと指摘されることがある。しかしながら，有機エレクトロニクス製造の実際の工程では熱処理工程やエッチング，パンチング，実装などの他の工程が律速となるため，印刷工程の速度はこの程度で十分であると考えられる。

6　おわりに

　スクリーン印刷は，最近の10年間でのメッシュ，スクリーン版，スキージ，印刷機そしてペーストなどの各要素技術の急速な技術進歩により，正しいアプローチをすれば高品質な印刷プロセスが容易に構築できるようになった。

　しかしながら，現実には「スクリーン印刷は色々問題がありそうだし」と躊躇する技術者が未だに多いようであり，このプロセスに対しての理解がまだまだ浅いように見受けられる。これは，スクリーン印刷の急速な技術進歩が日本の多くの中小の資機材メーカーの自前の企業努力により，個別になされてきたという経緯があり，外部の人にとってこの技術の本質を系統だって理解する事が困難であったためであるとも考えられる。

　このような状況で筆者は「高品質スクリーン印刷ガイド」（万能出版）というエレクトロニクス分野のスクリーン印刷についての解説本を2007年8月に上梓した。スクリーン印刷の現状およびメカニズムの基本の理解から実践にも役に立つようにと心がけて執筆したつもりである。スクリーン印刷プロセスについての詳しい技術内容についてはそちらを参考にしていただきたい。

　スクリーン印刷は，そのメカニズムの基本とペーストレオロジーの重要性を理解すれば誰もが手軽に利用できる優れたローコスト製造技術である。

　近い将来，スクリーン印刷がプリンタブル有機エレクトロニクス製造を支える主役の印刷工法となる事を確信する。

第4章　インクジェット

1　エレクトロニクスへのインクジェット応用

大西　勝*

1.1　はじめに

プリンティング技術，インクジェットプリンタ技術のエレクトロニクス分野への適用の動きが活発化してきた。しかし，本格的な実用化のためには課題も多い。本稿では，インクジェット技術のエレクトロニクス分野への応用の動向と課題について述べる。

インクジェット技術はエレクトロニクス分野の応用に至るまでに，次のような段階を経て発展してきた。

(1) Consumerプリンタの興隆の時期；90年代に本格化し現在に至る

①英数やカナ文字から漢字プリントのために，高解像度化が進んだ段階，②擬似階調法による解像度の低下をカバーできるだけの高解像度化とカラー化により画像の高精細フルカラー化が進んだ段階，③濃淡インクとバリアブルドットや小液滴化により，多値擬似階調法によりフォトグレードプリントが達成された段階を経て，今日に至る。

(2) 高速PODの実用化；1995年以降

通話料，電気代やカードなどの利用明細と料金請求通知のために，高速のPrint On Demand（POD）用のプリンタとしてインクジェット高速プリンタが実用化されている。画像は高画質とは言えないが，文字画質は問題ないのでこの用途には充分である。印刷機では対応できない，バリアブルデータをプリントする必要がある分野で使われている。

(3) プリント機能を使った産業用途への応用の拡大；本格化は2000年以降

この分野はそのほとんどが，ラージフォーマットプリンタの応用分野である。

① 屋内屋外サイングラフィクス分野のラージフォーマットプリンタ。屋外用途ではソルベントインク化が進む
② テキスタイルでインクジェットプリンタによる付加価値型小量多品種生産の進展
③ Tシャツやかばん等の縫製品プリントの拡大
④ 内装材，外装材など建材や壁紙へのインクジェットプリンタでのプリント
⑤ パソコンや携帯電話などの装飾プリント

---

*　Masaru Ohnishi　㈱ミマキエンジニアリング　技術本部　取締役技師長

第4章　インクジェット

⑥　インパネやオペパネのプリント
⑦　メンブレンスイッチのプリント
⑧　アミューズメント用部品へのプリント
(4) **インクジェットの機能を活かした新用途；2000年以降，模索中**
①　ディスペンサー機能；小液滴高精度ディスペンサー
②　ペイント機能；精密部分塗装や塗布に使用
③　接着機能；ヘッドで糊剤やUVインクを吐出し微小部品の接着
(5) **インクジェットで作る（Digital Fabrication, Digital Product）；本格化はこれから**
①　エレクトロニクスデバイス生産；有機EL，液晶フィルター，精細配線パターン
②　プリント基板の生産
③　一体成型品のフィルムプリント
④　インパネ，オペパネの生産；シルク印刷とグラビア印刷の融合化をUVインクジェットで実現

　この段階では吐出するのはインクに限らず，目的に応じて，種々の液体を吐出する必要がある。対象物がインクジェットヘッドで吐出できるように調整可能かが問題となる。本稿では，第5段階のインクジェット技術のエレクトロニクス分野への生産応用について述べる。

1.2　インクジェット技術の特徴

　インクジェット技術の現状の特徴は以下のようになる。産業用はこの特徴を活かした用途を探すことから始まる。
①　非接触で，直接メディアに画像をプリントできる
②　小液滴（数～十数ng）を吐出できる
③　高精度デジタル制御が可能
　・位置精度はメカとヘッドの相対的移動速度により変化するが，1～10μm程度以下の精度を実現可能。
　・厚み精度はインクにより異なるが，0.1～数μm程度の厚みばらつき以内の精度でプリントすることが可能。
④　高速プリント（吐出周波数；数K～50KHz）
⑤　大面積化が容易
⑥　版なし（電子版）
⑦　吐出できる液体が多種
　・プリントできるのは比較的低粘度の液体だけであるが，水性，油性，有機溶剤，UVイン

ク,各種薬剤などが使用できる。

これらのインクジェット技術のどの特徴を活かし,産業用に結びつけるかが現在,競われている。

1.3 インクジェット技術の現状と課題

エレクトロニクス分野への応用を考える上で,オンデマンドタイプのインクジェットヘッドを使って達成できる技術の現状と課題について説明する。

1.3.1 プリント可能な細線のレベル

エレクトロニクス分野では配線パターン等に代表されるように,細線を描画することが多い。現行のヘッドで吐出可能な最小液滴サイズである2plの液滴の場合,インクの比重を1として計算すると空中では約16μmの直径を有している。メディア上ではメディアとの接触角や温度で異なるが30μm前後程度のプリントドット径になる。

エレクトロニクス分野で配線パターンは,少なくとも10μm以下の線幅のプリント性能が要求されるものが多い。10μm以下の線幅を実現するには,0.5pl程度以下,できれば0.1pl以下のサイズの液滴の吐出が必要となる。

液滴サイズが1pl以下となると,液滴の運動エネルギーが小さいために空気抵抗の影響を強く受けて液滴速度が急激に減速するために,メディア上に液滴が精度良く到達できなくなる。このために,直接オンデマンドタイプのヘッドでは10μm以下の細線を描画することは,現状ではできない。

細線描画には,インクジェットインクによる液滴吐出の前に,フォトリソグラフィ法で隔壁や撥液層をプリントしておき撥液と親液性の組み合わせにより細線化する自己組織化パターニング法が用いられる。しかし,この方法は細線化だけでなくインクジェットのプリント一精度の矯正にも有効であるが,インクジェットによるプロセスの簡単化には逆行している。

1.3.2 プリント速度

インクジェット技術のプリント速度は1パスでプリントすれば,十分な高速性能を有している。表1に示すように,50KHzの駆動速度を持ちインクジェットヘッドを使い1パスで,600dpiでプリントすると,127m/secに近いプリント速度が実現できる。

1パス方式の課題は,画質である。インクジェット技術の画質改善に最も効果のある,マルチパススキャンや重ね書きの方法が高速の1パスプリントを行うプリンタでは使えない。このため,1パスプリントではヘッド自体のノズル間の吐出バラツキを極力押さえる必要がある。勿論,現在1パスプリンタが使われている,バリアブルデータの印刷が主である高速のプリントオンデマンドプリンタには,使える画質レベルにはある。

第4章　インクジェット

表1　現行のインクジェットヘッドで理論上実現可能な最高プリント速度

ヘッド駆動周波数	メディア移動相対速度（m/min）	参考　4Passの時
50KHz	127（2.1m/sec）	約30m/min程度以下
10KHz	25（0.4m/sec）	約6m/min程度以下

プリント条件：ラインヘッド使用，1Pass記録，解像度600dpi

1.3.3　着弾位置精度

インクジェット方式では次のような要因で，ギャップ長が2mm程度でも着弾位置が，±10μm程度ばらつく。

① ノズルから吐出時の液滴の飛行曲がり

　ノズル形状やノズル周辺の撥液層のばらつきにより生じる。

② 液滴の速度ばらつき

　これは，ピエゾ素子間の電気機械的特性やノズル形状に起因する液滴サイズ等のばらつきにより生じる。

③ ヘッドやメディアの搬送系の機械的振動や精度のばらつき

より小さなインク滴を，より正確な位置に着弾させる技術は今後のエレクトロニクス分野へのインクジェット技術の応用を考える上で，極めて重要な要素技術である。

1.3.4　吐出安定性

インクジェット技術をエレクトロニクス部品等の生産に使う上で重要な課題は，吐出の安定性や信頼性，再現性である。吐出の安定性や信頼性を低下させている要因には次のようなものがある。

① インクの乾燥によるノズル詰まりや飛行曲がりの発生

② ヘッド中のインク流路への気泡や空気の引き込みによる吐出の停止

③ インク吐出時に発生したミストや蒸発したインクの溶剤がヘッドのノズルプレートに結露することによる吐出不良

④ インクの凝集や粘度変化などの変性による吐出不良

⑤ ワイピング等のヘッド面への接触によるヘッド面や撥水層に発生する傷，およびごみ等の付着などのために発生する吐出不良

吐出の信頼性は，インクジェット技術を生産に導入するうえで極めて重要な課題である。個々の発生原因ごとに対策し，信頼性を上げる必要があるが，加えて吐出の状態を監視し，吐出不良による不良品の発生を防ぐ対策が必要である。

1.4 エレクトロニクス分野への利用拡大のために必要となる技術と課題

1.4.1 インク
エレクトロニクス分野で必要とされるインクには次のようなものがある。
① 強く，いろいろなプラスチックやプリント基板にプリントできるインク。現在のところ，表2に示したように，UV硬化インクが最も幅広いメディアにプリント可能である。
② 導電性インクや絶縁性インク
③ ガラス，セラミックや金属板にプリントできるインク

1.4.2 インクジェットヘッド
① 広範囲の特性のインクを吐出できるヘッド
　エレクトロニクス分野では用途により，色々な特性の溶液を吐出する必要がある。溶剤，酸性液，アルカリ液や低粘度から高粘度の溶液に対応できるヘッドが必要となる。
② 幅広いサイズのインクを吐出できるヘッド
　電子デバイスの生産に使う場合には，精密な細線を引く要求が多い。1pl以下で，できれば0.1pl以下の小さな液滴を吐出する必要がある。
　また，逆に高速で大面積を比較的厚く塗布する用途などでは，さらに大きな液滴を吐出するヘッドが必要となる。
③ 着弾位置が正確で広いギャップを安定して吐出できるヘッド
　高速動作の多い産業用途では，できるだけ広いギャップで正確に安定して吐出できるヘッドが望まれている。
④ 吐出安定性や信頼性の高いヘッド
　強い撥液層やヘッドのインク流路に気泡が溜まりにくいインクが望まれる。

表2　インクジェットインクのメディア適性

	普通紙	専用紙	軟質塩ビ	硬質塩ビ	ポリエステル	ポリカーボネイト	アクリル	ABS	PP, OPP	金属	ガラス	石	ゴム	布
水性	△	○	△	×	×	×	×	×	×	×	×	×	×	△
ソルベント	×	○	○	△	×	×	×	×	×	×	×	×	△	×
UV	○	○	○	○	○	△	△	○	△	△	△	△	○	○

○：適合性良い。ただしUVインクはメディアによりインク材料の選択必要。
△：要注意。材質や前処理，使用するインクやプリント条件によってはプリント可能。
×：不適合。

第4章　インクジェット

1.4.3　その他の必要な総合技術

インクジェット技術をエレクトロニクス分野で広く使うためには，これまでに印刷技術で積み重ねてきたように，インクやヘッドやプリンタ制御だけでなく，多くの周辺技術の支えが必要である。特に，次に挙げるような目的に合わせた前処理や後処理技術の確立が欠かせない。

① 前処理技術；インクとメディアの接触角，接着性や親液性と撥液性を制御するための表面処理やコーティング技術。細線化プリントやプリントしたインクの平滑性や均一性や接着性を改善することができる。

② 後処理剤コート；オーバーコートによるプリント物の保護や表面改質や光沢化等の目的で実施できるような工夫も要求される。

1.5　まとめ

液晶ディスプレイのカラーフィルタ[1]などの分野では既にインクジェットプリント技術が実用化されている。また，有機EL等の試作の試みも活発化している。さらに，マイクロレンズの形成[2]やプリント基板の製作[3]にも先行的に試みられている。

しかし，インクジェットプロセスでは，実現できる解像度がエレクトロニクス分野での要求には応えるには至っていない。比較的解像度が低くてもよい，液晶ディスプレイでのカラーフィルタやスペーサ等から実用の実績を重ねて行くものと考えられる。

また，エレクトロニクス分野の配線やアクティブ素子の製作に使用するためにはさらに高解像度化が必要である。インクジェット技術の超高解像度化の提案としては，微小液滴を電界で制御するSIJ（Super Inkjet）技術の提案[4]がある。

文　　献

1) LCDカラーフィルタへの応用，Electronics Journal別冊2007インクジェット技術大全，42-47（2007）
2) セイコーエプソン，マイクロレンズ形成への応用，Electronics Journal別冊2007インクジェット技術大全，116-120（2007）
3) セイコーエプソン，電子回路形成への応用，Electronics Journal別冊2007インクジェット技術大全，86-92（2007）
4) 特開2004-114372

2 スーパーインクジェット

村田和広[*]

2.1 はじめに

インクジェット技術は，基板上に必要最小限の物質を最小エネルギーで投入できるために，極めて効率がよい成膜技術である。マスクレスでデータ駆動が可能なので少量多品種生産などへの適用も可能であること，さらに常温大気中プロセスで，比較的小型の装置でもたとえば大型のフラットパネルディスプレーの部材などの製造が可能であるなど[1~3]の様々なメリットが指摘されている。さらに，有機トランジスタなど新しい材料のパターニング法としても有望である[3~5]。

現在家庭用に広く普及しているインクジェットプリンターの吐出液滴の大きさは，もっとも小さなもので1ピコリットル程度，より一般的には10ピコリットル程度が多く用いられている。これは液滴の直径でいえば10ミクロン後半から数十ミクロン程度である。最近それらよりも体積で三桁以上微細な液滴を吐出する超微細インクジェット（以下スーパーインクジェット）技術が開発され，研究が進められている（図1）[6,7]。本稿では，そうしたスーパーインクジェットの生まれた背景や，超微細液滴によるパターニングの特徴，応用可能性と課題などについて紹介する。

2.2 背景

スーパーインクジェットは，ナノテクノロジー分野での研究開発ツールとして開発されてきた。ナノテクノロジー研究の重要なキーワードとして，トップダウンアプローチとボトムアップ

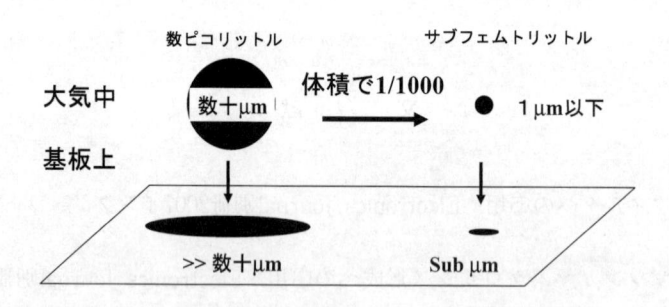

図1　市販インクジェットと超微細インクジェットの液滴大きさの比較

---

[*] Kazuhiro Murata　㈱産業技術総合研究所　ナノテクノロジー研究部門
　　スーパーインクジェット連携研究体　連携研究体長

第4章 インクジェット

アプローチがある。トップダウンとは，微細加工技術を意味し，我々の生活空間のスケールであるメートルサイズから，微細加工技術を駆使することで，ナノメートルスケールへアプローチしていく方法である。一方のボトムアップとは，材料や化学反応などを制御することで，自己組織化と呼ばれる秩序構造を発生させ，分子などのユニットを積み重ねることで，ものづくりをしようという考え方である。こうしたボトムアップアプローチは魅力的であるが，たとえば試験管の中にあるナノ材料を入れておくと自発的に電子回路を形成しコンピューターや携帯電話ができるということは考えにくい。もしそれが可能とすれば，それはもはや物というよりも生物に極めて近い状態である。一般的には，ナノ材料の機能性を，有効に利用し引き出すためには，必要な場所に必要な量の材料を配置していく技術というのが不可欠で，ナノサイエンスをナノテクノロジーに橋渡しさせるための有効な手段となりうる。スーパーインクジェットは，こうした研究用ツールとしてのニーズより生まれたが，本稿に示すようにその可能性は研究用途に限定されずに様々な応用可能性を持つ。

2.3 基板上での液体の振る舞い（一般的なインクジェット液滴の場合）

スーパーインクジェットの特徴についてより把握しやすくするために，まず通常のインクジェットで生成される液滴が，基板上でどのように振る舞うか述べ，次いでスーパーインクジェットによる液滴の特徴について述べる。

インクジェット液滴のような微細液滴では，流体は表面エネルギーの寄与が支配的になる。このため，基板上の液体は表面張力によってバルジと呼ばれる液溜まりを生じやすい[8]。産業用プロセスで用いられるガラスやシリコンなどの基板では，インクジェット用紙のようにインクが染み込む性質がないため，特にこの効果が顕著である。図2に示すように，液滴の着弾が目的の描画パターン通りに行われたとしても，バルジなどの発生はパターンを崩す要因となる。

着滴後の液滴に発生する別の大きな効果として，いわゆる"コーヒーのしみ"現象が知られて

描画パターン　　　　　　表面張力によるバルジ等の発生

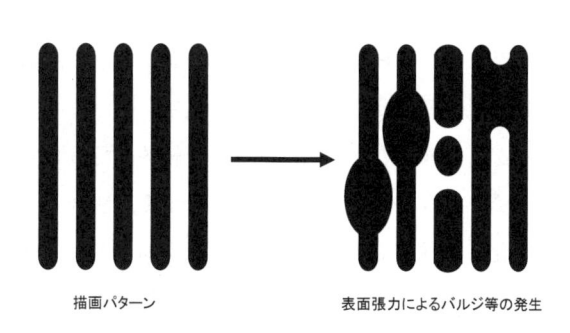

図2　表面張力によるバルジ等印字不良の発生

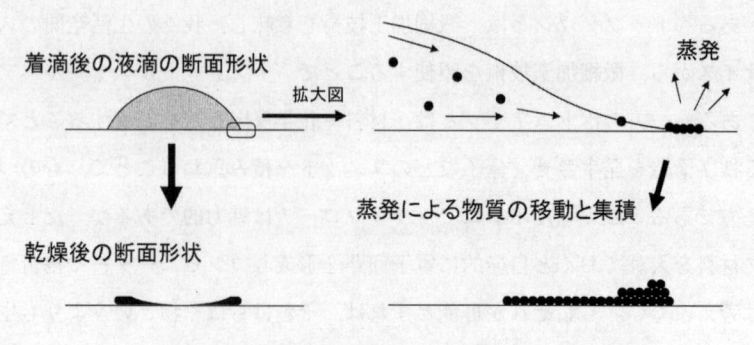

図3 基板着弾後の液滴断面形状と乾燥後の断面形状の比較
(移流集積現象の説明)

いる[9]。図3左上に示すように，着滴直後のインクの厚みは通常は中心部が厚く周辺部が薄い凸状となる。ところが溶媒が蒸発して完全に乾燥した後の膜厚分布は，図3左下に示すように，むしろ周辺部が厚く中心部に厚みがない凹状ということも起こる。これは，図3右上に示すように，インク滴の周辺部では液層の厚みが薄く蒸発が盛んなために，インク滴中心部から周辺部へ流れが生ずることによって起こる。インク内部の顔料等の固形成分はこの流れによって周辺部に集積する。このため，非溶剤タイプで何らかの硬化因子を別に持つインク（たとえば，紫外線硬化樹脂など）でない限り，インクの乾燥過程において，インク内の固形分などの移動が生じ，最終的な膜厚のプロファイルは，着弾後の膜厚プロファイルと変わってくるのが一般的である。すなわち，通常インクジェットにおいてスムースな表面と均一な膜厚および目的どおりのパターンを得ることは意外に難しいのである。

2.4 超微細液滴の特徴

液滴のサイズが微細になると，蒸発作用が顕著になる。たとえば，我々の身近なものでも，加湿器の水滴がすぐに乾燥するのに対し，霧吹き器でつけた水滴では蒸発速度が遅いことなど，経験するところである。スーパーインクジェットによるパターニングプロセスにおいては，単に液量が微細になったということにとどまらず，従来のインクジェットの液滴とは極端に異なった振る舞いが顕在化することに注意する必要がある。

通常のピコリットルオーダーの液滴の場合，ドットを連続的に配置して線を描画しようとすると，先行着弾滴に後続の液滴が接触した瞬間に液滴は融合する。融合した液滴は表面張力によって，表面エネルギーを最小化しようと変形をし，パターンを崩してしまう。このような液滴の基板上での融合を防ぎ，パターンの乱れを回避するために，基材表面に親液性や撥液性のパターニング処理を施すことなどが行われる[1~3]。あるいは，印字パスを分割することでパターンの乱れ

第4章　インクジェット

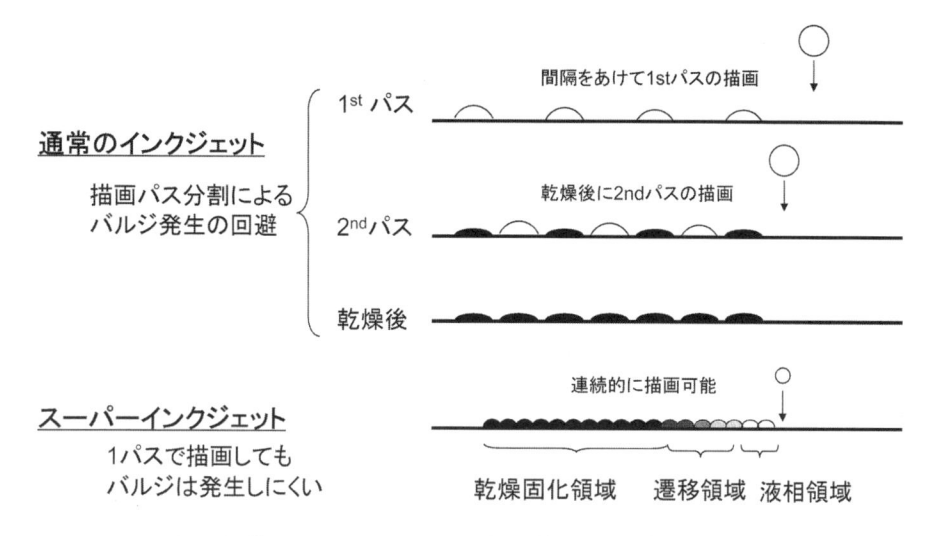

図4　通常インクジェットによるバルジ等の印字不良の回避法と，
スーパーインクジェットにおける描画方法

を回避する方法がとられている。この様子を図4に示す。まず第1のパスでは，間引きしたデータを用いて描画し，その液滴が乾燥したところで第2パスで，その間を補完するように描画する。こうすることで，液滴の融合などを防ぎ，目的パターンどおりのパターンを得ることが可能になる。

一方でたとえば液滴径が1μm以下の超微細液滴の場合は，乾燥速度が速いために連続的に吐出した場合でも基板上における液相の存在領域は常に限定される。さらに，微細な液滴は激しい蒸発作用によりたちまち粘度が上昇するために，表面張力による形態の変化が起こりにくくなる。このために，バルジの発生を伴わない連続的な線の描画も可能になる。こうした蒸発力の高さは，スーパーインクジェットに従来のインクジェットにない恩恵を与える。ひとつは，上記のような分割描画や，乾燥過程を設けずに1パスで連続したパターニングが可能なことであり，また膜厚に関しても，パターニング法次第ではフラットな表面を得ることが可能となる。

2.5　材料

スーパーインクジェットでは，通常のインクジェットで扱えるような材料は基本的にはすべて使用可能である。ただし，微細ノズルを使っているために，乾燥や粒子状の異物には注意を払う必要がある。これまで，我々が試した材料として，各種の印刷用染料インクおよび顔料インク，金属超微粒子導電性ペースト[6,7]，カーボンナノチューブ生成触媒[6,10]，セラミックスのゾルゲル溶液，導電性高分子[6]，発光色素インク，触媒材料，紫外線硬化樹脂，樹脂材料などがある。こ

のうち，配線描画用途として金属の超微粒子を主成分とする導電性ペーストに関する関心が高く，また実際の描画実績も豊富である。我々は，金属超微粒子インクとして，ハリマ化成のナノペーストを使用している[11]。

超微粒子は比表面積の割合が高く活性なために，凝集しやすい性質を持つ。特に数ナノメートルの粒子径の貴金属のナノ粒子では，融点が数百度も低下することが，理論および実験などより確かめられている。描画後の基板を200度程度の熱処理することにより，分散剤が蒸散し金属超微粒子同士が融着し比抵抗値が劇的に下がる[11]。銀ナノペーストの場合，焼成後の比抵抗値はバルクの銀の高々2倍程度である。一般的には，粒界が多数存在する超微粒子の焼結体のため抵抗値がかなり増加しそうに思えるが，実際には，ナノペーストではかなりの低抵抗が実現している。実際に断面を観察してみると，焼成後は超微粒子同士が融着するのみならず，さらに粒成長を起こしており，これが低抵抗化に寄与していると考えられる。

2.6 超微細配線

それでは，実際にスーパーインクジェットでどのようなパターニングが可能か実際の描画例を紹介したい。図5は，銀ナノペーストを用いて描画した，三角格子状の配線パターンである。三角形の一辺の長さが15ミクロンで，配線幅は約3ミクロンである。この図形は，ナノペーストをスーパーインクジェットで一筆書きのように連続的に走査して描画した例である。三角形の頂点では複数回ノズルが通過するために厚くなっているが，バルジの発生などはまったく認められない。通常のインクジェットで吐出する液滴のサイズでは，このような図形の描画は，サイズ的にもちろん困難であるが，そのほかにも先に述べたバルジの発生や描画不良が起こってしまうであろう。

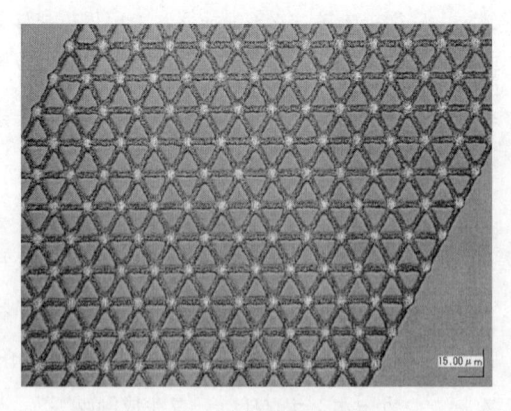

図5　スーパーインクジェットにより描画した配線パターンの光学顕微鏡写真
（三角形の一辺のピッチが15ミクロン）

第4章 インクジェット

　スーパーインクジェットでは，微細な図形だけではなく，ある程度大きな図形を描画するケースでも有効である。図6左のCADデータをもとに，通常のインクジェットで描画した図形の光学顕微鏡写真が中央，スーパーインクジェットで描画した図形の光学顕微鏡写真が右側である。図形の大きさは約10mm角である。配線部の太さは50ミクロンである。超微細インクジェットで描画した図形はオリジナルデータにより忠実で，太い配線や大きなパターンを描画する場合においても精密なパターン形成に有効なことがわかる。さらに丸い電極部などを注意して比べてみると，通常のインクジェットで描画したものはドット形状による凹凸が観察されるのに対して，スーパーインクジェットで描画したものでは，より平坦性が高いことがわかる。

　図7には，ナノペーストを複数回描画して作製した配線のレーザー顕微鏡の立体イメージを示

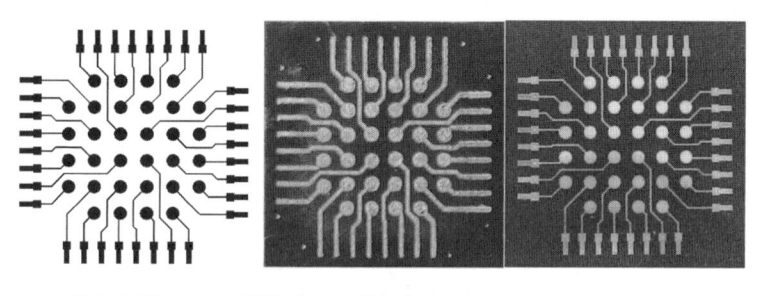

図6　配線パターンのCADデータ（左）と，通常のインクジェットによる描画例（中央）およびスーパーインクジェットによる描画例（右）

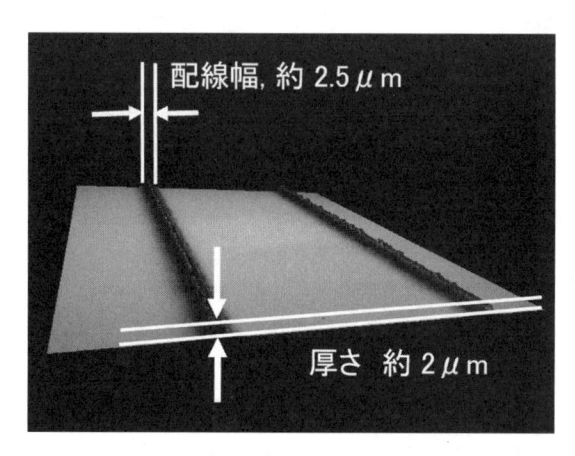

図7　スーパーインクジェットで繰り返し描画した配線のレーザー顕微鏡写真
（銀ナノペースト，シリコン基板）

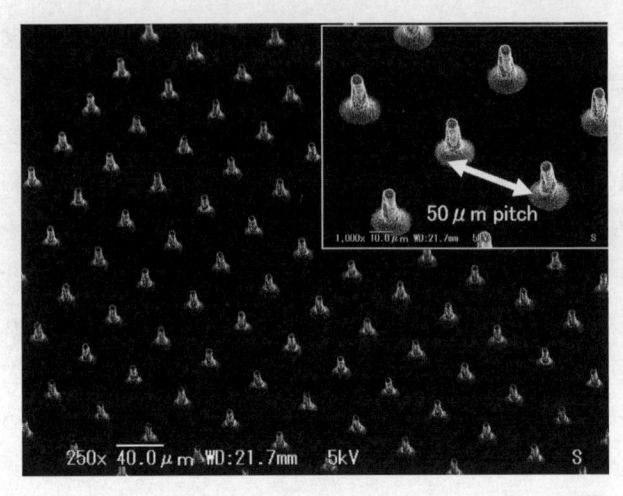

プリンタブル有機エレクトロニクスの最新技術

図8　スーパーインクジェットにより描画した銀のマイクロバンプ群の走査電子顕微鏡写真

す。配線幅の約2.5ミクロンに対して，厚さが2ミクロンであり，いわばマイクロメートルスケールの金属棒のようなものがインクジェットを用いて形成が可能である。これも，超微細液滴の乾燥性，蒸発作用を応用した例である。

　この性質をさらに積極的に利用し，スーパーインクジェットを用いて同一箇所に連続的にインクの吐出を行うと，図8に示すようなマイクロバンプが形成できる[12,13]。バンプの間隔は50ミクロン，個々のバンプの高さは約20ミクロン，各バンプの底面部の直径はおよそ5ミクロンである。バンプの形状，高さなどは吐出条件を変更することで容易に変更可能である。これを通常のインクジェットで同じことをしようとすれば，大きな液溜まりができてしまうだけであろう。バンプの成長速度は，$10\mu m/sec$ 以上にもなり，他の成膜方法に比べても著しく速い成膜速度である。また，形成できる構造体のアスペクト比も10を超えるかなり大きなものまで作製可能である。従来は，このような微細かつアスペクト比のある構造体の形成には，特殊な露光法や反応性イオンエッチングなど，特殊な方法や装置を使わなくてはならなかった。一方で，スーパーインクジェットを使えば，基板上の任意の場所に後からバンプ等の立体構造を形成可能であり，電子デバイスの実装分野などへの応用などが期待される[12,13]。

2.7　課題

　ここまで，スーパーインクジェットの特徴と，メリットについて述べてきた。通常インクジェットで使われるよりも格段に小さな液滴を使うことにより，特徴的なパターニングが可能なことを示したが，最後にスーパーインクジェットの課題について述べる。

　スーパーインクジェットの一番の課題は，超微細液滴ゆえの生産性の低さである。液滴径が小

さくなるということは，周波数やノズル数を同じにした場合，単位時間当たりに基板へ投入できる物質量が減ることを意味する。液滴径を1/10にするということは，着弾面積でおよそ1/100に，体積では1/1000になることを意味する。この効率低下を補うためには，周波数を1000倍にするか，ノズルの本数を多連化して1000倍にしなくてはならない。

ただし，考え方として，たとえば100ミクロンの幅の線を描くために1ミクロンの液滴で描画をすることは非常に効率が悪い作業である。

べた塗りに近いものを超微細液滴を使って描画することはナンセンスである。

また，すでに述べたように，大きな液滴でパターニングを行う場合，パターンによってはパスを分けて描画する必要もあるのに対して，スーパーインクジェットでは，ワンパスでの描画や，乾燥のためのインターバルを設けずに連続的に描画することも可能である。

2.8 おわりに

液滴径が1ミクロン程度になると，従来の常識とは異なった，非平衡状態としての液体の振る舞いが顕著になってくる。本稿では，そうした超微細液滴の特徴などを紹介しながら，超微細インクジェットについて概観してきた。本稿で述べたように，スーパーインクジェットは単に液量を小滴化しただけではなく，液体の利用法としてもユニークな特徴を有している。さらに，大気中で，ねらった場所に後から立体構造形成等がドライプロセスで行えるなど，他のパターニング方法と比べ，非常にユニークな特徴を有している。

文　　献

1) 木口浩史, 月刊ディスプレイ, **6**(9), 15-19 (2000)
2) T. Shimoda et al., *Mater. Res. Soc. Bull.*, **28**, 821-827 (2003)
3) 下田達也, 河瀬健夫, 応用物理, **70**(1), 1452-1456 (2001)
4) R. Hebner et al., *Appl. Phys. Lett.*, **72**, 519-521 (1998)
5) H. Shiringhaus et al., *Science*, **290**, 2123-2126 (2000)
6) K. Murata, Proc. of ICMENS'03, 346-349 (2003)
7) K. Murata, *Microsyst. Technol.*, **12**(1-2), 2-7 (2005)
8) H. Gau et al., *Science*, **283**, 46-49 (1999)
9) R.D. Deegan et al., *Nature*, **389**, 827-829 (1997)
10) H. Ago et al., *Appl. Phys. Lett.*, **82**(5), 811-813 (2003)
11) Y. Matsuba, *J. Jpn. Inst. Electron. Packaging.*, **6**(2), 130-135 (2003)

12) K. Murata, Proc. of International Conference on Electronics Packaging (ICEP) 2005, 269-272 (2005)
13) K. Murata, Proc. of International Conference on Polytronics 2006 (2006)

3 インクジェット用の独立分散金属ナノ粒子インク

小田正明＊

3.1 まえがき

　電子機器の小型化，高機能化に伴い，配線や電極形成に使用される材料としてナノ粒子が注目されている。ナノ粒子になるとその焼結温度がその金属の融点に比べ大幅に下がるが，粒子同士が融着した凝集体を形成していることが多い。このために，微細配線，微細ホールへの埋込などの電子機器に必要とされる用途への展開がおこなわれてこなかったのが実情である。本稿では電子機器の配線や電極の膜形成への応用を念頭においたインクジェット印刷用に適用できる金属ナノ粒子インクについて述べる。

3.2 独立分散金属ナノ粒子の生成

　ガス中蒸発法により生成され，溶剤中に凝集がなく独立分散している独立分散ナノ粒子について述べる。独立分散ナノ粒子は抵抗加熱，または誘導加熱法を蒸発源とするガス中蒸発法によって生成される。蒸発室のルツボから蒸発した金属原子は雰囲気のガス分子と衝突し，冷却されて凝縮し，ナノ粒子となる。ルツボ近傍では粒子は孤立状態にあり，遠ざかるにつれて粒子は衝突を繰り返し二次凝集を形成する。孤立状態にある粒子に有機溶剤の蒸気を供給する。有機溶剤の蒸気は粒子表面に付着し，表面を覆うため，粒子同士が衝突しても二次凝集を起こさない。

　このようにして粒子表面が被覆されたナノ粒子はガス流と共に運ばれて，冷却部に付着し，最終的に粒子が溶剤中に分散された分散液の状態で回収される。この分散液にアルコール等の極性溶剤を加え沈降させ，洗浄することにより，新しい溶剤（トルエン、キシレン，及び直鎖の飽和炭化水素等の弱極性溶剤）に再分散させ，膜形成用の独立分散ナノ粒子分散液を得る。これをナノメタルインクと呼んでいる。

3.3 ナノメタルインクによる膜形成

3.3.1 膜の概要

　ナノメタルインク中のナノ粒子はその表面が特殊な被覆剤で覆われているために，凝集することなく溶剤中に安定に分散している。このナノメタルインクは例えば金で70wt％，銀及び銅で60wt％まで濃縮可能である。これに数種類の有機物を添加することにより，分散安定性を損なわずに粘度を20000mPa・sまで大きくすることが可能である[1,2]。一般の凝集した金ナノ粒子と独立分散金ナノ粒子のTransmission Electron Microscope（TEM）像を写真1に示す。銀，銅，

＊　Masaaki Oda　㈱アルバック　第9研究部　部長

プリンタブル有機エレクトロニクスの最新技術

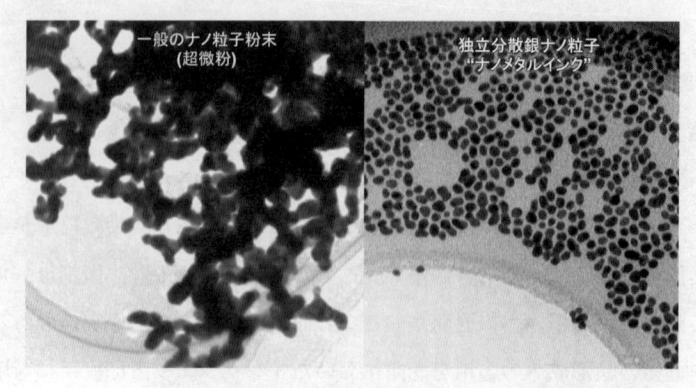

写真1　凝集した金ナノ粒子と独立分散金ナノ粒子のTEM像

220℃×30min in N_2 gas　　　220℃×30min in N_2+O_2 gas

写真2　酸素がある雰囲気で焼成した条件とない条件で焼成した銀ナノメタルインクのSEM像

パラジウム，インジューム及び錫でも同様に独立分散しているTEM像が得られている。この銀ナノ粒子分散液をガラス上に塗布し，二種類の条件で焼成し作製した薄膜の断面SEM像を写真2に示す。雰囲気に微量の酸素をいれた条件では粒成長がみられる。分解された有機物が酸素により除去された結果と考えられる。膜厚制御は分散液の金属濃度及び塗厚によっておこなう。

3.3.2　ナノメタルインク膜の電気抵抗と密着性

銀ナノメタルインクから作製した膜の焼成温度に対する比抵抗値と銀ナノメタルインクに銅ナノメタルインクを加えて作製した膜の比抵抗値と無アルカリガラス基板に対する密着性を図1，図2に示す。密着性はテープテスト，2H鉛筆によるスクラッチ法，及びセバスチャン法を用いて評価した。銀ナノメタルインク膜を酸素が20％含まれている雰囲気中でRTA炉により220〜250℃の条件で焼成し，2.8μΩcmの比抵抗値が得られている。それ以上の温度では，銀の粒成長が進み，不連続膜となって抵抗値は上昇する。銅ナノ粒子を銀に対し5〜6wt％加えた混合型のナノメタルインクでは，350℃以下では抵抗値は高く密着性も弱いが，400〜500℃の焼成条件で4μΩcmの比抵抗値が得られ，密着性も向上している。より低温での焼成条件で密着性を上げ

第4章 インクジェット

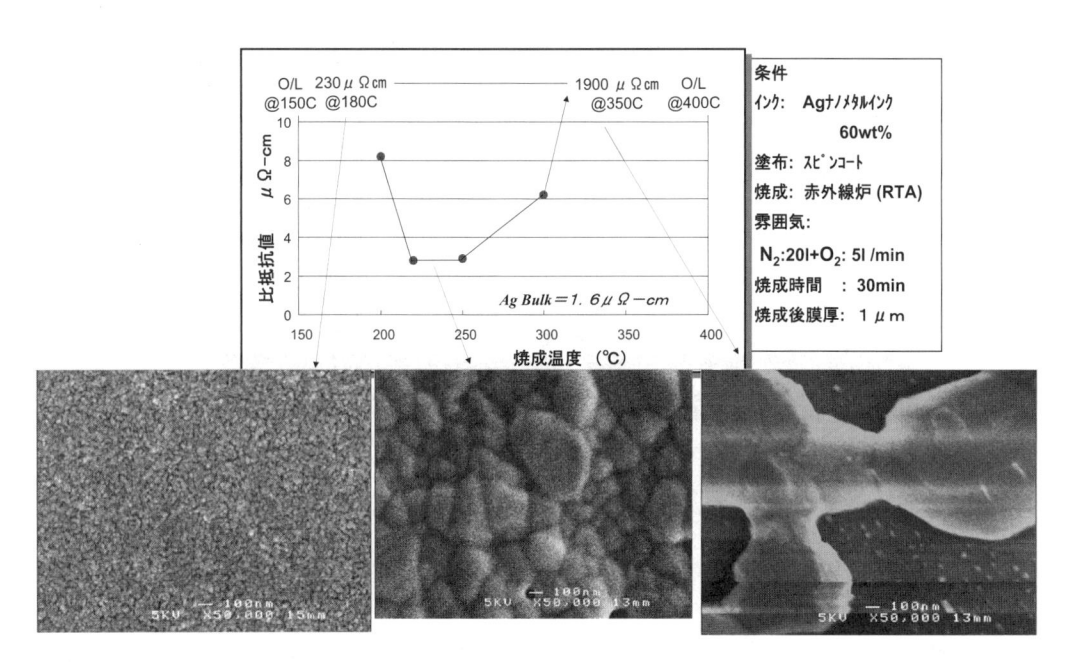

図1 標準型の銀ナノメタルインクの焼成温度にたいする比抵抗値の変化

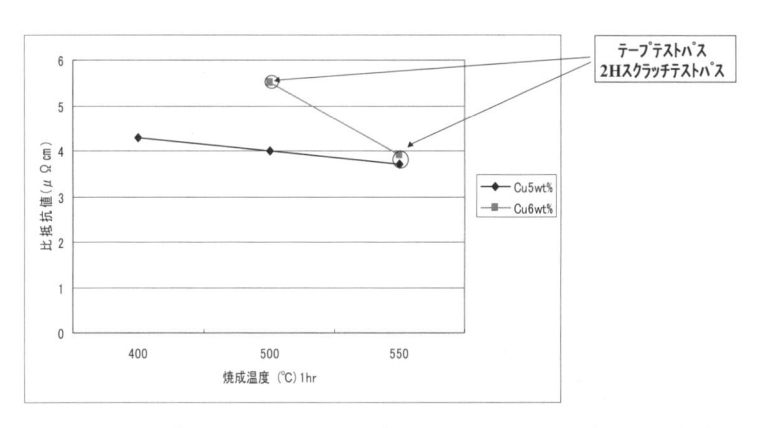

図2 標準型の銀ナノメタルインクに銅ナノメタルインクを加えた混合型の
　　ナノメタルインクの焼成温度にたいする比抵抗値と密着性

るためには下地（ガラス，ITO）上にMnインクを塗布，焼成（200℃）し，その上から銀ナノメタルインクを塗布，焼成することにより230℃の焼成条件でも強い密着性が得られている。金ナノメタルインクでは250℃焼成で数10μΩcm，350℃で10μΩcmとなっている（図3）。銅ナノメタルインクでは300℃の条件で酸化雰囲気焼成と還元雰囲気焼成を組み合わせることにより3.9μΩcmの比抵抗値が得られている（写真3）。

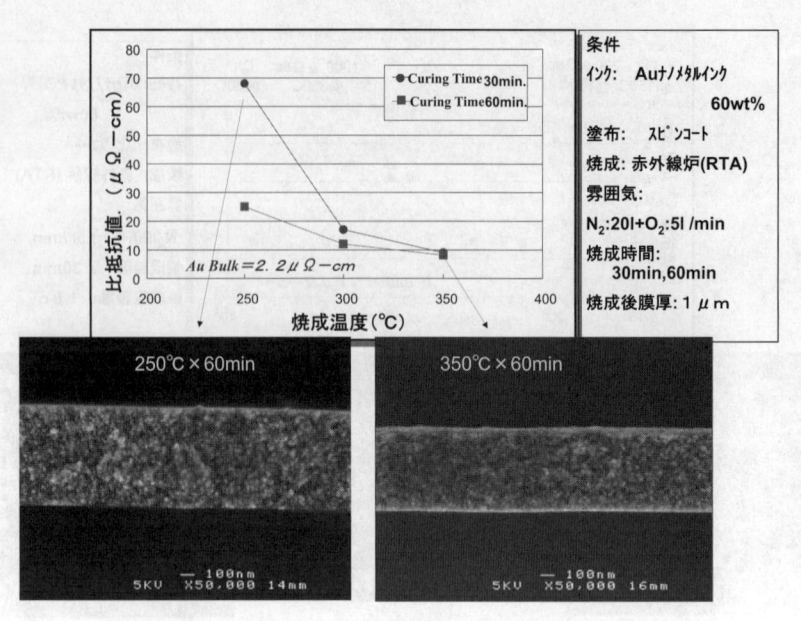

図3 金ナノメタルインクの焼成温度にたいする比抵抗値の変化

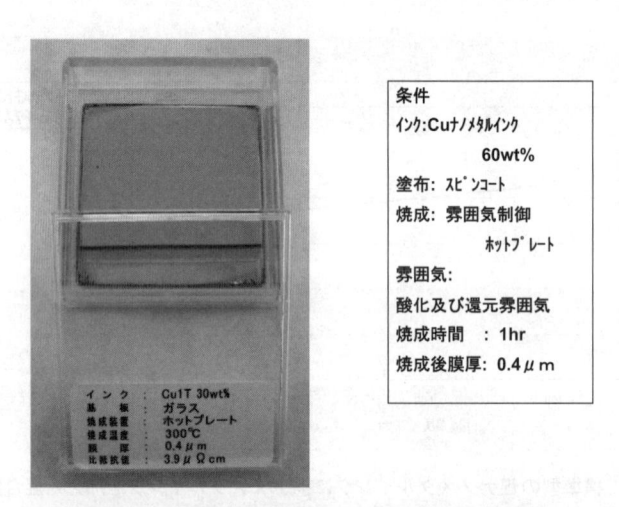

写真3 銅ナノメタルインク膜の概観とその特性

3.3.3 低温焼成型の銀ナノメタルインク

標準タイプの銀ナノメタルインクを用いて比抵抗値2～3μΩcmの導電膜を得るためには，220～230℃の焼成温度を必要とする。これは，銀ナノ粒子表面を被覆する物質が分解，蒸散し，粒子同士が焼結・融着することによる。しかしながら，この焼成温度では，耐熱性が低いPETなどの基板への成膜は困難であり，より低温の焼成で成膜が可能な金属ナノ粒子インクの開発が

第4章 インクジェット

必要とされていた。より低温の焼成で成膜を可能とするためには，より低温で分解する有機物でナノ粒子表面を被覆することが必要で，炭素数のより小さいアルキル鎖を導入した。

　低温焼成型の銀ナノメタルインクにより得られる膜の焼成時間と比抵抗との関係を図4に示す。焼成温度は150～200℃である。150℃で15$\mu\Omega$cm，180℃で4$\mu\Omega$cm，200℃で2.4$\mu\Omega$cmが得られる。低温焼成型の銀ナノメタルインクは，トルエンなどの脂環式化合物のほか，デカン，ドデカン，テトラデカンなどの直鎖アルカン類を溶媒とすることが可能であり，得られる銀薄膜の抵抗は，溶媒の種類に依存しないことが判明している。応用例として，低温焼成型の銀ナノメタルインク（溶媒：テトラデカン）を用いて，PET基板上にインクジェット印刷により配線パターンを描画し焼成したものを写真4に示す。表面に有機材のプライマーコート処理をおこなうこ

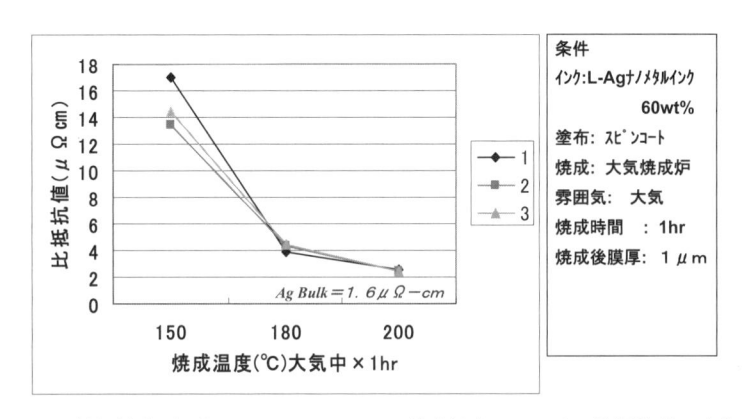

図4　低温焼成型の銀ナノメタルインクの焼成温度にたいする比抵抗値の変化

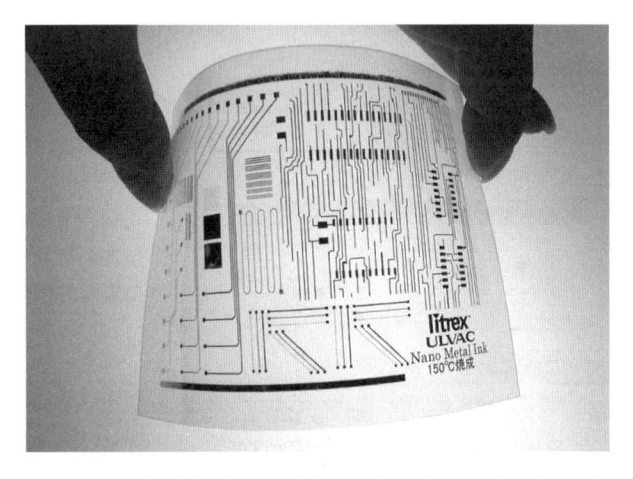

写真4　低温焼成型の銀ナノメタルインクを使用しPETフィルム上にインクジェット印刷

とにより,密着性が向上することがわかっている。

3.3.4 独立分散ITOナノ粒子インク

透明導電膜は,液晶,プラズマ,無機及び有機ELなどの各種フラットパネルディスプレイ,太陽電池,タッチパネルなどに広く利用されている。この透明導電膜を形成する材料として,Indium Tin Oxide(ITO),Antimony Tin Oxide(ATO)及びAluminum Zinc Oxide(AZO)などの金属酸化物が挙げられる。この透明導電膜の形成は,一般的に,スパッタ法などの真空プロセスに依存している場合が多いが,印刷法により形成するための塗布液も開発されている。この塗布液としては,ゾルゲル法や熱分解法を利用したものが挙げられるが,これらの塗布液による透明導電膜の形成には,一般に300℃以上の高温での焼成が必要とされている[3]。

ガス中蒸発法により,独立分散ITOナノ粒子インクの開発をおこなった(ITOナノメタルインク)[4]。このITOナノメタルインクは,平均粒径が3.9nmのナノ粒子をデカリン等の弱極性の溶媒に分散したものであり,従来よりも低温での焼成によりITO膜の作製が可能である。

ITOナノメタルインクによる成膜は,8Pa程度の減圧下(真空)での焼成と,それに続く大気中での焼成の2段階の焼成によりおこなわれる。減圧下での焼成及び大気中での焼成どちらの工程も,焼成温度は230℃である。

ITOナノメタルインクによって得られるITO膜の焼成温度と比抵抗との関係を図5に示す。焼成温度が230℃以上では,得られるITO膜の比抵抗は6×10^{-3} Ω・cmとなっている。この比抵抗値は,スパッタITO膜の比抵抗値よりも2オーダー高い値となっているが,230℃という低温の焼成で成膜が可能であり,例えば,カラーフィルターなどの耐熱性の低い薄膜の上に,印刷法により透明電極を形成することが可能となる。

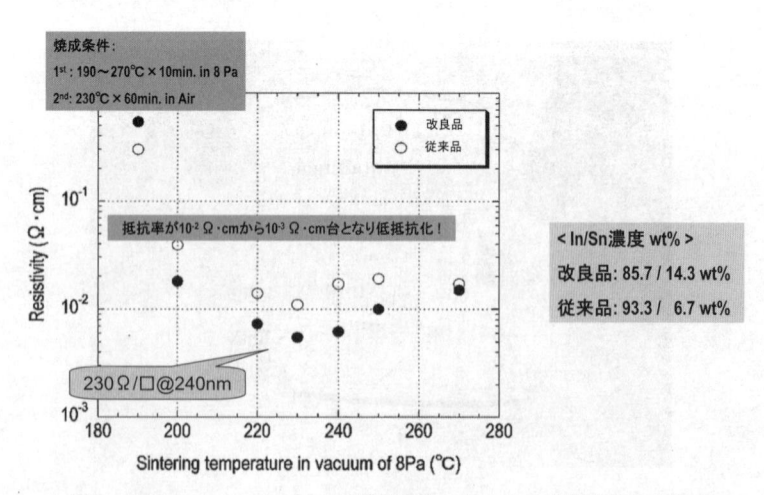

図5 ITOナノメタルインクの焼成温度にたいする比抵抗値の変化

第4章　インクジェット

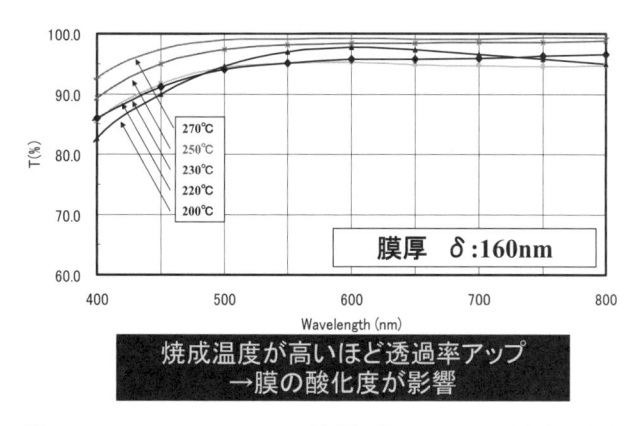

図6　ITOナノメタルインクの焼成温度にたいする透過率の変化

また，得られるITO膜は，スパッタITO膜に比べて優れた透過性を有しており，波長550nmでの透過率は95％以上を示し，400〜450nm以下の短波長に対しての透過率の減少が小さいという特徴を有している。230℃以上に焼成温度を高くすると，得られる膜の透過率は増大する（図6）。

3.4　ナノメタルインクを使用したインクジェット法による配線形成
3.4.1　インクジェット法の特徴
従来のフォトリゾグラフィー法によるプロセスとインクジェット法のプロセスを図7に示す。

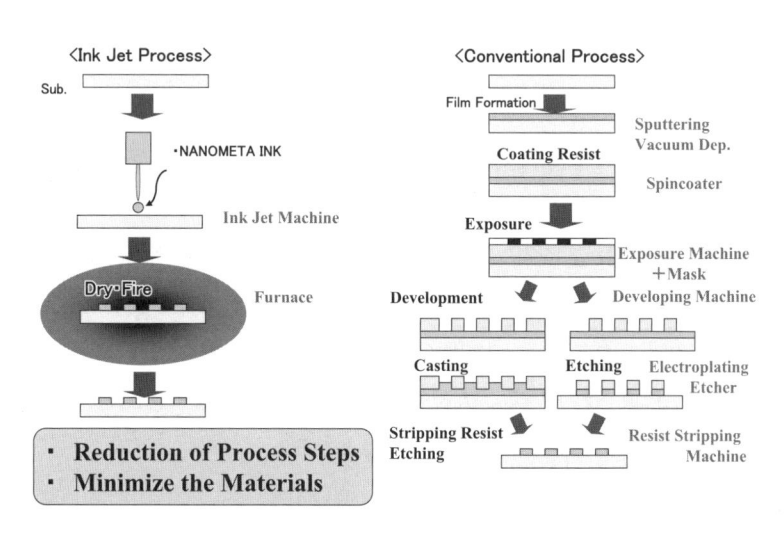

図7　フォトリゾ法（6工程）とインクジェット法（2工程）のプロセス比較

従来のフォトリソグラフィー法とインクジェット法のプロセスを比較すると，インクジェット法は，①露光のためのマスクが不要。②有害物質，廃液処理等が不要であり，必要な場所にだけ描画するために材料の利用効率が高く環境に優しい物作りになる。③大気プロセスであるためにディスプレーでは大型基板への適用が容易。④回路基板では生産設備が極めてコンパクトとなり，机上レベルでの量産化が実現できる。⑤段差のある基板上でも描画可能で，三次元の立体配線がおこなえる。例えば，従来のワイヤボンディングでの配線接続が一括で形成できる。⑥CADデータがあればオンディマンド印刷が可能であり短納期，といった特徴があり，ディスプレー，回路基板の製造に革新をもたらすと予想される。

3.4.2　基板の表面処理

インクジェット印刷に使用されるOHPシート，印刷紙の表面には薄い吸収層が形成されているために，着弾したインク滴は広がらずに微細パターンが形成される。一方，工業的には基板はガラス，有機フィルムなどであり，直接その上に金属配線パターンが形成される。インクジェット用のインクはスクリーン印刷用とは異なり，粘度が10cps程度と低いために微細なインク滴が着弾したとしても広がってしまい，微細化は不可能となる。微細パターンを形成するためには基板表面をインクに対しある程度の撥液性をもたせることが必要となる。撥液性が強すぎると着弾したインク滴が表面を移動してコーナー部，エッヂ部，あるいはダストのあるところに集まり，バルジを形成してしまい，不均一な膜となり，また，断線を生ずる。均一な微細パターンを形成するためには，インク滴に対し，表面の接触角が30〜60°となる程度にすることと，着弾したインク滴の重なりの度合いを調節することが重要である。

3.4.3　PDPテストパネル試作

現状は真空バッチプロセスであるスパッタ法により形成されているプラズマディスプレーパネル（PDP）の電極部をセイコーエプソン㈱，㈱富士通研究所との共同開発でインクジェット法により形成した試作パネルについて述べる[5]。固形分濃度60wt％で分散溶剤にテトラデカンを使用した銀ナノメタルインクを使い，対角10インチのテストパネルの前面板のバス電極を形成した。写真5にその概観を示す。パターニングされたITO膜上に形成されている。ITO形成を含め，その他の部分は従来の製造工程によっている。形成されたバス電極は幅50ミクロン，焼成後の厚み2ミクロン，比抵抗値は2 $\mu\Omega$cmである。ITO膜上に撥液処理を施し，数回の重ね塗りをして厚み2ミクロンが得られている。180個のノズルを持つヘッドを使うことにより，約60秒の印刷時間でバス配線が形成されている。大型基板に対してはこのヘッドをプリンターに多数個を搭載使用することによりタクトタイムの短縮が可能となる。

第4章 インクジェット

写真5 標準型の銀ナノメタルインクを使用し形成したA4サイズ試作PDP前面板のバス配線，スパッタITO膜上に形成されている
線幅50μm，厚み2μm，比抵抗値2μΩcm（セイコーエプソン㈱，㈱富士通研究所 提供）

3.4.4 System in Package（SiP）試作

(1) プログラム実装の意義

ナノペーストとインクジェット法によるオンディマンドSiP製造を目的とするプログラム実装コンソーシアムは世界で初めて試作SiPを作製した。これまで，多層回路基板，フレキシブル回路基板，Tape Automated Bonding（TAB）用フィルム基板等での製造工程は，銅箔の形成，フォトレジストパターンの形成，銅箔のエッチング等の複雑でウェット処理をおこなうものであった。このために，近年の電子機器が要望している低コスト化，短納期，微細ピッチ化に対応できないばかりか廃液処理等の環境問題も存在していた。

今回のプログラム実装法はこれらの問題を根本的に解決するもので，具体的には，アルバックコーポレートセンターにて開発された独立分散金属ナノ粒子液（ナノメタルインク）に，加熱時に独立分散粒子の表面の被覆剤を化学反応で除去できる添加物付与，及び粘度調整をハリマ化成にておこなったペースト（ナノペースト）[6,7]を導電性インクとし，又，絶縁材料にはポリイミド樹脂液，特殊変性エポキシ樹脂液等をインクとして，パソコン等に入力された回路配線，絶縁パターンを描画させ，さらに，従来の受動部品である抵抗，コンデンサー，インダクタンス等も基板内部に同時形成する方法により次世代の機能性回路基板を製造するものである。

(2) インクジェット装置

導体回路，及絶縁層の形成に用いたインクジェット装置はLitrex社製のLitrex 80L IJ Systemである。ステージサイズ200×200mm，ステージ位置精度±5μmである。プリントヘッドにはピエゾ方式のスペクトラ社製のSX128を使用した。ノズル本数128本で，最少吐出可能液滴量は

10 pL（球にすると直径27μm）のものである。

比重が1に近い水系のインクであれば30 kHzで吐出可能であるが，比重が2に近い金属ナノ粒子を含むインクでは吐出周波数は最大その1/3程度となる。

(3) 試作したSiPの内容

今回，導電材料として銀ナノペースト，絶縁材料として特殊変性エポキシ樹脂，ポリイミド樹脂を用いたインクジェット法により，図8に示すような三層回路構成で量産化のための課題抽出を目的としたSiPを試作した。

導体回路各層間の導通接続には（A法）インクジェット法だけで導体回路と絶縁層を塗り分ける方法（B法）インクジェット法により導体回路を形成し，均一塗布形成絶縁層にレーザー法によりビア形成をする工法の2種を開発したが，今回はA法について報告する。

SiPの回路には，ナノペーストの配線電流容量の実力を評価するために，比較的電流容量の大きい回路であるLEDモジュールを選択した。具体的には，写真6に示すように，LED駆動制御用のIC3個，チップコンデンサー10個，チップ抵抗3個をテープ上に配置し，モールド樹脂にて固定し，裏返してテープを剥がす（a）。配置されたこの電極間を銀ナノペーストでCADデータに基づくインクジェット法により接続し（b），上下の配線が交差する部分に特殊変性エポキシ樹脂及びポリイミド樹脂で同様にCADデータに基づき，絶縁層をインクジェット法で形成，その上に第二層目配線層を形成し（c），さらにその上に特殊変性エポキシ樹脂及びポリイミド樹脂で端の部分だけを残しほぼ全面に絶縁層をインクジェット法で形成した後，第三層目の配線層を形成した（d）。ナノペーストは230℃焼成により，又，樹脂層はUV及び熱により硬化した。

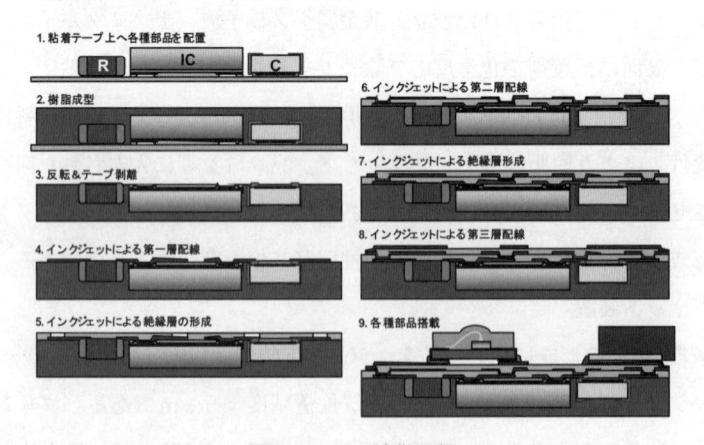

図8 SiPの試作工程

第4章 インクジェット

この工程を三層に渡って繰り返し,最後にLEDを搭載した。回路の動作確認はLED点灯でおこなった。電源投入の結果,点灯が確認された(e)。点灯時電流0.49mA,電圧2.5Vであった。図9にこの回路図を示す。

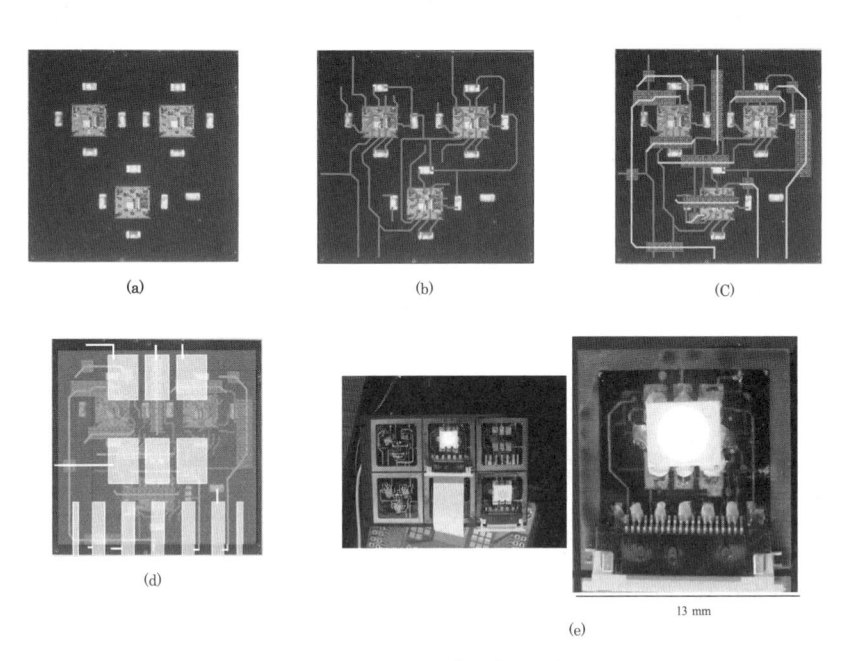

写真6 SiPの試作工程の詳細

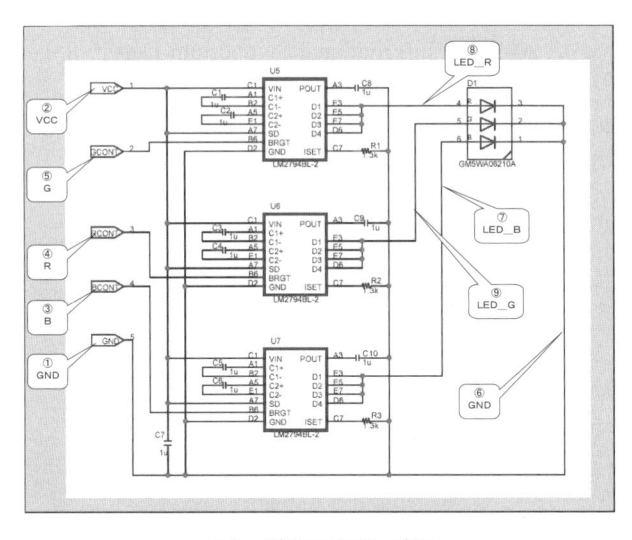

図9 試作SiPの回路図

この結果,インクジェット法を用いることによりCADデータから直接にオンディマンドで回路形成が可能であり,ナノペーストによるSiPや回路基板等の実現性があることが判明した。

3.5 おわりに

大型化が進むディスプレー及び微細化,高密度化が進む実装分野へのナノ粒子インク応用について紹介した。ディスプレー分野においては,既にカラーフィルターの製造工程にインクジェット技術が導入されており,さらにカラーフィルター以外の工程への導入も検討され,又,回路基板を扱う実装分野においても省資源,低コストで環境にやさしい製造法の導入が期待されている。金属ナノ粒子インク,絶縁インクとインクジェット印刷との組み合わせはこれに応えるもので,ナノ粒子インクの特性向上と低価格化が我々の使命と考えている。今後さらに,他の金属種への展開をはかり,応用分野を広げてゆきたいと考えている。

文　献

1) T. Suzuki and M. Oda, Proceedings of IMC 1996, Omiya, April 24, p.37 (1996)
2) 小田正明,エレクトロニクス実装学会誌, **5**(6), 523 (2002)
3) 澤田豊,西出利一,塗布法による透明導電膜の作製,澤田豊監修,『透明導電膜』,153-156,シーエムシー出版 (1999)
4) M. Oda, H. Yamaguchi, N. Abe *et al.*, IDW '04 Proceedings of The 11th International Display Workshops, 549-552 (2004)
5) M. Furusawa *et al.*, 2002 SID International Symposium Digest of Technical Papers, p.753 (2002)
6) マイクロ接続研究会,はんだ代替導電性接着剤の現状と動向調査報告 (2001)
7) 特願2000-325414

第5章 各種パターニング・ファブリケーション技術

1 マイクロコンタクトプリント法

八瀬清志*

1.1 はじめに

1993年にハーバード大学のG.M.ホワイトサイドらが、末端にチオール基（-SH）を有するアルカンチオールを用いて、金のマイクロパターニング法を、「ソフトリソグラフィー」と命名して報告した[1~3]。スクリーン印刷や凸版・凹版印刷、グラビア印刷、およびインクジェット印刷などの既存の印刷法においては、版の微細加工を含めて、精細度において10μm以下にすることが難しい状況では、画期的な技術である[4]。本稿においては、その基本原理の説明と有機薄膜トランジスタ（TFT）の作製例を紹介する[5~7]。

1.2 マイクロコンタクトプリント（μCP）法

シリコン基板上にレジスト膜を塗布した後に、マスクを介して紫外（UV）光を照射し、シリコンをエッチングする（図1(a)）。これは、通常のフォトリソグラフィー法でパターニングするものである。次に、このマスター基板を用いて熱可塑性のシリコーンゴム（Sylgard 184（Dow Corning）またはKE106（信越化学工業））に微細な凹凸パターンを転写し、スタンパー（版）とする（図1(b)）。このPDMSスタンパーの凸部にアルカンチオール（Hexadecanethiolate：$CH_3(CH_2)_{15}SH$）溶液をスピンコート法などを用いて吸着させる（図1(b)）。金を真空蒸着した別のシリコンウェハーを準備し、これに厚さ1 nmの単分子膜を接触（コンタクト）により印刷し、反応性イオンエッチング（CN^-/O_2）により、アルカンチオールのない下地が出ている部分をエッチングする（図1(c)）。

この手法の最大の特徴は、エッチングのマスクとしてのアルカンチオール単分子膜が1 nmしかないということであり、そのために、パターンの再現性、ホールなどのアスペクト比が高いということである。しかしながら、シリコンウェハー上へのマスター・パターンの形成およびスタンパーの形態保持という点で、高々数インチ径での実験であった。

ここ数年、このμCP法は、有機半導体や導電性高分子、および金属のナノ粒子などの電子機能性材料のパターニングに応用されるようになり、それぞれの部材のインク化が進められている。

---

* Kiyoshi Yase ㈱産業技術総合研究所 光技術研究部門 副研究部門長

図1 ソフトリソグラフィー法

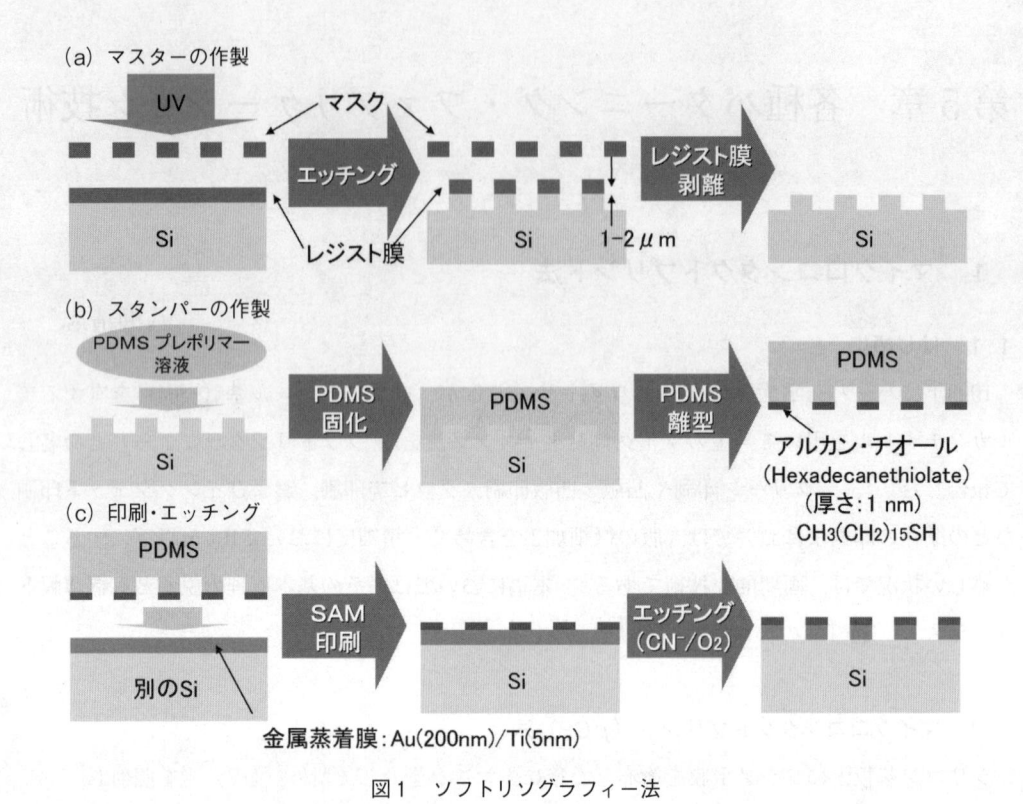

1.3 マイクロコンタクト法による金属配線の印刷

　配線を含め電気伝導性の微細パターンを形成する場合，μmの幅，または間隔に対応する細線においては，それなりの厚さを保持しておくことが必要である。

　図1のソフトリソグラフィーにおいては，印刷される膜は厚さとして1nmの単分子膜であった。しかし，スタンパーとしてのPDMSの表面の凹凸は，0.5～1μmである。この凹部にインキを充填することで，1μmに達する厚膜の作製が可能である。また，150～200℃での焼結が必要な材料においては，シリコンまたはガラス基板上にスピンコート法で必要な厚さの薄膜を形成し，その後，加熱により焼結・硬化させる。この場合，表面処理したPDMSスタンプをこの薄膜に圧力をかけながら接触させると，PDMSの凸部に薄膜が転写される。その薄膜付きのPDMSを被転写基板に押し付ける凸版印刷に加え，基板に残った薄膜を，別の被転写基板と接触させることで平版印刷させることもできる。このように，被転写基板としてプラスチックなどの高温処理が不可能なフレキシブルな基板にも，厚さが保証されたパターンを形成することが可能となる。最後の，平版印刷法は，反転印刷法とも言われている。

　これらの特殊印刷法により作成された銀ナノ粒子の細線と微細パターンを図2に示す。同図(a)

第5章　各種パターニング・ファブリケーション技術

(a) ライン・アンド・スペース
(L/S: 2μm)

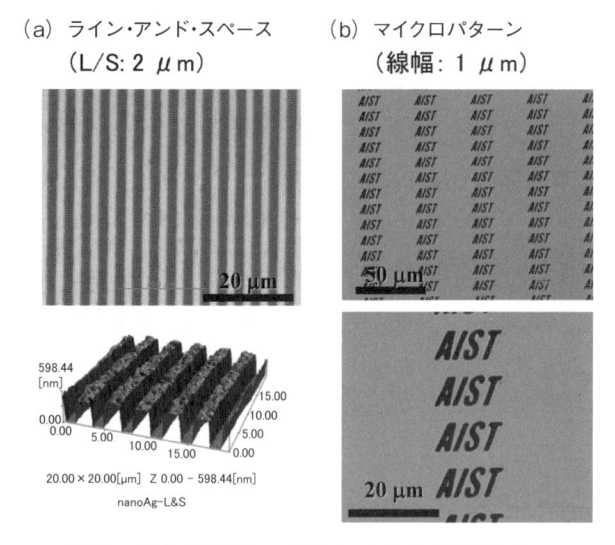

(b) マイクロパターン
(線幅: 1μm)

図2　銀ナノ粒子のマイクロコンタクトプリント
(a) L/S: 2μm, 厚さ600nm, (b) 線幅：1μm, 厚さ60nm

では，急峻なエッジを有する幅2μmのラインアンドスペース（L/S）が得られており，その膜厚も600nmに達している。また，同図(b)では，幅1μmの「AIST」パターンが，厚さ60nmで形成されている。

1.4　マイクロコンタクト法による有機TFTの作製

導電性高分子であるポリチオフェン誘導体には，半導体的な性質を示すもの（poly-3-hexyl-thiophene; P3HT）（図3(a)）と導電性を示すもの（poly(3,4-ethylenedioxythiophene)poly(styrene-sulfonate); PEDOT: PSS）（図3(b)）がある。これらの材料をμCP法により微細パターンを形成した。

図4(a)は，P3HTの10μmのドッド・パターン（凸部：10μm□で，間隔20μm）である。こ

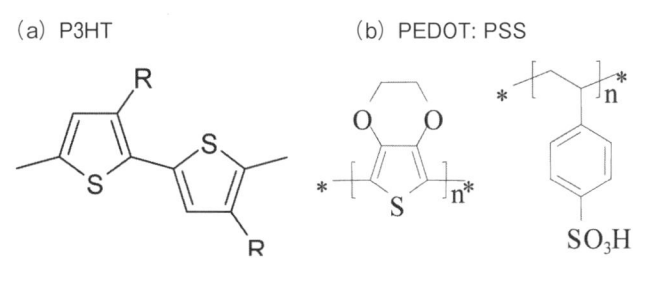

(a) P3HT　　　(b) PEDOT: PSS

図3　導電性高分子の構造

の離散的なP3HTのパターンを酸化膜付きのシリコン基板上に作製した。その上に，ソース・ドレイン電極としての導電性高分子（PEDOT: PSS）をマイクロコンタクト法によりパターン化した（図4(b)）。ここで，トランジスタ特性に大きく影響するチャネル長（L）は，10μmである。

この有機TFT素子の断面構造を図5(a)に示すが，そのトランジスタ特性（図5(b)）を評価した。その結果，スピンコート法で，連続膜として作製した場合と同等の10^{-3}〜10^{-4}cm^2/Vsの移動度，on/off比で10^3が得られた[5,6]。

最後に，ゲート電極，絶縁膜，ソース・ドレイン電極，有機半導体および封止膜を15cm角のプラスチック基板上に，すべて湿式の印刷法で作製した有機TFTアレイの写真を図6に示す[8]。ここで，電極と半導体はマイクロコンタクトプリントを用い，絶縁膜と封止膜はスピンコートにより作製した。図6には，テストパターンとしての1〜10μmのL/S，ドットなどの金属ナノ粒子による配線の基本パターンに加え，100および200ppi（ピクセル・パー・インチ）（画素サイズ

図4 マイクロコンタクトプリント法による有機半導体（P3HT: 10μmのドットパターン）(a)および導電性高分子（PEDOT: PSS: 10μmのチャネル長のソース・ドレイン電極）(b)

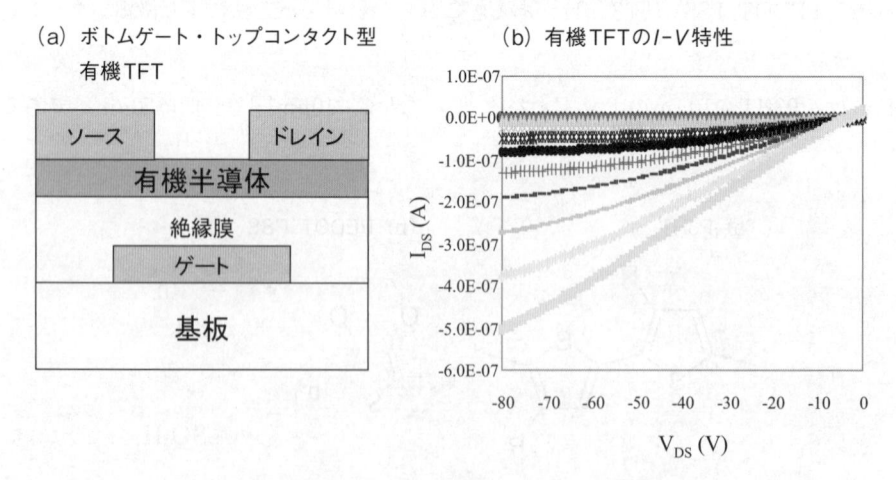

図5 マイクロコンタクトプリント法で作製した有機TFTの構造(a)と*I–V*特性(b)

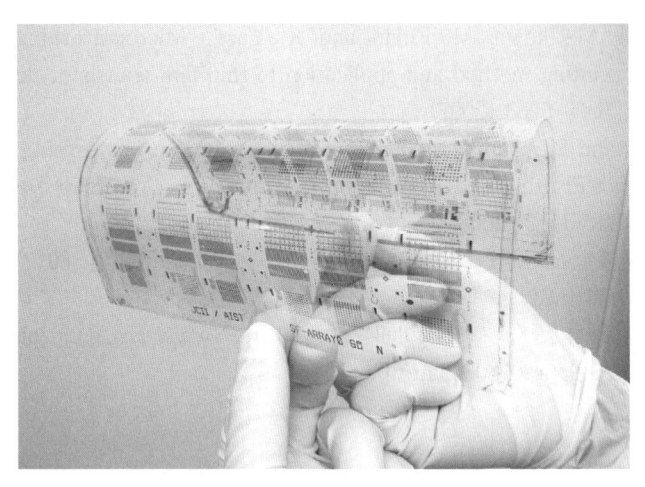

第 5 章　各種パターニング・ファブリケーション技術

図6　全印刷法により15cm角のプラスチック基板上に形成された有機TFTアレイ

は，それぞれ254μmと127μm）の画素駆動用のTFTアレイが全域に形成されている。

1.5　おわりに

　印刷法を用いてプラスチックなどの低融点材料の上に大面積かつ高精細に機能性薄膜が形成できるようになることが，フレキシブルディスプレイの実現，そして真の意味での有機エレクトロニクスの台頭につながっていくと考える。

文　　献

1) A. Kumar and G.M. Whitesides, "Features of gold having micrometer to centimeter dimensions can be formed through a combination of stamping with an elastomeric stamp and an alkanethiol "ink" followed by chemical etching", *Appl. Phys. Lett.*, **63**(14), 2002-2004 (1993)
2) A. Kumar, H.A. Biebuyck and G.M. Whitesides, "Patterning self-assembled monolayers: Applications in materials science", *Langmuir*, **10**, 1498-1511 (1994)
3) B. Michel, A. Bernard, A. Bietsch, E. Delamarche, M. Geissler, D. Juncker, H. Kind, J.-P. Renault, H. Rothuizen, H. Schmid, P. Schmidt-Winkel, R. Stutz and H. Wolf, "Printing meets lithography: Soft approaches to high-resolution patterning", *IBM J. RES. & DEV.*, **45**(5), 697-719 (2001)
4) 藤平正道,「マイクロコンタクトプリンティング」, 日本印刷学会誌, **41**(5), 261-278 (2004)

5) A. Takakuwa, M. Ikawa, M. Fujita and K. Yase, "Micropatterning of electrodes by microcontact printing method and application to thin film transistor devices", *Jpn. J. Appl. Phys.*, **46**(9A), 5960-5963 (2007)
6) A. Takakuwa and R. Azumi, "Influence of Solvents in Micropatterning of Semiconductors by Microcontact Printing and Application to Thin-Film Transistor Devices", *Jpn. J. Appl. Phys.*, **47**(2), 1115-1118 (2008)
7) 八瀬清志,「有機分子デバイスの製造技術 II 印刷法」, 応用物理, **80**(2), 173-177（2008）
8) 産総研プレスリリース,「フレキシブル基板へ有機薄膜トランジスタアレイを印刷―全印刷法による有機半導体デバイス作製に向けて―」http://www.aist.go.jp/aist_j/press_release/pr2008/pr20080609/pr20080609.html

2 電子写真法によるデジタルファブリケーション

細矢雅弘*

2.1 はじめに―電子写真技術の優位性―

　脱フォトリソの実現を目指し，様々なパターニング技術の開発が精力的に進められている。スクリーン印刷は比較的手軽に厚膜パターンを形成できることから，プラズマディスプレイなどの製造技術として多用されているが，解像度と生産性に限界があるとみられている。オフセット印刷やグラビア印刷といったRoll-to-Rollベースのパターニング技術は生産性に優れ解像度も高いため液晶ディスプレイなどへの応用が検討されているが，有版印刷方式であることや，加圧転写を基本とするため厚膜の形成が困難であるといった課題がある。インクジェットは，版が不要なデジタルファブリケーション技術の代表格として開発と実用化が急速に進んでいるが，液滴の広がりや蒸発といった本質的な課題を考慮すると，実用的な意味合いでは高解像度と高生産性を両立することが困難とする見方がある。

　電子写真技術は，無版のオンデマンド印刷方式であることに加え，Roll-to-Roll印刷に近い高生産性，加圧の不要な電界転写による多様な膜厚のパターン形成，更には液体トナーを用いることで$10\mu m$前後の高解像度を実現できるなど，他の方式には無い利点を有している。この節では，電子写真によるデジタルファブリケーション技術の開発動向を俯瞰すると共に，液体トナーによるパターニング技術の特性と課題，今後の展望について詳述する。

2.2 技術開発動向

　図1は，トナーを用いたデジタルファブリケーション技術の研究開発動向を，研究論文と特許の調査結果を基に，応用分野の視点からまとめたものである。「非電子写真」とはトナーを用いるが感光体を用いない方式を，また「直接」は感光体（もしくは潜像保持体）を表面に有する基板に直接現像する方法を，「間接」は潜像保持体に現像されたトナー像を基板に転写する方式を表している。このツリーからいくつかの傾向が見て取れる。まず，カラーフィルタやブラックマトリクスといった比較的精度の高い膜厚，表面平滑性，位置合わせが要求される用途には，直接方式と液体トナーを用いる方法が提案されている。一方，蛍光膜や配線といった膜質や粒径などの仕様が多岐に亘る用途には，直接・間接及び液体トナー・乾式トナーの双方が用いられている。また，セラミクス部品（コンデンサ，抵抗など）や接合（基板と導線の接合など）には乾式トナーによる方式が提案されている。以下に，各用途に用いられている技術の内容について，最も研究発表の多い「電極・配線」から順に解説する。

---

　* Masahiro Hosoya　㈱東芝　研究開発センター　首席技監

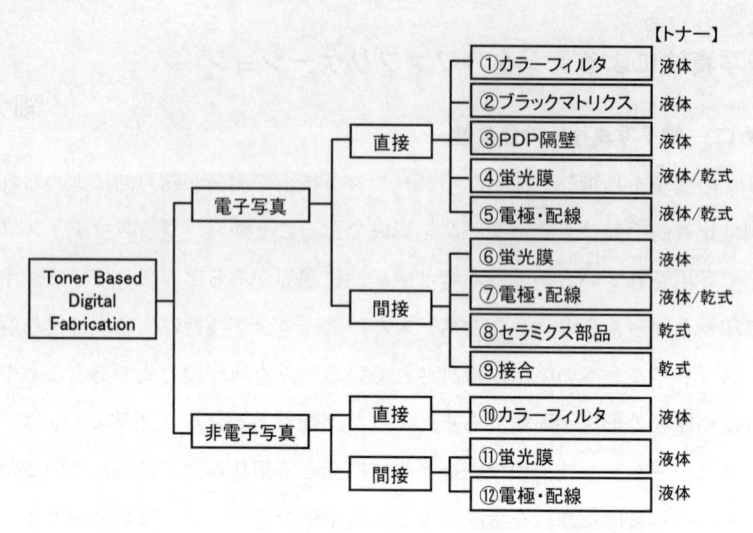

図1　トナーによるデジタルファブリケーションの開発動向

2.2.1　電極・配線形成

電子写真による電極・配線の形成に関する提案は，トナー像をマスクとして利用する方法，トナー像を核としてメッキを行う方法，金属粒子で構成されたトナー像を焼成する方法，の3通りに大別できる。

第1の方法の典型例を図2に示す[1]。図1の⑦に相当する方式で，通常の電子写真プロセスで感光体上に形成された乾式トナーのパターンを銅貼りカプトンシートに転写・定着し，このトナー像をマスクとしてカプトンシート上の銅層をエッチング除去することで，トナー像に相当するパターンの導電回路を形成する。比較的簡便な方法で，歯車などの立体物の製作も可能であるが，トナー下部の過剰なエッチングによる配線の細りと，線間のトナー飛散が課題であると報告されている。一方，図3の方法[2]では，表面にメッキ触媒層を塗布した基板に乾式トナー像を転写し，このトナー像をマスクとして非トナー付着部に無電解銅メッキを行うことによって配線を形成する。確立された技術のみを使用する信頼性の高い方法で，絶縁性トナーを用いればマスク除去も不要であるとしている。類似の方法として，プリント基板上にパラジウムや銀などの導電性メッキ触媒層と感光体層を順に設けたものに静電潜像を形成し，これを液体トナーで現像・定着したあとにトナー像をマスクとして非トナー付着部の感光体層を溶解除去し，メッキ触媒層を露出させてここに無電解銅メッキを行う方法が提案されている[3]。図1の⑤に相当する方法で，液体トナーを用いる上に転写しない直接方式であるため解像度が高く，線幅40μmの配線を形成できたという。

第2の方法，すなわちトナー像を核としてこれにメッキを行う方法[4]を図4に示す。乾式トナ

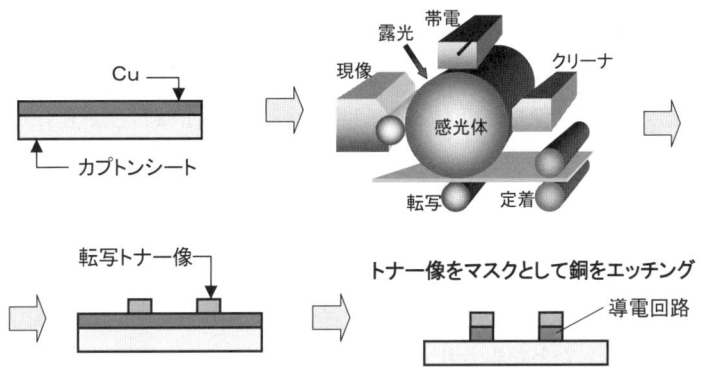

第5章　各種パターニング・ファブリケーション技術

図2　トナー像をマスクとしてエッチングを行う方法

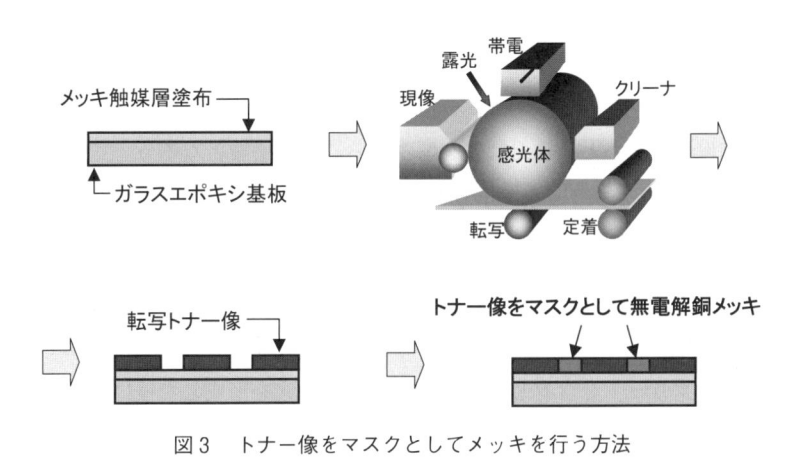

図3　トナー像をマスクとしてメッキを行う方法

図4　トナー像を核としてメッキを行う方法

一粒子の内部にメッキの核となるシード粒子（Cu）を分散し，かつバインダー樹脂として熱硬化性のエポキシ樹脂を用いることによって実用に耐え得る接着性を実現している。通常の電子写真プロセスで形成したトナー像を基板上に転写し，シード粒子を核としてトナー上に無電解銅メッキを行うことによって配線を得る。260℃のハンダリフロー試験や，温度サイクル試験等の実用試験においても，配線部の抵抗率は純銅に近い値（$2\,\mu\Omega$cm）を維持しており，また銅メッキ層上に形成したハンダボールの接着性についても実用に耐え得る強度を有していることを確認した。その他，この方法で試作した多層配線やフリップチップアセンブリ，無線タグアンテナなども実用レベルの特性を示したと報告されている[4]。

第3の方法では，金属粒子を母体とするトナーを用いてパターニングしこれを高温焼結して配線を得る。乾式トナーによる提案例[5]では，金属粒子の表面を熱可塑性絶縁層で被覆したトナーで現像・転写を行い，900℃の還元雰囲気中で焼結する。銀ナノ粒子に界面活性剤で電気泳動性を付与した液体トナーで転写像を形成し，これを焼成（230℃，1時間）する方法[6]では，最小線幅$10\,\mu$m，抵抗率$14\,\mu\Omega$cmを得たという。実用的には，基板との接着性やバルク金属に近い導電率をいかにして確保するかといった課題を解決することが必要となろう。

2.2.2 カラーフィルタ・ブラックマトリクスの形成

プラズマ及び液晶ディスプレイ用のカラーフィルタを形成する技術として，ガラス板上に導電層（ITO）と有機感光体（厚さ$2\,\mu$m）を積層した基板に静電潜像を形成し，これをRGB3色の液体トナーで順次現像する方法（図5）が提案されている[7]。液体トナーは粒径が$0.5\,\mu$m以下で，カラー顔料とガラスフリットを含有している。3色パターンを形成した後に焼成（580℃，10分）することによって，ガラスフリットを溶融すると共に有機感光体を除去する。

一方，CRTやFED向けのブラックマトリクスの形成では，グラファイトと樹脂で構成された液体トナーで上記と同様の有機感光体とITOを有するガラス基板に直接現像する方法が開示されている[8]。ここでは透明な有機感光体を用いることによって焼成を不要にし，厚さ$1\sim3\,\mu$mの切れの良いブラックマトリクスを得たとしている。

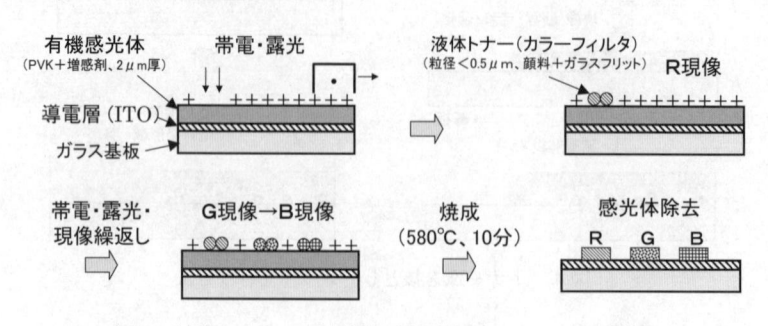

図5 液体トナーによる直接現像でカラーフィルタを形成

第5章　各種パターニング・ファブリケーション技術

2.2.3　蛍光体・誘電体・PDP隔壁・他

　フォトポリマで形成した静電印刷版に液体トナーで現像し基板に転写する方式（図1の⑪に相当）で，ディスプレイ用の蛍光膜や高誘電体膜をパターニングする方法が提案されている[9]。転写は微小なギャップを介してソフトに行われるため，様々な粒子のパターンを精度良くガラス基板や金属板上に形成できるという。

　プラズマディスプレイ用の隔壁には，堅固な厚膜を高い位置精度で形成する必要があることから，金属酸化物フリットと樹脂よりなる液体トナーを用いて感光層を有する基板上に繰り返し現像し，最後に焼成によって感光層を除去すると共にフリット成分を軟化させて隔壁を形成する方法が開示されている[10]。

2.3　液体トナーによるデジタルファブリケーション

　ここでは，液体トナー電子写真による微細配線形成と厚膜形成について，筆者らによる最近の開発例を紹介する。メッキ核となるシード粒子を有するトナーでパターニングし，これに無電解メッキを施すことで配線を得るという点では図4の方法と基本的に同じであるが，より微細なパターンを得るため図6に示す液体トナー電子写真プロセスを用いた[11]。1200dpiの露光と液体現像で形成した21μm幅のライン＆スペース像を感光体上で乾燥し，中間転写体を介して電界の作用を用いることなく基板に粘着転写する。乾燥によって感光体上にいわば仮定着された状態の液体トナーを写し取っていく方法なので，転写工程におけるトナーの飛散といった画像劣化を抑制できる。シリコンウェハー上に転写された配線パターンに無電解銅メッキを施した試作例を図7（a）に示す。トナー樹脂やシード粒子といった材料やメッキプロセスの最適化により，解像度と接着性を確保すると共に，2.1μΩcmという純銅に近い抵抗率を得た。更に，2540dpiのレーザー光学系を用いて幅10μmのライン＆スペースを基板上に転写した例を，図7（b）に示した。シミュレーションの結果は更なる高解像度化の可能性を示唆しており，今後の展開が期待される。

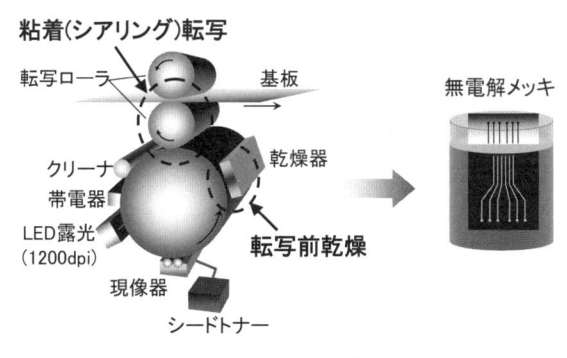

図6　液体トナーによる微細配線形成

電極部分

(a) 21μm/21μmのメッキ配線　　(b) 10μm/10μmライン転写像

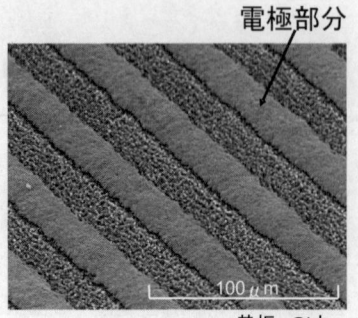

基板：Siウェハー＋ドライフィルム

図7　液体トナーによる微細配線パターン

	①非粘着性トナー	②弱粘着性トナー	③粘着性トナー
粒子間付着力 [nN]	0	5	1000
壁・粒子付着力 [nN]	0	5	90
トナーの運動（理論）			
転写像写真（実験）			

図8　厚膜液体トナーの電界転写

一方，電子デバイスの製造においては，従来の印刷では実現不可能な厚膜のパターニングが要求されることも多い。上記の圧力による粘着転写では転写トナー像の膜厚は高々数μmであるが，蛍光体層や誘電体層などのパターニングにおいては数十μm程度の厚膜が必要となる。このような要請には，非接触の電界転写が適している。ドラム上のトナー層には，自身の電荷による鏡像力と粘着力，転写電界によるクーロン力，トナー溶媒の流体運動による力が作用する。これらを考慮した電界転写シミュレーションの結果を，実験で得られたパターン写真と共に図8に示す[12]。トナー粒子間やドラム面との粘着力，トナー帯電量や誘電率，転写ギャップなどを総合的に最適化することによって，同図③のような良好な厚膜パターン（厚さ18μm）を形成できることがわかった。①及び②ではトナー粒子が流されたり層が折れ曲がったりしていることから，ト

第5章　各種パターニング・ファブリケーション技術

ナー層を適度な粘着力で凝集させた状態で転写することが重要といえる。

2.4　おわりに―課題と展望―

　トナーを用いたデジタルファブリケーションが，ディスプレイ用構成部品や回路基板など様々な応用へ向けて検討されていることを紹介した。特に液体トナーによる方法は，10 μmを越える高解像度化に加え，様々な膜厚や電気物性を有する多様な機能膜への展開が期待される。今後，膜と基板の接着力や膜質の安定性といった実用課題を解決するには，電子写真を一旦要素技術に分解し，必要に応じて新たなアイデアを付加しつつ再構築する作業が必要になろう。

文　　　献

1) D.S. Weiss *et al.*, Proceedings for IS&T's NIP-21, 250 (2005)
2) P.H. Roth, Proceedings for IS&T's NIP-21, 247 (2005)
3) 特開平7-245468
4) N. Yamaguchi *et al.*, ECWC10, S22-2 (2005)
5) 特許第3512629号
6) 佐野雄一朗ほか，日本機械学会2006年度年次大会講演論文集，609 (2006)
7) 特許第3147621号
8) 特開平9-134671
9) R.H. Detig *et al.*, Proceedings for IS&T's NIP-15, 293 (1999)
10) 特許第3785834号
11) 石井浩一ほか，Japan Hardcopy 2005論文集，67 (2005)
12) 石井浩一ほか，Imaging Conference Japan 2007論文集，11 (2005)

3 レーザーアブレーション法

福村裕史*

3.1 はじめに

　レーザーアブレーション研究の歴史は1980年代に遡る。光が当たったところのみがエッチングされることからパターニングに有効と考えられ，しかも有機溶媒の使用を避けられることもあって，電子材料のマーキングなどへの応用が進んだ。物質を取り除いてパターンを作製する立場からの研究は極めて多く，常に新しい総説や成書が書かれている[1,2]。このようなエッチングによるパターニングは本稿では省略し，アブレーションで飛散する有機物質を空間選択的に別の表面に付着させ，有機エレクトロニクスの観点から興味のある材料を創製する手法に絞って解説する。なお全体を通してレーザー製膜に関する最近の総説を参考にしている[3]。

3.2 パルスレーザー付着（PLD：Pulsed Laser Deposition）

　有機高分子が紫外光パルスレーザーを用いて製膜できることを最初に示したのはHansenらである[4]。彼らは真空中で高分子フィルムをアブレーションさせ，対置する基板にアブレーション噴出物を付着させて生成した高分子フィルムを分析した。その結果，レーザー強度，波長などの照射条件により分子量が変化することを見出し，光分解のみならず熱分解も伴う過程であると考えた。その後さまざまな材料が試されているが，基本的には真空中のレーザーアブレーションにより噴出する分子，イオン，微粒子などを付着させ基板上で熱反応により再構成するメカニズムに変わりは無い。これが一般にPLDと呼ばれている手法である。したがって，機能性有機分子を含む膜を作製するためには，光や熱に強い有機分子を使用すると共に，できるだけ波長の長いパルスレーザー光を用い，アブレーション閾値に近いレーザー強度を用いて損傷をできるだけ避ける手法がとられている。

　有機エレクトロニクス材料として興味深いのは，電導性高分子，発光性分子である。Nishioらはポリペリナフタレン[5]，ポリチオフェン[6]などの電導性材料の製膜を試みている。Tsuboiらはポリビニルカルバゾールについて最適製膜条件を見出した[7]。一方，Matsumotoらは，酸化錫透明電極の上にAlq_3を発光層として含む数種の分子層をPLD法により積層してエレクトロルミネッセンス素子となることを示した[8]。いずれの場合もパターン化するには，製膜する際にマスクをかける必要がある。これは噴出物の空間広がりが真空中では大きく，またアブレーションのターゲットと製膜基板との距離も大きいためである。

＊　Hiroshi Fukumura　東北大学　大学院理学研究科　教授

3.3 マトリックス支援パルスレーザー蒸着
（MAPLE：Matrix-Assisted Pulsed Laser Evaporation）

　通常のPLDでは，移動させる物質に光を吸収させるため，光と熱による有機分子の分解を避けることが困難である。そこで数％程度に希釈した溶液を作り，これを真空中低温で固体フィルムにしてアブレーションさせる手法がとられている。溶媒としては水が用いられることが多く，このため水溶性の生体関連物質の積層に適している。レーザー光は主として溶質分子に吸収され無輻射過程によって熱に変換するが，大量の溶媒に囲まれて衝突を繰り返しながら蒸発するので，分子間エネルギー移動によって光吸収分子は余剰エネルギーを失い，結果として熱分解が抑えられるものと考えられている。図1に示すように，蒸発した溶媒は真空中で吸引されて系外へ除かれるため，生成した膜からは溶媒が取り除かれる。ポリピロールやAlq$_3$の製膜に応用された例があるが，Alq$_3$の場合には製膜後の発光スペクトルが変化したことから，何らかの反応が起こったものと考えられた[9]。以上のように，MAPLEは生体関連物質の製膜に適した方法と考えられ，バイオセンサーへの応用が検討されている[10]。MAPLEをさらに発展させ，赤外光パルスレーザーを用いて高分子を共鳴励起する手法も開発された。Johnsonらは，自由電子レーザーを用いて導電性チオフェン誘導体ポリマー（PEDOT：PSS）とメチルピロリドンを含む凍結水溶液をアブレーションさせ，0.2 S/cm の導電性高分子膜を得ている[11]。これらの手法も基本的にはPLDの応用であるから，パターンを作るにはマスクが必要である。

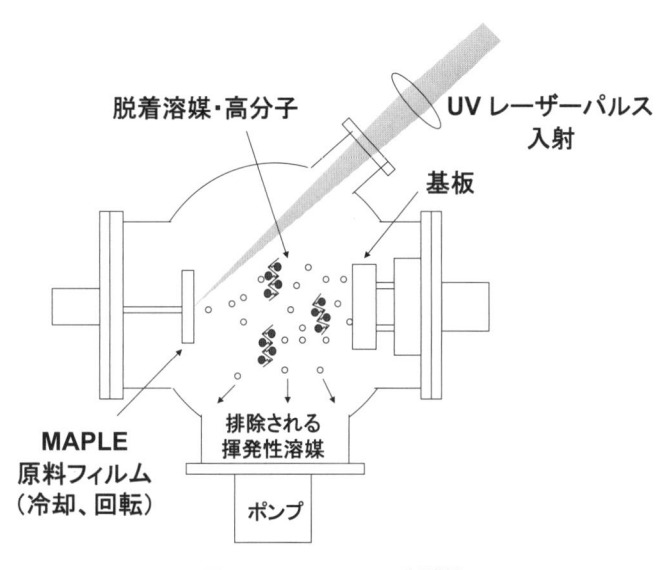

図1　MAPLEによる製膜法

3.4 アブレーション転写（LAT：Laser Ablation Transfer）

高分子フィルムなどの透明な基板に転写したい有機色素や高分子を塗っておき，付着させたい材料表面にこのフィルムを密着させ，透明基板の裏側からパルスレーザーを照射するとレーザーアブレーションにより転写が起こる[12〜14]。この場合にはレーザー照射部分のみが転写されるので，パターン化は容易に行うことができるが，物質がアブレーションして空気中を飛散するので熱分解などの反応を伴うことがある。このような直接の光励起を避けるために，転写させる機能分子の層の下に金属や光分解しやすい高分子の薄い層を用意しておく手法もある。このようにすると，アブレーションは金属あるいは分解用高分子層（犠牲分解層）で起こるため色素層の下で高圧気体が発生し，色素層は大きな損傷を受けずにそのまま転写される。

最近，この手法を用いて有機発光ダイオード（OLED：Organic Light-Emitting Diode）の積層膜構造がITO上にパターン転写できることが示された[15]。図2に示すように導電発光性高分子（MEH-PPV），金属Al，トリアゼンポリマーを石英上にコートした膜を原料フィルムとし，石英基板裏側から紫外レーザーを照射したところ，トリアゼンの分解によって発生した気体によって積層膜そのものが積層構造を保持したままITO上に転写された。原料フィルムとITO基板の距離（d）は1μm以下と考えられている。適当な厚さのトリアゼン層に対し，最適の照射エネルギーを用いることで発光機能を持たせることが可能になった。レーザー強度が強すぎるとAl層に損傷が見られるという。最適条件で構成された素子の発光スペクトルは，原料となっている物質の発光スペクトルに一致しており，熱履歴が無かったことを示している。素子の転写は一回のレーザー照射で行われ，マスクを用いなくてもパターン化ができる。光分解性トリアゼンを犠牲分解層に選んだことが，この技術の鍵となっている。

このようなレーザー光と同方向への転写は，レーザー誘起前方転写（LIFT：Laser Induced

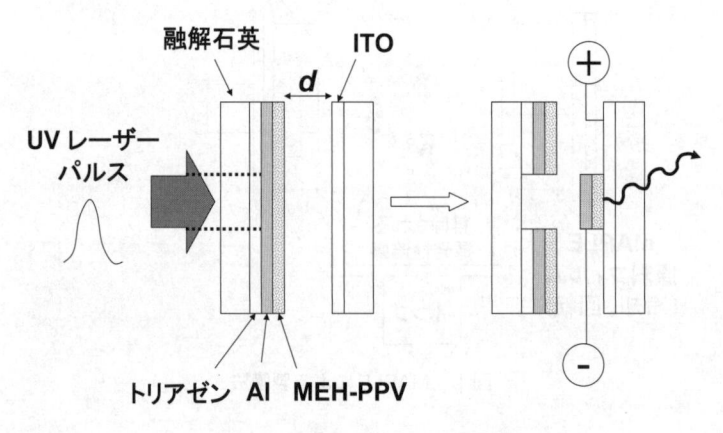

図2　LATによるOLEDの作製法

第5章　各種パターニング・ファブリケーション技術

Forward Transfer）と呼ばれることがある。LIFTは，金属フィルムを比較的高強度のレーザーアブレーションで転写する場合に用いられた呼名であるが，最近ではより拡張して使われている。前述のMAPLEと呼ばれる方法と同様に，数％の光吸収分子を含む原料フィルムに低強度のレーザーを集光照射し，対置する基板に直接パターンを書き込むMAPLE直接書込み（MAPLE-DW：MAPLE Direct Write）[10]と呼ばれる方法も基本的に同じプロセスである。すなわち光エネルギーが熱に変換することにより，物質が飛散し基板に到達する。Barronらは金属薄膜の上に生体試料の膜を作り，裏側からパルスレーザーを照射して加熱することで，制御された生体試料のパターン転写に成功した[16]。しかも酵素活性などの機能を失うことなく，$30\mu m$の領域に再現性良く付着させることが可能であった。

ここでレーザー熱転写あるいは昇華転写と呼ばれる現象にも触れておく。近年になって赤外領域の高出力半導体レーザーが容易に使えるようになり，これを用いてインク層を加熱昇華させ，紙などの表面に転写する方法が開発された[17, 18]。光学的な配置図は，LIFTやMAPLE-DWに極めて近く，全く同じ現象を別の言葉で表しているような感がある。しかしながら，アブレーションと呼ばれる現象は，急激な気体の発生と圧力の上昇による爆発的な固体の除去を意味している。特にLIFTの場合には，紫外パルスレーザー照射を受けた部分の色素層あるいは金属フィルム全体が飛散する。これに比べCW赤外レーザーを用いる熱転写では，入射エネルギーに応じて色素が少しづつ昇華して移動する。MAPLE-DWでは，弱いレーザー照射条件で移動量も変化し，衝撃波等を発生せずに光熱過程のみで物質移動の制御を試みているので，励起光が紫外光である点を除けばレーザー熱転写に極めて近い現象といえる。

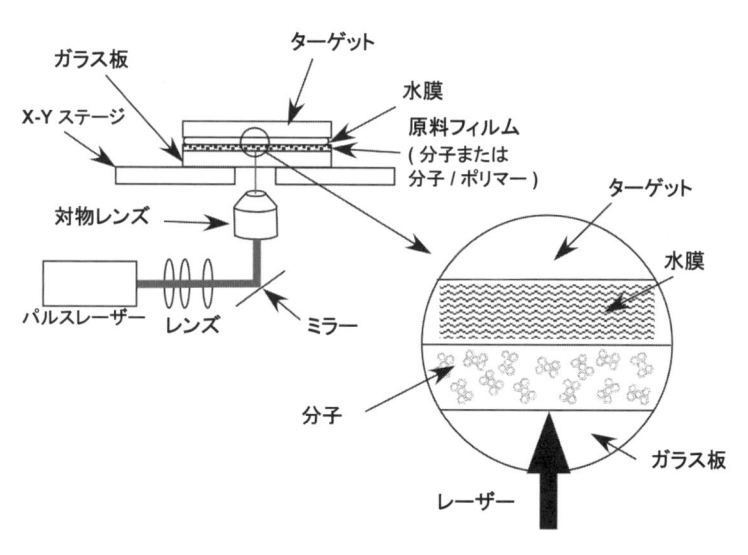

図3　水中LATの実験配置図

プリンタブル有機エレクトロニクスの最新技術

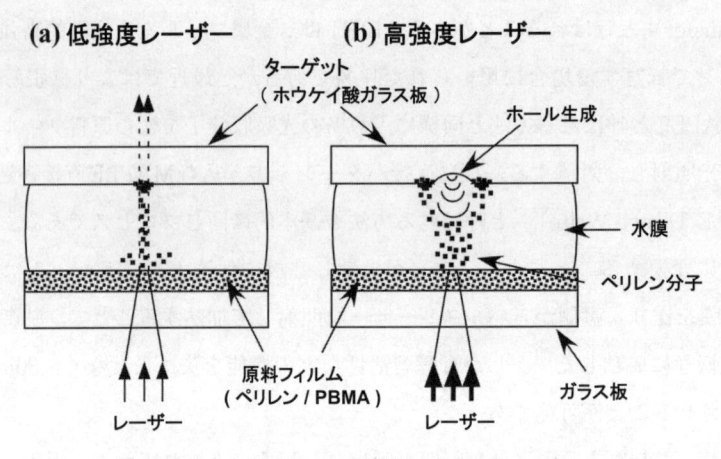

(a) 低強度レーザー　　**(b) 高強度レーザー**

図4　水中LATにおいて推測されるメカニズム

　通常LATは大気圧下，あるいは適当な気体雰囲気下で行われる。これを水中で行えばどうなるかという興味深い結果が報告されている。Gotoらは，4％のペリレンを含むポリメタクリル酸ブチル（PBMA）薄膜を図3に見られるようにガラス板上にコートし，その上に約2.5μmの水薄膜層を置いてガラスへのペリレン付着を試みた[19]。この結果，0.4μm程度の蛍光性スポットをガラス表面に作製することに成功した。レーザー強度を上げると，蛍光性スポットは直径10μm程度のリング状に変化し，中央付近にはガラスの損傷によると考えられる穴があく。これは空気中で行うLATでは見られない現象であり，図4のように水を用いることで飛散粒子の広がりが抑えられたと推測されている。この現象は，これまでのLATあるいはLIFTと区別するため，レーザー誘起分子マイクロジェット（LIMMJ：Laser Induced Molecular Micro-Jet）と名付けられた。実際に飛散しているマイクロジェット中には，マトリックスとなっているPBMAが含まれている可能性もあり，そのダイナミクスは大変興味深い。

3.5　分子注入（LMI：Laser Molecular Implantation）

　上記のLATにおいては，レーザー光の進行方向に沿って物質移動が起こっているように見えるが，図5に示すように付着させたい基板の裏側から機能性物質の表面にレーザー光を照射しても，同様の現象が見られることがある[20]。この場合には，機能性物質を付着させたい基板上にポリメタクリル酸メチルやポリスチレンなどの熱可塑性高分子フィルムを塗布しておく。アブレーション閾値程度の弱いレーザー光を繰り返し照射することにより，一旦，高分子表面に付着した機能性物質は，再び光励起され高分子フィルム表面を局所的に融解して高分子内部に分散する。このようにして，機能性分子などを熱可塑性物質の内部に少しづつ拡散させることが可能であ

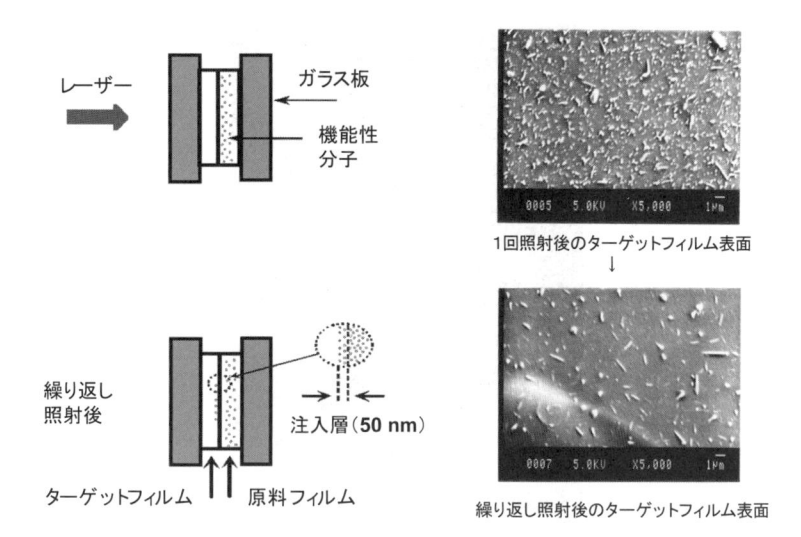

第5章　各種パターニング・ファブリケーション技術

図5　LMIの照射法と注入メカニズム

る。この場合，物質注入表面は融解によって滑らかになるので表面の平滑性は失われない。したがって，MAPLE-DW法，レーザー熱転写法，LATなどのように付着部分の表面に凹凸を残すことは無い。あたかも機能分子が高分子内部に注入されたように見えるので，この点を強調してレーザー分子注入と呼ばれている。

　表面の平滑性を失うことなく色素を注入できるので，フォトクロミック色素を高分子フィルムに格子状に注入して回折格子をつくり，回折効率を光で制御する素子の作製も可能である[21]。またLIFTと同様の配置でも，繰り返し照射によって光を吸収する物質のみを高分子内部に分散させることが可能である。このようにして，ポルフィリン系色素を生物試料の表面に注入することも可能となった[22]。さらに顕微鏡下で行えば数μmの領域への蛍光色素の注入も容易に行うことができる[23,24]。このような手法によって，数種類の蛍光色素を高分子フィルム中に打ち込み蛍光画像を作った例を図6に示す。

図6　顕微多色LMIによって作製された蛍光色素による画像

3.6 おわりに

　ここでは実用性を考えて，各種のナノ秒レーザーを用いて行うことが可能な手法について学術的な立場から解説した。開発者によって別の名前で呼ばれていても，実際に起こっている現象は極めて類似していることがある。機能材料の層状構造をその性質を保持したまま，ある基板上に空間選択的に配置することは，試験的には可能なレベルに達している。今後，フェムト秒レーザーも含めたレーザー技術の進展によって，なお一層の応用展開が進むものと考えられる。

文　　献

1) T. Lippert, "Polymers and Light", *Adv. Polym. Sci.*, **168**, Springer-Verlag (2004)
2) T. Lippert *et al.*, *Chem. Rev.*, **103**, 453 (2003)
3) D. B. Chrisey *et al.*, *Chem. Rev.*, **103**, 557 (2003)
4) S. G. Hansen *et al.*, *Appl. Phys. Lett.*, **52**, 81 (1988)
5) S. Nishio *et al.*, *Appl. Surf. Sci.*, **129**, 589 (1998)
6) S. Nishio *et al.*, *J. Photochem. Photobiol. A*, **116**, 245 (1998)
7) Y. Tsuboi *et al.*, *J. Appl. Phys.*, **85**, 4189 (1999)

8) N. Matsumoto *et al.*, *Appl. Phys. Lett.*, **71**, 2469 (1997)
9) A. Pique *et al.*, *Appl. Surf. Sci.*, **408**, 186 (2002)
10) P. K. Wu *et al.*, *Rev. Sci. Instr.*, **74**, 2546 (2003)
11) S. L. Johnson *et al.*, *Appl. Surf. Sci.*, **253**, 6430 (2007)
12) I.-Y. S. Lee *et al.*, *J. Imaging Sci. Technol.*, **36**, 180 (1992)
13) W. A. Tolbert *et al.*, *J. Imaging Sci. Technol.*, **37**, 411 (1993)
14) D. M. Karnakis *et al.*, *Appl. Phys. Lett.*, **73**, 1439 (1998)
15) R. Fardel *et al.*, *Appl. Phys. Lett.*, **91**, 061103 (2007)
16) J. A. Barron *et al.*, *Proteomics*, **5**, 4138 (2005)
17) S. Sarraf *et al.*, *Proc. IS&T's Int. Cong. Adv. Non-Impact Print. Tech.*, Oct6-II-p1, 358 (1993)
18) M. Irie *et al.*, *Proc. IS&T's Int. Cong. Adv. Non-Impact Print. Tech.*, Oct6-II-p3, 366 (1993)
19) M. Goto *et al.*, *Jpn. J. Appl. Phys. Exp. Lett.*, **45**, L966 (2006)
20) H. Fukumura *et al.*, *J. Am. Chem. Soc.*, **116**, 10304 (1994)
21) J. Hobley *et al.*, *Appl. Phys. A*, **69**, S945 (1999)
22) M. Goto *et al.*, *Jpn. J. Appl. Phys.*, **38**, L87 (1999)
23) M. Kishimoto *et al.*, *Adv. Mater.*, **13**, 1155 (2001)
24) M. Goto *et al.*, *Appl. Phys. A*, **79**, 157 (2004)

4　エレクトロスプレー・デポジション法

山形　豊*

4.1　はじめに

　微細なパターンを基板上に形成する技術は極めて広範に必要とされている。特に半導体の製造技術分野においては，フォトレジストによるマスキングの手法により主に金属や酸化物・窒化物などの無機物の薄膜をパターニングする技術が極めて発達しており，100nm以下の線幅もすでに実用に供されているのは周知の事実である。これらのパターニングに用いられる手法としては，真空蒸着（抵抗加熱式，電子ビーム式，スパッタリングなど）による薄膜材料の形成とパターン形成されたフォトレジストによるエッチング（ドライ，ウエット）が主なものである。フォトレジストによるパターニングの手法は，全体に薄膜を形成してから不要な部分をドライ／ウエットエッチングにより除去する方法と，フォトレジストの開口部に薄膜を形成する付着加工方式があるが，いずれも事後にフォトレジストの除去プロセスが必要となる。

　一方で，合成有機高分子，有機物，生体高分子（たんぱく質，DNAなど）の無機物以外の材料を用いた微細なパターニングの手法についてはかなり事情が異なっている。これらの材料は一般的に熱や真空に弱く，真空蒸着のような手法が利用できないだけでなく，フォトレジストなどのマスキング材料を上面に塗布した場合に剥離が不可能になる場合が多い。さらに，ドライ／ウエットを問わずエッチングに伴う化学反応や有機溶媒によって変性してしまう物質も多く存在する。そのため，こうした有機物質・生体高分子等のパターニングには，スクリーンプリンティング，スポッティング，コンタクトプリンティングなどの付着加工手法が主に利用されている。また，薄膜の形成方法も，スピンコート法やブレード法，スプレー法などが利用されており薄膜の形成精度，パターンの形成精度の点で前記の無機材料のパターニング技術とは大きく異なっている。これらの比較を表1にまとめる。

　著者らは，当初はたんぱく質などの生体高分子をチップ化する目的でエレクトロスプレー・デポジション法（Electrospray Deposition: ESD法）の研究開発を行ってきた。この方法は，静電気力によるスプレーで形成される微細なパーティクルを静電気の力を利用したステンシルマスクによってパターニングするという方法で，常温・常圧にて実施可能なため多くのたんぱく質などでも変性させることなくパターニングが可能であり，真空等の雰囲気を必ずしも必要としないため，装置も小型安価で済むという特長がある。このため，現在では生体高分子以外にも各種有機・無機材料のパターニング技術としての利用価値が高まりつつある。本稿では，ESD法にて

---

*　Yutaka Yamagata　㈱理化学研究所　VCADシステム研究プログラム　加工応用チーム　チームリーダ

第5章　各種パターニング・ファブリケーション技術

表1　有機・生体高分子のパターニング法の比較

	有機／生体高分子	無機物質
薄膜形成法	スピンコーティング，ブレード塗布，スプレーコーティング，引き上げ法など	真空蒸着(抵抗加熱，電子ビーム，スパッタリング)，CVD，スピンコートなど
パターニング法（除去加工方式）	フォトレジスト(限定的)，ステンシルマスク＋ドライエッチング	フォトレジストマスク＋エッチング(ウエット，ドライ)
パターニング法（付着加工方式）	スクリーンプリンティング，コンタクトプリンティング，スポッティング，インクジェット，ステンシルマスク，光／電気化学合成	ステンシルマスク，フォトレジスト(リフトオフ)

形成された各種有機・生体高分子材料の微細パターン事例について紹介すると共にこの手法の応用の可能性について述べる。

4.2　有機合成高分子・生体高分子のパターニング手法について

　生体高分子であるDNAやたんぱく質をパターニングする手法は，DNAマイクロアレイやたんぱく質チップの製造手法としてさまざまな研究がなされている。DNAマイクロアレイの分野では，DNA自体が化学的に合成可能であるという点を利用し，光化学反応や電気化学反応を利用して目的のスポット上に直接合成する手法が良く知られている[1]。また万年筆のペン先のような器具で液滴をデリバリーする手法（スポッティング）も簡易な手法として広く利用されている[2]。さらに，比較的柔らかいシリコンゴムなどの素材に微小な凸部を形成しサンプルを転写するマイクロコンタクトプリンティングと呼ばれる手法[3]やインクジェット法も多くの報告例[4]がある。

　エレクトロスプレー・デポジション法は，こうしたバイオチップの形成手法としてMorozovらにより提案された[5]。著者らはMorozovらの協力の下にESD法によるバイオチップの形成手法，マイクロ・ナノパターニングの形成手法について研究を行い，ガラス製のマスクを利用することで数百～数十μm程度の分解能が得られることを実証している。さらに，MEMS技術による窒化シリコン薄膜を用いた微細ステンシルマスクにより2μmライン・スペースの分解能が得られることが判明している。また，厚膜フォトレジストを利用したプロセスにより，より大型で汎用性の高い微細ステンシルマスクを製造する手法について研究を行っている[6]。エレクトロスプレーの速度を大幅に増加させる新しい手法として表面弾性波振動子を用いた手法（SAW-ED: Surface Acoustic Wave atomizer and Electrostatic Deposition）の研究も行っており，ナノパーティクルを用いたドライパターニング法という汎用性の高い技術としての確立を目指している。

4.3 エレクトロスプレー・デポジション法

図1にエレクトロスプレー・デポジション法の装置の構成を示す。サンプルは，細い先端（〜50μm）を持つガラス等のキャピラリー内に収められ，サブストレートとの間に数千Vの電圧を印加される。これによりサンプルが静電気力によりスプレーされ，微細な液滴（〜1μm程度とされている）を形成する。微細な液滴は表面積が体積に比べ非常に大きいため短時間のうちに蒸発し，微細な帯電したナノパーティクルとなる。これらのパーティクルは静電気力により基板にひきつけられ堆積する。この際に，絶縁性のマスクを基板上に設置すると，絶縁性物質はスプレーにより容易に帯電し，その電荷は短時間では消失しないため，静電気的な反発力により帯電したパーティクルの着地を妨げる。この効果により，絶縁性マスクにはスプレーされた物質がほとんど付着せず，導電性のあるサブストレートのみに堆積物が集中しパターニングされる。この際の捕集効率を高めるために，ガードリングやコリメータ電極などの補助電極を使用することで，80〜90％のサンプルをサブストレート上のスポットへ再捕集することも可能である。

この一連のエレクトロスプレー・デポジションのプロセスは，通常は常温常圧，大気中にて実施されるため，スプレーされたサンプルへのダメージは非常に少なく，有機高分子などはもとよりたんぱく質やDNAなどの生体高分子においても80％以上の活性を保ったままデポジットされているとの報告もある。デポジットされたサンプルは，その条件やサンプルの性質により図2に示すよう微細なパーティクル状あるいはファイバー状の形状を取ることが知られている[7〜9]。合成高分子からファイバーを形成する手法は特にエレクトロスピニングと呼ばれている。

エレクトロスプレー法は，比較的簡易な装置にて極めて微細な液滴を発生できる手法として有効な方法であるが，スプレー速度という観点からは必ずしも効率的とは言えず，また電気伝導率

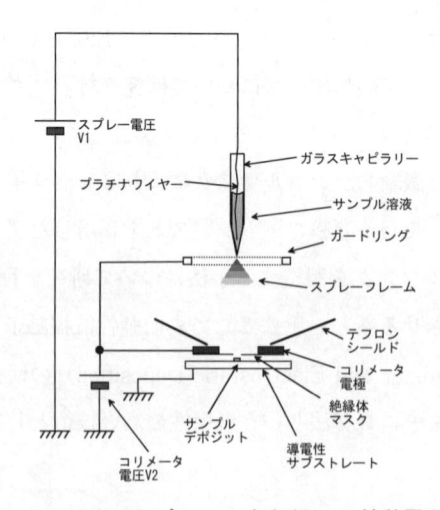

図1　エレクトロスプレー・デポジション法装置の構成

第5章　各種パターニング・ファブリケーション技術

の高い液体をスプレーすることが困難であるという弱点も持っている。こうした点を改良するため，霧化機構に超音波振動を利用した手法を適応することが考えられる。しかしながら一般の超音波振動子は，数十〜数百kHz程度の周波数領域で使用されており，こうした比較的低周波の振動にて形成される液滴は数十〜数百μm程度であることが知られている[10]。表面弾性波（SAW: Surface Acoustic Wave）は，振動のエネルギーが振動子表面に集中するため，少ないエネルギーで極めて高い周波数の振動を励起することが可能な振動子である。SAW振動子を用いた霧化現象は，黒澤らによって1995年に報告されているが[11]，著者らは静電気を用いたデポジション法と組み合わせナノパーティクルを高速度で生成・堆積させることができることを実証した[12]。図3にSAW-ED法装置の構成図を，また図4に形成されたナノパーティクルのデポジットの電子顕微鏡写真を示す。10MHzの振動子を用いて0.2mg/mLの濃度のBSA溶液から形成したナノパ

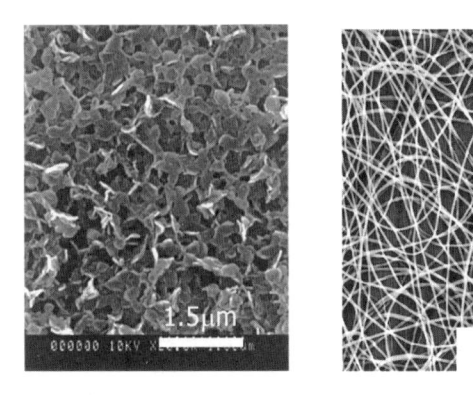

図2　ESD法により形成されたサンプルの微細構造例
左：たんぱく質（α-lactalbumin）により形成されたパーティクル状デポジット，
右：polyethleneoxideより形成されたナノファイバー

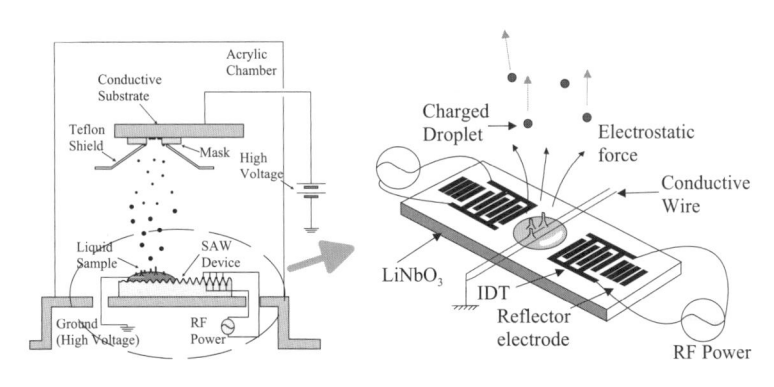

図3　SAW-ED装置の構成
左：装置全体図，右：振動子の構成例

図4　SAW-ED法により形成されたナノパーティクルのSEM写真

ーティクルの平均粒径は約100nmが，霧化速度はESD法の約10倍以上が得られている[13]。

4.4　パターニング実験
4.4.1　ガラスマスクによるパターニング

　微細なパターニングをESD法にて実現するには，絶縁物から形成された微細マスクの製造法と構造が重要である。ガラスは，絶縁性が高く，機械的強度も高いためマスクとして非常に優れた材料である。図5(a)左にアブレイシブジェット法により加工された微細孔（直径約200μm）を324個持つガラスマスクの顕微鏡写真を示す。ガラスの厚さは約100μmである。図5(a)右は，ESD法により形成されたたんぱく質のドット（直径約120μm）を示している。図5(b) 左は，フューエンス社のロゴ形状のマスク（ガラス製，厚さ約100μm，右）により形成されたパターンを示している。このように任意形状のパターンを形成することも可能である。さらに，図5(c)は，1,026個の穴（直径約290μm）があいたガラスマスクを利用することにより形成された直径約100μmのドットである。(b)，(c)の例ではいずれもサンプルとして色素（RhodaminWT 100μg/ml）を使用している。このように，マスクの形状を変化させることで，ドット以外にもさまざまな形状のデポジットを形成することが可能であり，大量のパターンを大面積に同時に形成することも可能である。しかしながら，ガラス基板をアブレイシブジェット法により加工する場合の分解能は50μm程度が限界と考えられ，これ以上の微細パターニングには異なる手法が必要である。

4.4.2　MEMSプロセスによる微細マスクによるパターニング

　ガラスマスクより微細なパターンを形成するため窒化シリコン（SiN_x）薄膜を利用した手法を用いた結果を紹介する[14, 15]。図6にSiN_x薄膜による微細マスクの形成プロセスを示す。シリコンウエハー表面に形成されたSiN_x薄膜（厚さ約170nm）を利用し，シリコンのKOHによる異方

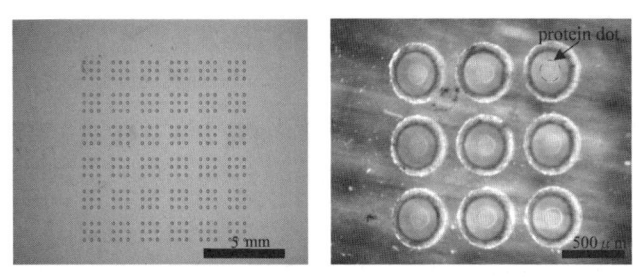

第5章 各種パターニング・ファブリケーション技術

(a) たんぱく質ドット（左：ガラスマスク，右：形成されたドット）

(b) 任意パターンの形成（左：色素により形成されたパターン，右：ガラスマスク）

(c) 大面積パターンの形成例（1,026スポット　直径約100μm）

図5　微細ガラスマスクによるパターニングの例

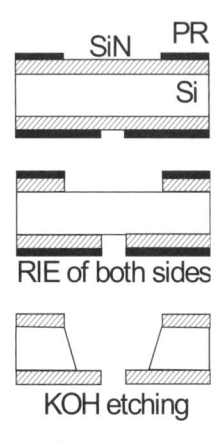

図6　窒化シリコン薄膜による微細マスクの形成手法

性エッチングとSiN$_x$のドライエッチングを組み合わせた手法によりマスクを形成した。この方法によればナノメータオーダーのマスクを形成することも原理上は可能である。

図7にはライン状のマスクとそれによるデポジットの形成例を示す。基板にはITOコートされたガラスを用い，蛍光ナノビーズ（直径約50nm）をサンプルとしてスプレーした。マスクの観察は走査型電子顕微鏡を，スプレーされたサンプルの観察は蛍光顕微鏡を用いている。図7下は形成されたマスクの形状を示しており，上はデポジットされたパターンの蛍光顕微鏡画像である。最も小さい2μmライン／スペースのパターンも正しく転写されていることがわかる。

さらに図8は，幅約80μm長さ約200μmの長方形のマスクを用いて同様のパターニング試験を行った結果を示す。同様に，マスクのパターンが基板上に転写されていることがわかるが，中央部がやや糸巻き状に狭くなっていることがわかる。この形状は，静電気力の形状効果により発生するものと考えられ，同様の形状がガラスマスクを用いた場合でも確認されている。このことは，170nmの厚さのSiN薄膜にて形成されるマスクが，静電気力による反発効果を発揮してパターニングが実施されていることを示唆するものであり，マイクロ～ナノメータ領域においても静電気力により微細なパターニングの制御が可能であることを示すものと考えられる。

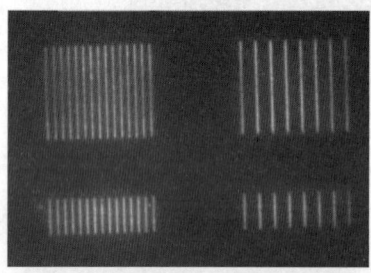

図7　窒化シリコン薄膜による微細マスクによるパターニングの例
上：蛍光顕微鏡によるデポジットの画像，
下：SEMによるマスク画像

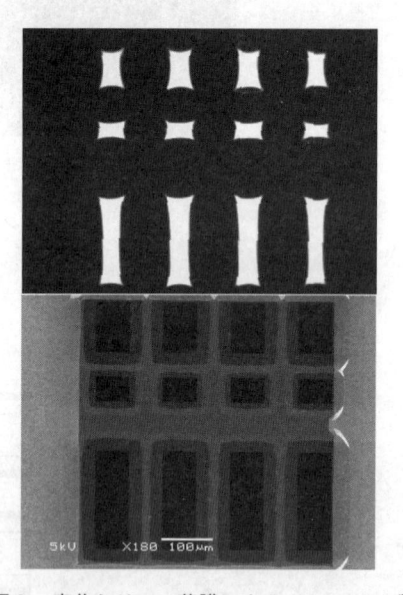

図8　窒化シリコン薄膜によるパターニング実験結果
長方形マスクによるパターン形成例

第5章　各種パターニング・ファブリケーション技術

4.4.3　厚膜フォトレジストによるステンシルマスクを用いたパターニング

　SiN_x薄膜によるステンシルマスクは，極めて微細なパターンを形成可能であるが，SiN_x薄膜自体の内部応力などにより大型のマスクを形成することは困難と考えられる。そこで，より取り扱いやすくかつ微細な形状を持つマスクの形成法として厚膜フォトレジストによる方法[16]）が提案されている。厚膜フォトレジストは，比較的安価なプロセスであり，内部応力の小さい材料を用いることで大型化も可能と考えられる。また，上面のみならず，下面にも凹凸を形成することが可能であり，複数回のパターニングにも対応可能であるという特長を持つ。図9に厚膜フォトレジストによるマスクの形成プロセスを示す。シリコンウエハー上にまず下面の凹凸と反対のパターンを形成し(1)，気相合成フルオロカーボン（CF_x）薄膜でコーティングする(2)。その上にマスク構造体を形成し(3)～(4)，CF_x薄膜上面でリフトオフ(5)することにより自立したマスクが形成される。図10に形成されたマスクの例を示す。上面，下面共に凹凸パターンが形成されている様子が判る。また図11に異なる2種類のマスクの組み合わせにより形成された格子状パターン（格子ピッチ200μm，ライン幅約5μm）を示す。このように，2種類以上のマスクにより複数回パターンを行うことで，閉じた図形を形成することや，異なる種類のサンプルを重ねて描画することも可能となっている。

図9　厚膜フォトレジストによるマスク形成プロセス

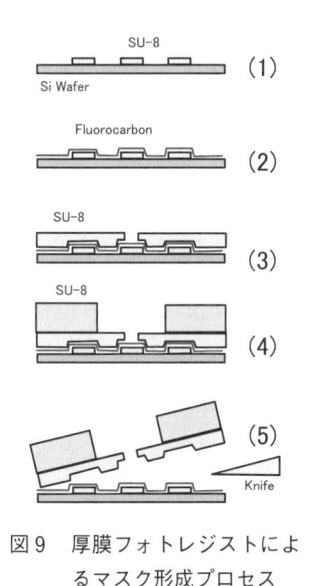

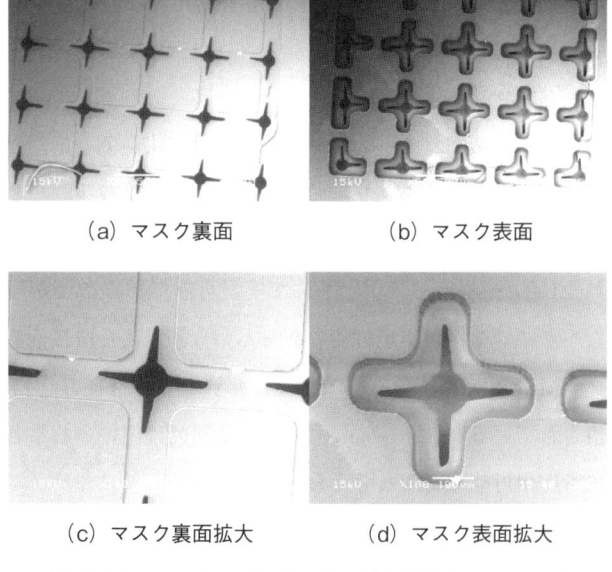

(a) マスク裏面　　(b) マスク表面

(c) マスク裏面拡大　　(d) マスク表面拡大

図10　厚膜フォトレジストにより形成されたマスクの例

プリンタブル有機エレクトロニクスの最新技術

図11 異なる2種類のマスクを使用した格子パターンの例

4.5 考察とまとめ

　エレクトロスプレー・デポジション法と微細な絶縁体からなるステンシルマスクを利用することにより，生体高分子などのさまざまな物質をパターニングする手法について紹介した。ガラスを用いたマスクを利用することで，分解能が50μm程度までのパターニングが可能であり，さらにMEMSプロセスを利用した微細SiNマスクを利用することで2μmライン／スペースまでのパターニングが可能であることが判明した。さらに，厚膜フォトレジストを用いたマスクでは，複雑な形状を形成し，複数回のパターン形成も可能である。さらに，ESD法より優れた速度を実現可能なSAW-ED法についても紹介した。このようなナノパーティクルを用いた微細パターニング法は，ウエットなパターニングプロセスであるインクジェット法，スポッティング法，スクリーンプリンティング法などと比べ，多くの利点を持っていると考えられる。

　こうした微細パターニング技術は極めて広範囲な応用が考えられる。すでに報告されているように，たんぱく質チップ等のバイオチップの形成手法として有効であることは明らかであり，従来の96穴マイクロタイタープレート等を用いたアッセイと同程度の感度がESD法により形成された150μm程度のスポットにて実現可能であることが示されている[17]。また，非接触にて微細なパターニングが実現可能であるという観点から直接液滴を塗布することが困難なマイクロ構造体，MEMSデバイス等へのたんぱく質などの機能性物質のパターニングが可能であることも報告されている[18]。さらに，生物・医学研究に用いられる各種基板のコーティング，パターニングにも応用可能であると考えられる。電子デバイスやディスプレイデバイス関連では，高分子系の有機色素やEL向け発光物質のコーティング・パターニングにも応用できると考えられる。さらに一般化すれば，真空蒸着などの加熱・真空プロセスに耐えられないほとんどの材料をパターニング・コーティングする新しい手法としてさまざまな応用が期待できると考えられる。

第5章　各種パターニング・ファブリケーション技術

謝辞

　本研究の実施にあたり，エレクトロスプレー・デポジション法装置の開発およびパターニング実験は㈱フューエンス代表取締役井上浩三氏をはじめとする研究者の方々，デポジットの微細構造の解析は東京工業大学　大学院理工学研究科　有機・高分子物質専攻　谷岡明彦教授ならびに研究室の方々，MEMS技術による微細マスクの形成は，東京大学　生産技術研究所　金範埈准教授ならびに研究室の方々のご助力をいただいております。各位のご協力に謝辞を表します。

文　　献

1) Affymetrix社のWebページ　http://www.affymetrix.com/
2) M. Schena, D. Shalon, RW. Davis, PO. Brown, *Science*, **270**, 467-470（1995）
3) A. Bernard, E. Delamarche, H. Schmid, B. Michel, H.R. Bosshard, H. Biebuyck, *Langmur*, **14**(9), 2225-2229（1998）
4) A.V. Lemmo, J.T. fisher, H.M. Geysen, D.J. Rose, *Anal. Chem.*, **69**, 543-551（1997）
5) V.N. Morozov, T.Y. Morozova, *Anal. Chem.*, **71**, 1415-1420（1999）
6) 山形豊，金子愛，野中裕美，加瀬廣，大森整，2005年度精密工学会秋季大会学術講演会講演論文集，109-110（2005）
7) 諸田賢治，谷岡明彦，山形豊，井上浩三，高分子論文集，**59**(11)，706-709（2002）
8) 諸田賢治，谷岡明彦，山形豊，井上浩三，高分子論文集，**59**(11)，710-712（2002）
9) I. Uematsu, H. Matsumoto, K. Morota, M. Minagawa, A. Tanioka, Y. Yamagata and K. Inoue, *Journal of Colloid and Interface Science*, Elsevier, **269**, 336-340（2004）
10) R. J. Lang, *Journal of Acoustic Society of America*, **34**(1), 6（1962）
11) M. Kurosawa, T. Watanabe, A. Hutami, T. Higuchi, *Sensors and Actuators A*, **50**, 69-74（1995）
12) J.W. Kim, Y. Yamagata, M. Takasaki, B.H. Lee, H. Ohmori, T. Higuchi, *Sensors and Actuators B*, **107**, 535-545（2005）
13) J. Ju, J.W. Kim, Y. Yamagata, H. Ohmori, K. Inoue and T. Higuchi, International Conference on Liquid Atomization and Spray Systems（ICLASS2006）, ICLASS06-211（2006）
14) J.W. Kim, Y. Yamagata, B. Kim and T. Higuchi, 625-628, 17th International Conference on Micro Electro Mechanical Systems, MEMS2004 TECHNICAL DIGEST, ISBN 0-7803-8265-X, IEEE Robotics and Automation Society（2004）
15) 山形豊，金俊完，金範埈，樋口俊郎，大森整，成形加工シンポジア'04, 355-358（2004）
16) G. Kim, B.J. Kim, J. Brugger, *Sensors and Actuators A*, **107**, 132-136（2003）
17) B. Lee, J. Kim, K. Ishimoto, Y. Yamagata, A. Tanioka and T. Nagamune, *Journal of*

Chemical Engineering of Japan, **36**(11), 1370-1375 (2003)
18) J.W. Kim, Y. Yamagata, B.J. Kim, S. Takeuchi and T. Higuchi, 7th International Conference on Miniaturized Chemical and Biochemical Analysis Systems, October 5-9 2003, Squaw Valley CA, USA, 399-402, ISBN 0-9743611-0-0, Micro Total Analysis Systems 2003, Transducer Research Foundation, Inc.

5 有機半導体塗布技術

南方　尚*

5.1　はじめに

　有機半導体は，パッシブな電導体として電極，配線への適用だけでなく，電界効果，発光，メモリーなどアクティブな機能を用い各種素子への展開が期待されている。発光機能を用いた有機ELはすでにディスプレイに実用化されているが，電界効果トランジスタについても電子ペーパーやLCD，有機ELなどのディスプレイ薄膜トランジスタ（TFT）や情報タグ，センサーへの応用が検討され[1]実用化が間近とされている。電界効果トランジスタに関しては，すでに一部の有機半導体は，アモルファスシリコンと同等以上のキャリア移動度を発現している。有機半導体への大きな期待は溶液プロセスによる低コスト，大面積デバイスの形成である[2]。有機ELに関して別節で詳細に解説されているので本節では電界効果トランジスタに用いられる有機半導体塗布に関して述べたい。

　電界効果トランジスタに用いられる有機半導体は，材料の分子量によって高分子材料，低分子材料に分けられる。高分子有機半導体材料は溶液形成が容易でスピンコート，インクジェットなどを用いた溶液プロセスによる素子報告例が多い。低分子有機半導体は，電界効果トランジスタとして高いキャリア移動度を発現するが通常は通常真空蒸着により薄膜形成され，溶液プロセスによる薄膜形成は限られてきた。この原因は，一般に低分子有機半導体材料は溶媒溶解性に乏しく，溶液形成が困難なことに起因している。また，塗布による低分子有機半導体の薄膜形成は，分子の凝集，結晶化のため均質化が難しいことも課題である。低分子有機半導体の塗布プロセスへの展開は，性能とプロセス性の両立を目指し近年盛んに研究が行われている。電界効果トランジスタに用いられる各種の低分子有機半導体の塗布形成について説明する。

5.2　オリゴマーの塗布技術

　チオフェンオリゴマー誘導体の塗布形成による電界効果トランジスタ報告は古くから行われているが，通常の無置換オリゴマーは溶媒溶解性が低く溶解度を向上させるためアルキル置換基をサイドチェインに導入した材料を用いられる。ヘキシル基やブチル基を導入したクオーターチオフェン誘導体[3]，セクシチオフェンオリゴマー誘導体[4]，チオフェン・フェニレンオリゴマー誘導体[5]などを用いた塗布形成が報告されている。通常これらアルキル置換基は分子配列に有効に働く場合が多いが，半導体の移動度を低減させる傾向がある。そこで脱離可能な官能基を導入し，薄膜形成した後，官能基を脱離させる方法も報告されている[6]。また，ジヘキシルクオータ

＊　Takashi Minakata　旭化成㈱　新事業本部　研究開発センター　主幹研究員

ーチオフェンとポリ（ヘキシルチオフェン）とのブレンドによりポリマー単独系に較べ移動度を向上させたことが報告されている[7]。

5.3 縮合多環化合物の塗布技術
5.3.1 誘導体

有機トランジスタ用半導体材料としてペンタセンは最も多くで検討される材料である。ペンタセンは，溶媒溶解性に極めて乏しく溶液化が困難であるため，薄膜形成は専ら真空蒸着により行われてきた。しかしながら，塗布による薄膜形成は各種方法で検討されている。

チオフェン系オリゴマーと同様にペンタセンに置換基を導入した可溶化の検討例として，Anthonyらのグループによるペンタセンの6,13-位に置換基を導入したペンタセン誘導体が挙げられる[8]。ペンタセン骨格の中央に置換基を導入することにより溶媒溶解性が向上し各種の溶媒に可溶となる。またペンタセンが最も酸化を受けやすい6,13-位に置換基が導入されているため溶液の耐酸化安定化を向上させている。この誘導体は置換基導入によりペンタセンと異なる結晶構造をもたらすがドロップキャストにより高移動度（＞1 cm^2/Vs）を発現することも報告されている[9]。ペンタセンより縮環数の一つ少ないテトラセン誘導体であるルブレンは単結晶で10cm^2/Vsを越える高移動度[10]が報告されており，溶媒溶解性にも優れている。通常のルブレン溶液塗布で得られる薄膜ではトランジスタ駆動を示さないが，ルブレンとジフェニルアントラセンの混合物を塗布した後ルブレンを固相中で結晶化させトランジスタ駆動させたことが報告されている[11]。また難溶性の縮合多環芳香族のヘキサベンゾコロネンにアルキル置換基を導入した誘導体は可溶性を示し塗布膜形成が可能となる[12]。塗布膜では繊維状組織を形成し，蒸着膜の粒子状組織と異なる組織を提供する[13]。

また，縮合多環芳香族化合物の誘導体として分子中炭素の一部をカルコゲン原子に置換した材料を真空蒸着法で形成した薄膜が高移動度を発現することが報告されている[14]。この材料はイオン化ポテンシャルおよびバンドギャップが高く大気中の安定性に優れることが特徴であり，塗布形成材料としても期待が大きい。

5.3.2 前駆体

ペンタセン薄膜を塗布形成する手法として，先駆体法が提案されている[15,16]。これはペンタセンの付加体（前駆体）を用い，付加体溶液を基板上に塗布形成した後，加熱により付加分子を脱離してペンタセンに変換してペンタセン薄膜を得る方法である。ペンタセン付加体は，中央芳香環に付加分子がブリッジした構造によりペンタセン分子間スタックが阻害され溶媒溶解性が発現する。ペンタセンは中央炭素（6,13-位）の反応性が高いため付加体の安定性は高いが脱離反応がやや困難なため塗布後のペンタセンへの変換に通常200℃程度の加熱が必要である。この前駆

第5章　各種パターニング・ファブリケーション技術

体法ペンタセン塗布膜により高移動度薄膜が形成でき，ディスプレイTFTとして駆動することも報告されている[17]。この可溶性前駆体を用いる方法によりポルフィリン薄膜を塗布形成することが報告されている[18]。エチレン基を導入したテトラベンゾポルフィリン誘導体を塗布薄膜形成した後，加熱してベンゾポルフィリンに構造変換して結晶性薄膜を作製する。またポルフィリン環に金属イオンを配位させて高移動度を発現すること，ベンゾポルフィリン薄膜トランジスタを用いた有機EL駆動素子も報告されている[19]。

5.3.3　直接塗布

前駆体を経由せずにペンタセンを直接可溶化して塗布薄膜形成する方法（直接塗布法）を筆者らは報告している[20]。この直接塗布法と形成したペンタセン薄膜の特徴，高品質化の取り組みに関する最近の結果を紹介する。

ペンタセンの室温溶解性は極めて乏しいが，1,2,4-トリクロロベンゼンなどの溶媒を用い加熱すれば溶解性が増加し塗布薄膜形成が可能なレベルの溶液が調整できる。塗布薄膜はペンタセン溶液を基板上に直接展開し溶媒を蒸発させ形成することができる。ペンタセンは溶液状態では酸化されやすく溶液調整と薄膜形成は不活性ガス雰囲気で行うことが好ましい。一方，塗布形成後のペンタセン薄膜は大気中で安定であり，固体化結晶化した薄膜ではペンタセン分子が高密度に結晶化して配列しており結晶内部への酸素分子侵入を阻止しているものと思われる。

塗布形成したペンタセン薄膜の結晶構造は薄膜中でペンタセン分子が長軸を基板面に垂直方向に配列した結晶構造を形成していることがX線回折により判別される。X線回折パターンにおいて塗布膜では高次にわたる回折線の出現と回折ピークの狭い半価幅により高い結晶性を有することがわかる。塗布膜はバルク結晶と同等の安定な結晶構造（バルク相）を形成し，真空蒸着膜において準安定な結晶構造（薄膜相）を形成することと異なる結晶構造を与える。また，塗布膜の面内結晶構造は斜入射X線回折[21]においても蒸着膜に較べ高結晶性を示す。

AFM（原子間力顕微鏡）により塗布ペンタセン薄膜は，数十μmを越える平板状に大きく成長した結晶が観察される。一方，蒸着膜では粒子が凝集した組織であり，塗布薄膜は蒸着膜と異なる特異な薄膜組織を示す。

直接塗布法は，これまで蒸着膜しかできなかったテトラセン，オバレン，セクシチオフェン[22,23]，ルブレン[11]などの難溶性材料に適用でき，可溶化と塗布薄膜形成が可能である。これらペンタセン以外の低分子系有機半導体塗布膜においても高い結晶性を示すことが確認されている。

ペンタセン塗布膜トランジスタの特徴として，蒸着膜トランジスタに比較して低い閾値電圧を示す。また，塗布と蒸着両者のペンタセン薄膜トランジスタの保存安定性を調べた結果，塗布膜トランジスタは蒸着膜に較べ，経時変化が小さく保存安定性に優れることがわかった[20,24]。これ

らの塗布薄膜トランジスタの特性は薄膜組織構造と相関すると考えられ，板状組織からなる塗布膜では，粒子状組織からなる蒸着膜に比較して，薄膜表面への酸素や水蒸気など吸着分子の影響が小さいことが考えられる。蒸着膜では粒子状組織により多数の粒界が存在し，粒界に多数の吸着分子が存在すると考えられる。これら不純物より薄膜中に多数のキャリアを生成するため，蒸着膜では多くのキャリアを誘起したものと思われる。実際マススペクトルによる不純物解析において大気中放置した塗布ペンタセン薄膜は，蒸着膜に較べ酸化形成したキノンなどの不純物量が低い。

5.3.4 薄膜の高品質化

ペンタセン塗布膜の形成は溶液からの結晶成長に基づくと考えられる。加熱形成したペンタセン溶液は，冷却によってペンタセン結晶が析出する。このペンタセン結晶形態は冷却速度によって変化する。徐冷した場合，薄い直方体形状の結晶が析出するが，急冷ではデンドライト形態の薄片が析出する。いずれの薄片結晶も偏光顕微鏡観察では分子配列が揃ったシングルドメインであり，針状の薄片が形成するような成長速度が高い場合においても単結晶が形成することを示す。この性質はペンタセンの強い自己分子集積能に起因すると思われる。このような溶液中成長結晶形態の多様化は結晶成長における過飽和度が影響すると考えられる。

塗布形成薄膜においても溶液中の結晶析出形態と同様に，作製条件により薄膜形態が大きく変化する。塗布形成する基板温度に関して，低温基板上には微結晶，デンドライト状結晶が析出するが，基板温度増加に伴い板状結晶が拡大成長する（図1）。均質薄膜形成には最適基板温度範

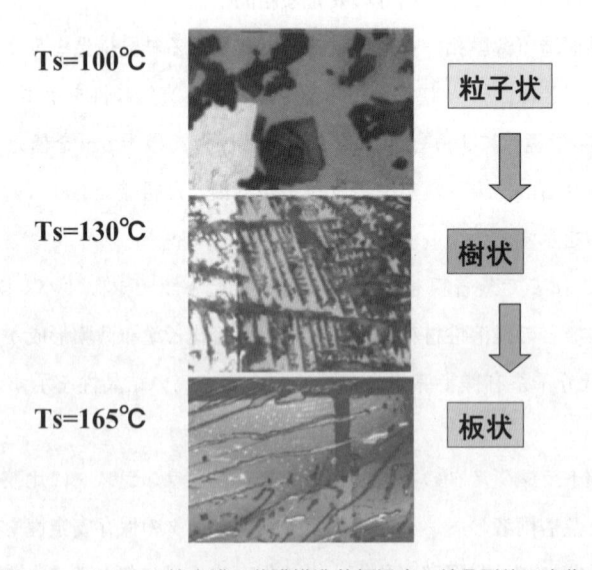

図1　ペンタセン塗布膜の薄膜構造基板温度と結晶形態の変化

第5章 各種パターニング・ファブリケーション技術

囲が存在し，これより高温側では薄膜組織に微結晶析出物が混入しやすく膜質が低下する。塗布結晶成長は基板温度とともに溶媒蒸発に伴う濃度増加が過飽和度に相関し，同時に溶液中拡散速度と結晶生成速度のバランスによって形成する薄膜形態に反映すると考えられる（図2）。板状結晶が均一に形成された薄膜では高移動度を発現するが，微結晶やデンドライト状結晶は薄膜のキャリア移動度を低下させることがわかっており，有機トランジスタ薄膜の高品質化には作製条件による薄膜構造制御が必要である。作製条件調整によって1 cm^2/Vsを越える移動度と10^{5}以上のon/off比を発現する[24]。

薄膜中の結晶ドメインは偏光顕微鏡によっても判別でき比較的大きい短冊状結晶ドメイン形成が確認できる。この結晶ドメイン形態は成長方向と相関することから，薄膜結晶成長を一方向に行うことでドメイン配列を揃えた。具体的には微傾斜させた基板上に溶液を展開し一方向に成長させた薄膜が得られた。この方向性成長させた薄膜の面内分子配列を斜入射X線回折で調べた結果，面内異方性が観測され（図3），優先成長方位はb-軸であることが推定された。また，このことは透過電子線回折結果（図4）とも一致した。方向性薄膜成長によりさらに成長方位を揃えた薄膜において最高移動度2.7cm^2/Vsが確認された。この値は単結晶で作製したトランジスタの移動度[25]と同等であり，塗布薄膜においても単結晶と同等の高品質化が可能であることがわかった。

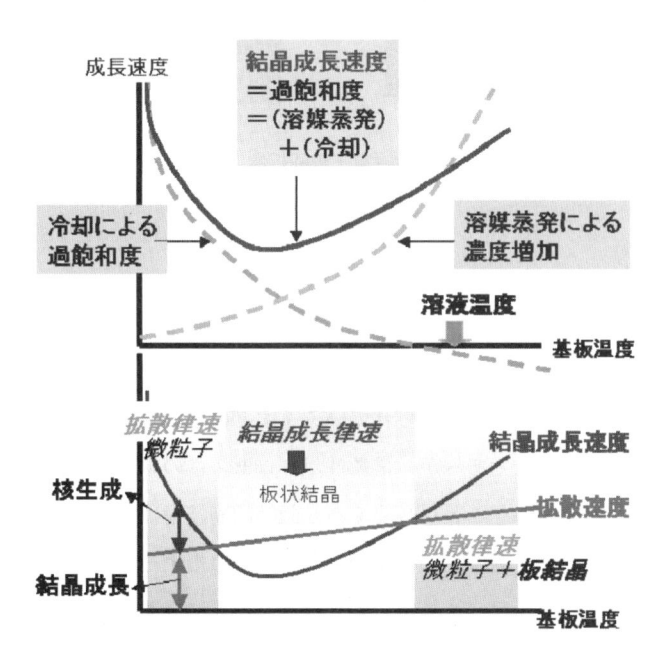

図2 塗布薄膜形成における推定結晶成長機構

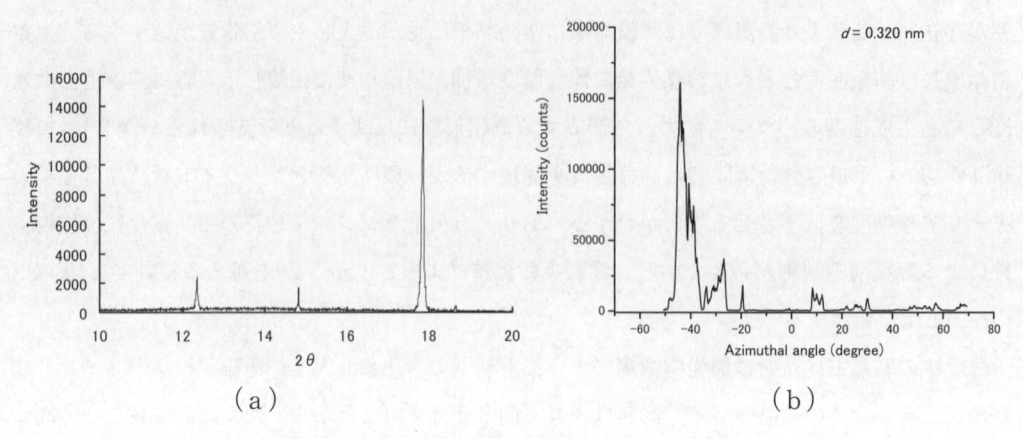

図3 方向性成長ペンタセン塗布膜の面内X線回折
（a） 回折角度−回折強度変化
（b） 基板回転角度−回折強度変化（回折角度固定）

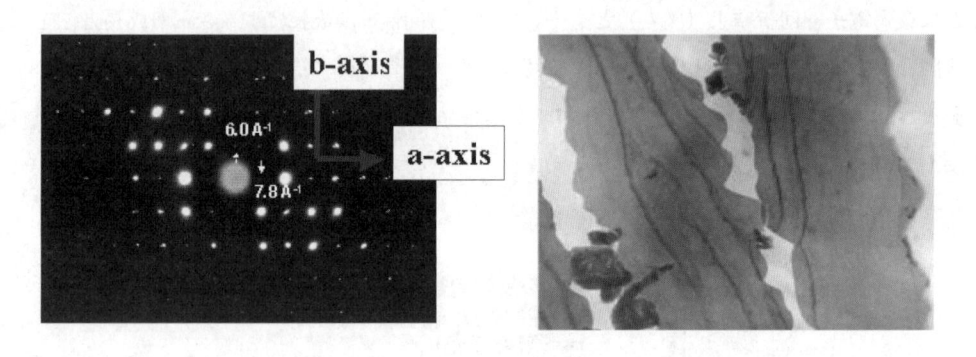

図4 ペンタセン塗布薄膜の透過電子線回折像（左）および顕微鏡像（右）

5.4 まとめ

低分子有機半導体材料の塗布技術は，新規材料開発と材料塗布プロセス開発の両面の取り組みにより薄膜トランジスタの性能向上が図られている。すでにペンタセン薄膜は，移動度の点ではアモルファスシリコン同等以上であるが，信頼性，プロセス性の課題が残されている。実用化には印刷製法でパターン形成を伴うことが必要であり微細印刷技術は大きな課題である。トランジスタ素子構成要素であるゲート絶縁膜，電極など部材を含めたオールプリンタブル化[26]，フィルム基板を利用したフレキシブルデバイス化により様々な用途に展開されることを期待したい。

第 5 章　各種パターニング・ファブリケーション技術

文　　献

1) 工藤一浩，応用物理，**72**，1151（2003）
 C.D. Dimitrakopoulous and D.J. Marcaro, *IBM J. Res.*, 45（2001）
 G. Horowitz, *Adv. Mater.*, **10**, 365（1998）
2) H. Sirringhaus, P. J. Brown, R. H. Friend, M. M. Nielsen, K. Bechgaard, B.M.W. Langeveld-Voss, A. J. H. Spiering, R. A. Janssen, E. W. Meijer, P. T. Herwig, D. M. Leeuw, *Nature*, **401**, 685（1999）
3) F. Garnier, R. Hajlaoui, El Cassami, *Appl. Phys. Lett.*, **73**, 1721（1998）
4) H. E. Katz, J. G. Laquindanum, A. J. Lovinger, *Chem. Mater.*, **10**, 633（1998）
5) 堀田収，*M&BE*, **12**, 20（2001）
 M. Mashrush, *J. Am. Chem. Soc.*, **125**(31), 9414（2003）
6) A.R. Murphy, *Chem. Mater.*, **17**, 6033（2005）
7) D. M. Russell, *Appl. Phys. Lett.*, **87**, 222109（2005）
8) J. E. Anthony, *J. Am. Chem. Soc.*, **123**, 9482（2001）
9) M. M. Payne, *J. Am. Chem. Soc.*, **127**, 4986（2005）
10) V. C. Sunder, *Science*, **303**, 1644（2004）
11) N. Stingelin-Sutzmann, E. Smits, H. Wondergem, C. Tanase, P. Blom, P. Smith, D. LeLeeuw, *Nature Mater.*, **4**, 601（2005）
12) I. O. Shklyarevskiy, *J. Am. Chem. Chem.*, **127**, 16358（2005）
13) T. Minakata, *SSDM-03 conference*（2003）
14) K. Takimiya, Y. Kunugi, T. Otsubo, *Chem. Lett.*, **36**, 578（2007）
15) A. R. Brown, A. Pomp, D. M. de Leeuw, D. B. M. Klassen, E. E. Havinga, P. T. Herwig and K. Mullen, *J. Appl. Phys.*, **79**, 2136（1996）
16) A. Afzali, C.D. Dimitrakopoulpus and T.L. Breen, *J. Am. Chem. Soc.*, **124**, 8812（2002）
17) H. E. A. Huitema *et al.*, *Proc. SID 2004*（2004）
18) S. Aramaki, Y. Sakai, N. Ono, *Appl. Phys. Lett.*, **84**, 2085（2004）
19) P. Checcoli, *Synth. Met.*, **138**, 261（2003）
20) T. Minakata, Y. Natsume, *Synth. Met.*, **153**, 1（2005）
21) 夏目，松野，南方，52回応用物理学会講演会（2005年春）
22) T. Minakata and Y. Natsume, *Proc. Int. Symp. Super-Functionality Organic Devices*, pp.140-145, Chiba（2005）
23) 南方，応用物理学会第64回講演会（2003年秋）
24) T. Minakata, Y. Natsume, *Proc. SPIE*, **vol. 5940**-21, San-Diego（2005）
25) J.Y. Lee, S. Roth, Y.W. Park, *J. Appl. Phys.*, **88**, 252106（2006）
26) M. Kawasaki, S. Imazeki, T. Inoue, M. Ando, Y. Natsume, T. Minakata, *SID International Conference*, P-3, San Francisco（2006）

6 高分子摩擦転写技術

谷垣宣孝*

6.1 はじめに

有機エレクトロニクス材料として高分子材料が注目されている。その大きな利点の一つとして高分子材料は加工しやすいということが挙げられている。溶媒に溶かして塗布法，印刷法によって容易に成膜できるというものである。しかし，電気的に活性な材料である共役系高分子についていえば，不溶性のもの，難溶性のものも少なくない。導電性高分子として着目されはじめた初期の頃，ほとんどの共役系高分子は不溶性であり，扱いにくい材料といわれていた。側鎖の導入による可溶化というブレークスルー[1]によって，現在の研究開発が進んでいるといっても過言ではない。一方，側鎖のないものや短いものは高い導電性など高性能や耐久性が期待できるが，不溶性，あるいは難溶性のものが多く，製膜が難しいため素子応用例は少ない[2]。重合と同時に成膜する方法[3]や可溶性前駆体を用いる方法[4]があるが，製膜法としての自由度は低い。真空蒸着による製膜も行われているが[5]，高分子鎖の切断という問題がある。ここでは不溶性の共役系高分子材料も製膜できる技術として摩擦転写法について述べる。この方法は固体の高分子材料を直接，基板にこすりつけることによって製膜する手法である（図1）。不溶性共役系高分子にも適用できる。

摩擦転写法のもう一つの利点は得られる薄膜中で分子鎖が擦った方向に配向していることである。その配向度は非常に高く，薄膜は面内に非常に大きな異方性（光学的・電気的・力学的など）をもつ。共役系高分子材料を配向させることにより機能を向上させることができる。例えば，ポ

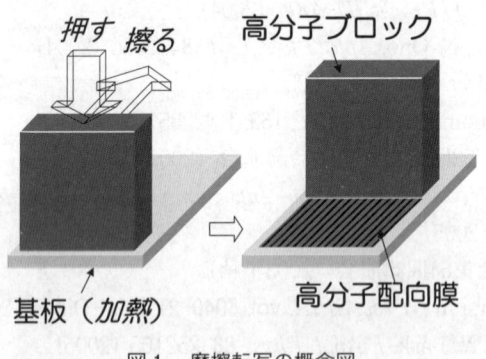

図1 摩擦転写の概念図

---

* Nobutaka Tanigaki ㈱産業技術総合研究所　光技術研究部門
デバイス機能化技術グループ　研究グループ長

第5章 各種パターニング・ファブリケーション技術

リアセチレンなどの導電性高分子では延伸し配向させることにより，導電性が向上することが知られている[6]。また，素子として利用する場合，異方的な物性を積極的に利用することにより，偏光機能など新しい機能を付与することも可能になる。

6.2 摩擦転写

摩擦転写は高分子材料の摩擦・摩耗の研究から発見された。ポリエチレンやポリテトラフルオロエチレン（PTFE）を金属やガラスなどと擦り合わせた際，摩耗粉として相手方に付着する薄膜が摩擦の方向に非常に高度に分子配向しているという現象である[7]。この摩擦転写が注目されたのは，このPTFE薄膜の表面が様々な材料の配向を誘起する能力をもつことが報告されたからである[8]。PTFE薄膜による配向誘起は有機半導体や共役系高分子にも応用されている[9]。

摩擦転写法ではPTFEやポリエチレン以外に共役系高分子にも適用できる。配向誘起を利用しなくても共役系高分子の配向薄膜を得ることができる。摩擦転写法の特徴としては ①固体から直接，製膜することができるため，溶媒が不要である（一部の不溶性高分子でも製膜が可能になる）。②製膜，配向の過程が一つの工程で行われる。延伸やラビングと比べて工程を簡素化することができる。③配向度が非常に高い。④膜厚が薄い（数nmから100nm以下）。

摩擦転写法によりいくつかの共役系高分子の配向膜が得られている[10]。例えば，σ共役系高分子として知られるポリシランでは，不溶性のポリ（ジメチルシラン）（PDMS）などの配向膜を作製することができる[11]。図2にPDMS配向膜の偏光吸収スペクトルを示す。ポリシランは紫外域に強い吸収をもつが，分子配向により，吸収の二色比は非常に大きくなっている。摩擦方向に対して平行方向の直線偏光は強く吸収するが，垂直方向ではほとんど吸収が見られない。蛍光スペクトルにおいても同様であり，ポリシランから発光するスペクトルは非常に大きい二色比を示す。

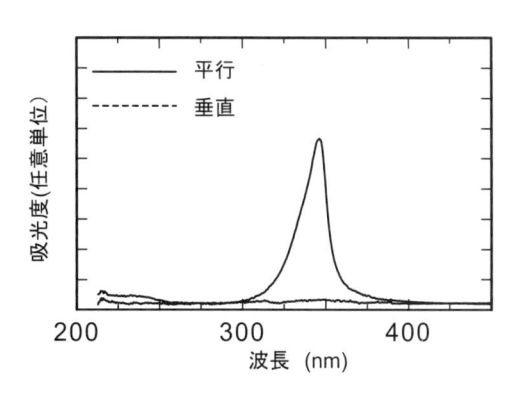

図2 PDMS摩擦転写膜の偏光吸収スペクトル

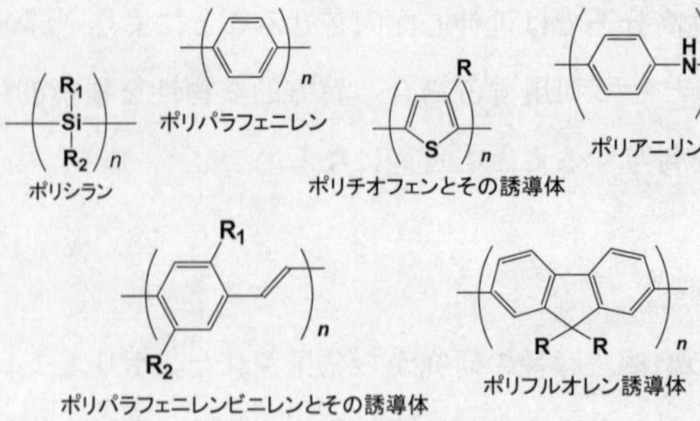

プリンタブル有機エレクトロニクスの最新技術

図3　摩擦転写可能な共役系高分子

ほかにもポリパラフェニレン（PPP）[12]やポリ（パラフェニレンビニレン）（PPV）などのπ共役系高分子で高配向薄膜が得られている。側鎖をもたないPPPやPPVは不溶性であるが，成膜が可能である。図3に摩擦転写が可能な共役系高分子の例を挙げる。

6.3　摩擦転写を用いた有機デバイス

摩擦転写法で作製した共役系高分子の薄膜は種々の有機デバイスに応用することができる。以下，具体的な例を紹介する。

6.3.1　トランジスタ

有機薄膜トランジスタは最近最も研究開発が盛んになっている有機デバイスの一つである。位置規則性のポリ（3-アルキルチオフェン）（P3AT）が合成され，その電気的特性が優れていることからトランジスタへ応用するための研究が進んでいる。位置規則性のP3ATは結晶性が高く自己組織的な配列をすることが知られている。溶液からの製膜条件をうまく選べば，チオフェン環が基板に対して立つような配向をとり，電荷移動度の向上が観測されている[13]。これはチオフェン環の重なり方向に電荷が移動しやすいことに由来している。主鎖方向の制御によるトランジスタ特性の向上も報告されている[14]。液晶性をもつ共役系高分子をラビング膜により配向誘起させている。

このように分子配向はトランジスタ特性に対して重要な要素である。摩擦転写法を用いることにより面内で主鎖方向を配列させた薄膜を作製することができる[15]。摩擦転写により位置規則性P3AT（ポリ（3-ヘキシルチオフェン）（P3HT）・ポリ（3-ドデシルチオフェン）（P3DDT））の配向膜を作製し，これを電界効果型トランジスタ（FET）に応用した[16]。摩擦転写によってゲート電極，絶縁層の上にP3AT配向膜を作製し，その上にソース・ドレイン電極を形成した。同一薄膜上に二種類の電荷伝導方向をもつソース・ドレイン電極対を作製した。高分子主鎖に沿った伝導方向とそれに垂直な伝導方向とである。摩擦転写方向に平行な電荷伝導方向をもつP3HT

第5章　各種パターニング・ファブリケーション技術

素子は典型的なp型半導体特性を示した。飽和領域における正孔移動度は$\mu_6^p = 6.2 \times 10^{-3} \mathrm{cm}^2/\mathrm{Vs}$であった。また、同一薄膜上の摩擦転写方向に垂直な電荷伝導方向をもつ素子についても良好なFET特性を示した。図4（a）に両デバイスのドレイン電流（I_D）－ドレイン電圧（V_D）特性を示す。同ゲート電圧（V_G）、同ドレイン電圧における垂直デバイスのドレイン電流値は平行デバイスに比べ減少しており、摩擦転写方向に垂直方向の電荷伝導特性が平行方向に比べて低いことを示唆している。正孔移動度は$\mu_6^o = 0.6 \times 10^{-3} \mathrm{cm}^2/\mathrm{Vs}$であった。P3HT摩擦転写膜は同一膜上においてその電荷伝導方向によって正孔移動度が大きく異なり、その異方性は$\mu_6^p/\mu_6^o = 10$にも及んだ。このことは高分子主鎖が一軸配向していることに起因する。比較のために溶液からのスピンコート法により形成したP3HT薄膜を用いたFETを作製した。その正孔移動度は$\mu_6^x = 1.5 \times 10^{-3} \mathrm{cm}^2/\mathrm{Vs}$であり、正孔移動度の大小関係は$\mu_6^p > \mu_6^x > \mu_6^o$である。摩擦転写を使うことにより、移動度は$\mu_6^p/\mu_6^x = 4$と増強されており、高分子鎖を配向させることにより導電性を向上させることができた。

P3HT同様P3DDT摩擦転写膜についてもFETを作製し、電荷伝導を評価した。図4（b）に平行方向、垂直方向の$I_D - V_D$特性を示す。P3HT摩擦転写膜FETの場合と同様に同ゲート電圧、同ドレイン電圧におけるドレイン電流値は垂直方向の素子は平行方向の素子より減少している。平行方向の移動度$\mu_{12}^p = 7.4 \times 10^{-4} \mathrm{cm}^2/\mathrm{Vs}$であり、垂直方向の移動度$\mu_{12}^o = 0.9 \times 10^{-4} \mathrm{cm}^2/\mathrm{Vs}$であり、異方性は$\mu_6^p/\mu_6^o = 8$となった。また、比較のために作製したスピンコート膜の正孔移動度は$\mu_{12}^x = 0.3 \times 10^{-4} \mathrm{cm}^2/\mathrm{Vs}$であった。これらの大小関係はP3HTの場合と異なり$\mu_{12}^p > \mu_{12}^o > \mu_{12}^x$である。移動度の増強度は$\mu_{12}^p/\mu_{12}^x = 25$と大きい。P3DDTでは長いアルキル側鎖によって自己組織能がP3HTより小さいためP3HTと比べてスピンコート膜において結晶領域が少なく移動度が低いため、摩擦転写による高秩序化の効果が大きくなったと考えられる。

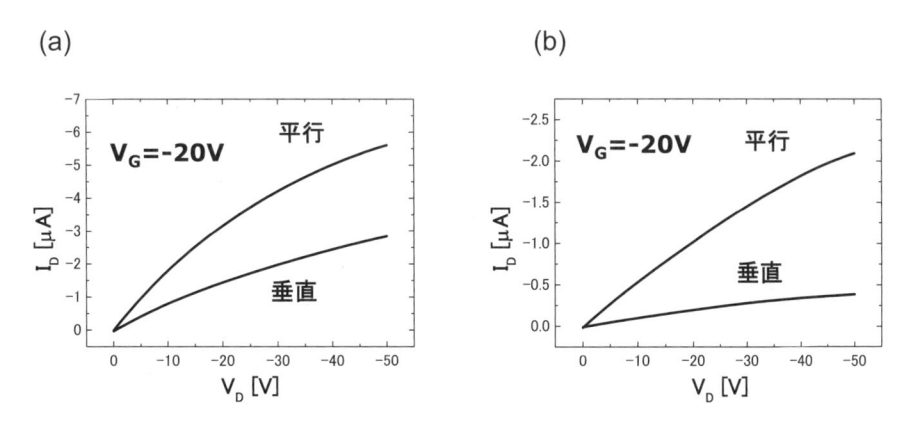

図4　P3HT（a），P3DDT（b）摩擦転写膜を用いたFETの$I_D - V_D$特性（$V_G = -20\mathrm{V}$）

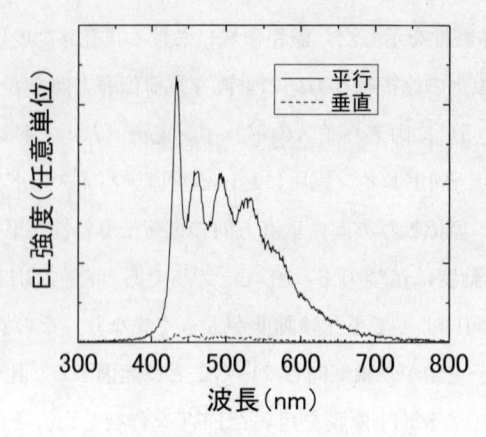

図5　素子の偏光ELスペクトル[20]

6.3.2　有機EL

有機エレクトロルミネッセンス（EL）素子は有機デバイスの中でも有望で，一部実用化も始まっている。共役系高分子を用いたものも研究開発が進んでいる。分子配向を導入することにより，偏光発光する有機EL素子を作製することができる。その中でもポリフルオレンの液晶性を利用したものでは高い偏光度が得られている。ラビングなどによる配向誘起層を用いて発光層であるポリフルオレンを液晶配向させ，素子作製されている[17]。摩擦転写法を用いることにより配向誘起層なしで偏光発光する素子を作製することができる。

ポリフルオレンの一種であるポリ（9,9'-ジオクチルフルオレン）（PFO）において，一度作製した摩擦転写膜を液晶温度以上まで加熱，再冷却することにより表面の平滑性が大きく向上することが見いだされた[18]。熱処理により表面の平滑性が向上するのみでなく，配向度も向上する。熱処理によって表面平滑性をもちかつ高度に配向したPFO薄膜を用いて偏光EL素子を作製した[19]。透明電極としてインジウム錫酸化物（ITO）を付したガラス基板上に摩擦転写によりPFO配向膜を形成し，熱処理を行った。その上に正孔ブロック層，電子輸送層を兼ねるバソクプロインを真空蒸着し，最後にLiF/Alを陰極として真空蒸着法で形成し，素子とした。素子は偏光発光特性を示した（図5）。発光の二色比は積分強度比で31と非常に優れたものである。液晶バックライト光源への応用が期待される。

6.3.3　光電変換素子

偏光有機ELとは逆に偏光を電気に変換する素子を作製することができる。用いたのは不溶性の高分子PPVである。光電変換素子では光によって生じた励起子を電荷分離する必要があるので，ショットキー接合か，p-n接合を作らなければならない。PPVはp型半導体として機能するので，n型半導体のチタニア（チタン酸化物，TiO_2）と積層した。チタニアは可視光領域で透

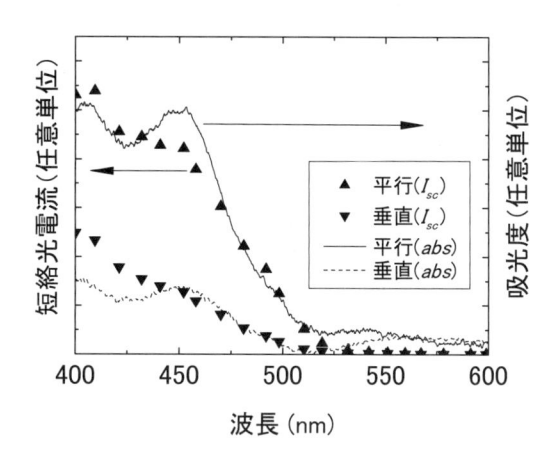

第5章 各種パターニング・ファブリケーション技術

図6 素子の短絡光電流（I_{SC}）の波長依存性（偏光照射時）と，PPV配向薄膜の偏光吸収スペクトル（abs）[20]

明であるので偏光応答に影響を与えない。チタニア膜の表面にPPVの配向薄膜を形成し，偏光に応答する光電変換素子を作製した[21]。

積層デバイスAu/PPV/TiO$_2$/ITOは暗状態で整流性が見られ，PPV層とチタニア層の界面でp-n接合が形成されていることがわかる。光照射により光起電流が観測された。偏光を照射した場合，垂直偏光・平行偏光ともに光電流を生じたが，平行偏光照射時の方が3倍程度大きい光電流を生じ，偏光検出器として機能する。短絡光電流（電圧0V）の照射光波長依存性を偏光照射下で測定した（図6）。波長依存性はPPVの吸収スペクトルに対応している。また偏光に対する応答もよく一致しており，偏光に対する光電流の応答がPPVの吸収の二色性に起因していることを強く示唆している。

6.4 おわりに

摩擦転写により異方性を付与した膜は従来にはない特性をもつ素子の可能性を開く。薄膜の面内に分子鎖を配列させることができるので面内における電荷移動度の向上が期待でき，特に電荷の流れが面内方向である素子に適している。ここでは述べなかったが摩擦転写では主鎖の配向だけではなく基板面に対する方向にも微結晶の配向（例えばP3ATではチオフェン環が面に平行になるように配向）が確認されており，新しい可能性が秘められている。このような分子配向を有効に利用することは有機（特に高分子）デバイスならではといえる。

摩擦転写法は塗布が困難な高分子にも適用できるので，今まで素子応用が困難であった不溶性高分子利用の可能性が出てくる。また，溶媒を用いずに成膜するので素子中の残留溶媒の影響を排除できる面も利点となる。摩擦転写法は真空を用いないドライな製膜法である。

文　　献

1) M. Sato et al., *J. Chem. Soc., Chem. Commun.*, **1986**, 873
2) A. Tsumura et al., *Appl. Phys. Lett.*, **49**, 1210 (1986)
3) K. Yoshino et al., *Jpn. J. Appl. Phys.*, **23**, L899 (1984)
4) I. Murase et al., *Polym. Commun.*, **25**, 327 (1984)
5) T. Yamamoto et al., *Synth. Met.*, **38**, 399 (1990)
6) N. Theophilou & H. Naarmann., *Makromol. Chem., Macromol. Symp.*, **24**, 115 (1989)
7) K. R. Makinson & D. Tabor, *Nature*, **201**, 464 (1964)
8) J. C. Wittmann & P. Smith, *Nature*, **352**, 414 (1991)
9) X. L. Chen et al., *Adv. Mater.*, **12**, 344 (2000)
10) 谷垣宣孝, 高分子論文集, **57**, 515 (2000)
11) N. Tanigaki et al., *Polymer*, **36**, 2477 (1995)
12) N. Tanigaki et al., *Mol. Cryst. Liq. Cryst.*, **267**, 335 (1995)
13) H. Sirringhaus et al., *Nature*, **401**, 685 (1999)
14) H. Sirringhaus et al., *Appl. Phys. Lett.*, **77**, 406 (2000)
15) S. Nagamatsu et al., *Macromolecules*, **36**, 5252 (2003)
16) S. Nagamatsu et al., *Appl. Phys. Lett.*, **84**, 4608 (2004)
17) K. S. Whitehead et al., *Appl. Phys. Lett.*, **76**, 2946 (2000)
18) M. Misaki et al., *Macromolecules*, **37**, 6926 (2004)
19) M. Misaki et al., *Appl. Phys. Lett.*, **87**, 243503 (2005)
20) 谷垣宣孝ら, 応用物理, **75**, 877 (2006)
21) N. Tanigaki et al.,*Synth. Met.*, **137**, 1425 (2003)

7 ラインパターニング技術

鈴木裕樹[*1]，奥崎秀典[*2]

7.1 はじめに

　導電性高分子や有機半導体を用いた電子素子の研究開発は，軽量でフレキシブル，安価なプラスチックエレクトロニクスという新分野を拓いた。一般に，導電性高分子のパターニングや素子作製には従来のシリコン半導体技術であるフォトリソグラフィなどが用いられているが，有機材料の特性を活かしたパターニング技術の開発が切望されている。本稿では，市販のレーザープリンターを用いた導電性高分子のパターニングと素子作製への応用について紹介する。

7.2 ラインパターニング法

　Alan MacDiarmid教授（米ペンシルベニア大）らにより開発された「ラインパターニング法」[1,2]とは，レーザープリンターを用いたパターン形成技術である。さらにこの方法を，導電性高分子，絶縁性高分子，金属等の異なる材料の積層化と素子作製に拡張した技術を「マルチラインパターニング法」または「レーザープリント法」と呼ぶ[3]。導電性高分子水溶液を用いた場合，①コンピュータを用いた回路のデザインと印刷，②導電性高分子溶液の塗布，③プリンタートナーの除去からなるウェットプロセスである。導電性高分子の水溶液が紙やPETフィルムなどの表面に均一に塗布されるのに対し，疎水性の高いトナー上では不均一になるという，基板表面の親水／疎水性の違いを利用している。スピンコーティング法の他にバーコーティング法，スプレー法などによる塗布も可能である。また，塗布後にトルエンやアセトンなどの有機溶媒中で超音波洗浄することにより，導電性パターンを残したままトナーのみを除去できる。本方法は特殊な露光装置や真空装置が不要で，市販のレーザープリンターを用いて導電性高分子パターンを作製できることから極めて汎用性が高く，プリンターの分解能程度の精細な電極や素子が作製可能である。また，一般の複写機を用いて手書きの文字やデザインからも導電性高分子のパターンを作製することができ，拡大縮小や大面積化も容易である。

　ラインパターニング法はポリピロールやポリアニリン，ポリチオフェン等さまざまな導電性高分子溶液に適用可能であるが，ここではポリ（3,4-エチレンジオキシチオフェン）／ポリスチレンスルホン酸（PEDOT/PSS）について説明する。PEDOT/PSSは独バイエル社が開発した導電性高分子であり，コロイド分散水溶液として入手できることから，長らく問題であった成形加

---

*1　Hiroki Suzuki　山梨大学大学院　医学工学総合教育部

*2　Hidenori Okuzaki　山梨大学大学院　医学工学総合研究部　有機ロボティクス講座
　　准教授

工性の問題が解決され工業的な応用が可能になった。現在，Baytron®（スタルク），Orgacon™（アグフア・ゲバルト），Denatron（ナガセケムテックス）等の商品名で市販されている。さらにPEDOT/PSSは耐熱性や化学的安定性に優れることから，帯電防止剤や固体電解コンデンサ，有機ELの正孔注入材料として現在広く用いられており[4]，透明電極やエレクトロクロミズム[5]，スピーカー[6]，タッチパネル[7]への応用が期待されている。

　図1にラインパターニング法によるPEDOT/PSSパターンの作製プロセスとAFMによる表面モルフォロジーの変化を示す。一般の描画ソフトを用いて幅100μmのラインパターンをデザインし，分解能1200dpiのレーザープリンターでPETシート上に印刷する。PETはガラスやシリコンに比べ表面粗さが大きいが，トナー表面は比較的平滑であった。次に，PEDOT/PSS溶液をバーコーティングにより塗布し，ドライヤーで乾燥させる。その際，PET基板上にPEDOT/PSS粒子が付着するのに対し，トナー表面のモルフォロジーはほとんど変化しない。このことは，PEDOT/PSSがトナー表面に塗布されないか不均一であることを意味している。最後に，トルエン中で約10秒間超音波洗浄することにより，基板上にPEDOT/PSSを残したままトナーのみを除去することができる。ここで，超音波洗浄の際にPEDOT/PSSのモルフォロジーはほとんど変化せず，トナーで覆われていたPET表面が再び現れているのがわかる。通常，PEDOT/PSSの溶媒である水や洗浄に用いたトルエンを完全に除くために，100～200℃で真空乾燥する。

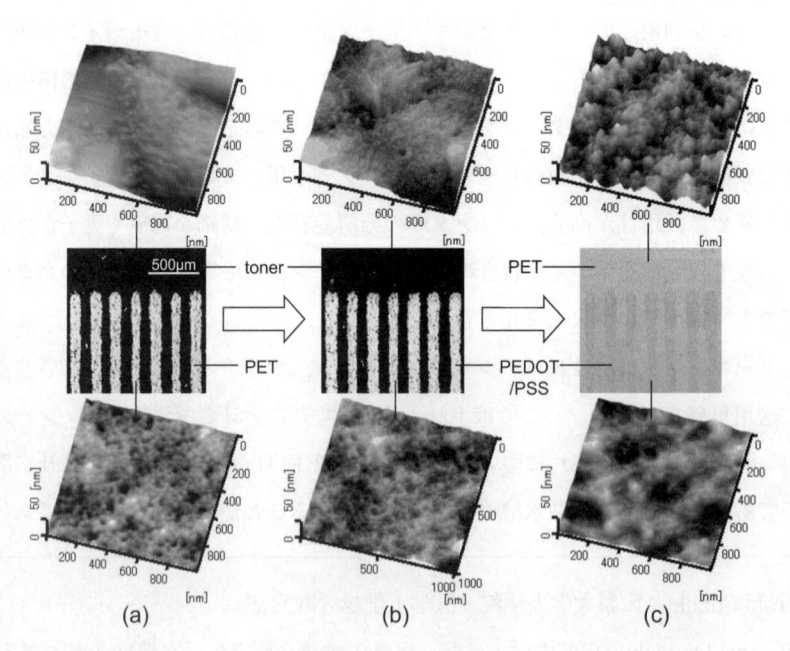

図1　ラインパターニング法によるPET基板上へのPEDOT/PSSのパターニングと表面モルフォロジーの変化

第5章 各種パターニング・ファブリケーション技術

7.3 溶媒効果

　PEDOT/PSSを一回塗布した試料のシート抵抗は高く，実際の素子作製にはさらに抵抗値を下げる工夫が必要である。興味深いことに，エチレングリコールを添加することでシート抵抗値が2～3桁低下することがわかっている（図2）[8]。これに対し，純水，エタノール，イソプロパノール，アセトニトリルでは，添加量とともにシート抵抗値が単調に増加した。PEDOT/PSSの膜厚はエチレングリコールの量によらず20～50nmと一定であることから，抵抗値の低下は電導度の上昇を意味する。同様の効果はジメチルスルホキシド[9]やグリセリン，ソルビトール[10]，ポリエチレングリコール（PEG）[11]についても報告されており，極性溶媒によるシールド効果[9]やPEDOT/PSS粒子表面にあるPSS層の除去[12]などが提案されている。

　実際にXPSの測定結果を図3に示す。硫黄原子の2p軌道に着目すると，結合エネルギー

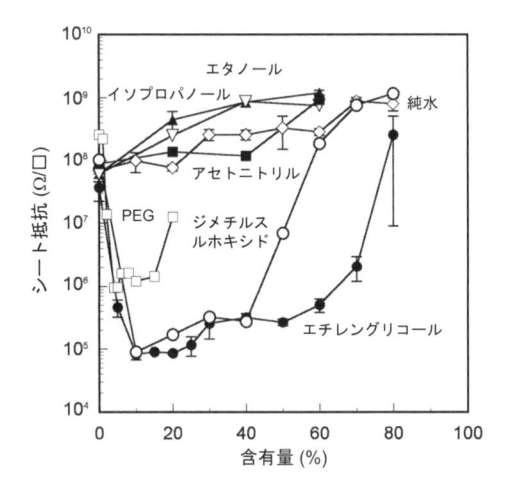

図2　PEDOT/PSS塗布膜のシート抵抗における溶媒添加の効果

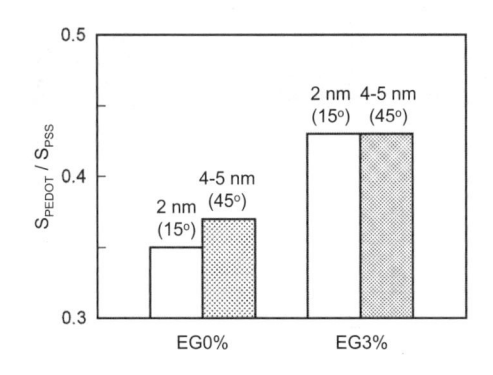

図3　エチレングリコール添加によるPEDOT/PSS表面近傍におけるPEDOT分布の変化

169eVにPSS，165eVにPEDOTに由来するピークが現れ，X線の入射角を15°から45°に変えることで表面（深さ2nm）および表面近傍（深さ4～5nm）におけるPEDOTとPSSの硫黄元素比（S_{PEDOT}/S_{PSS}）に関する情報が得られる。エチレングリコールを添加していない試料（EG0％）ではコロイド表面におけるS_{PEDOT}/S_{PSS}が低いことから，PSSがより多く存在することが確認された。これに対し，エチレングリコールを3％添加すると（EG3％），表面および表面近傍でS_{PEDOT}/S_{PSS}の差がなくなり，より均質化することが明らかになった。また，S_{PEDOT}/S_{PSS}がエチレングリコールの添加により大きく増加するのは，EG0％において内部のS_{PEDOT}/S_{PSS}がさらに高いためと考えられる。これに対し，エチレングリコールの量が多過ぎると電導度が逆に低下するのは，粒子の凝集により生じた構造の乱れや欠陥などの不均一さに起因すると考えられる。

7.4　デバイス化

7.4.1　高分子分散型液晶ディスプレイ

ラインパターニング法により作製した上部および下部電極の間に光硬化性モノマーと液晶分子の混合液を挿入し，紫外線照射により重合・接着すると，フレキシブルな高分子分散型液晶ディスプレイが得られる（図4）[13]。モノマーの重合過程で相分離が起こり，高分子マトリクスに分散した液晶ドメインが光を散乱するために白濁する。電圧印加により液晶分子が配向し，光の散乱が抑えられ透明になる。図ではバックライトを照射しているため，電圧印加により透明になった「4」のデジタル表示部分が明るく見えるのに対し，その他の白濁部分は黒く見えている。光の散乱／非散乱の状態変化に基づく白濁／透明のコントラスト変化を利用しているため，偏光板が不要で視角依存性が少ない，電極表面の処理が不要，作製が簡単などの特徴がある。

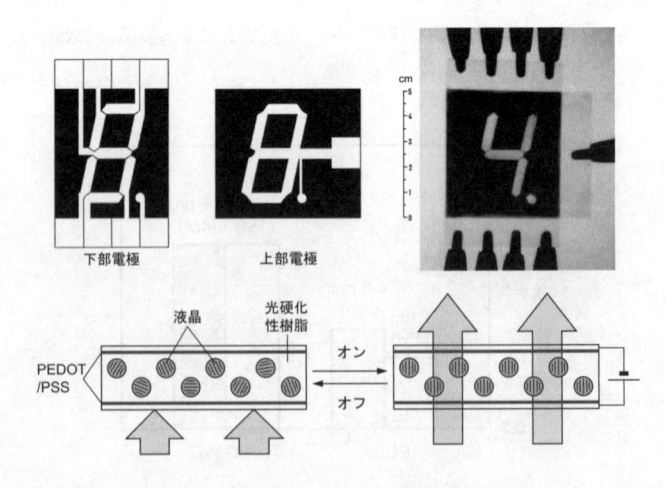

図4　PEDOT/PSSを電極として用いた高分子分散型液晶ディスプレイと作動原理

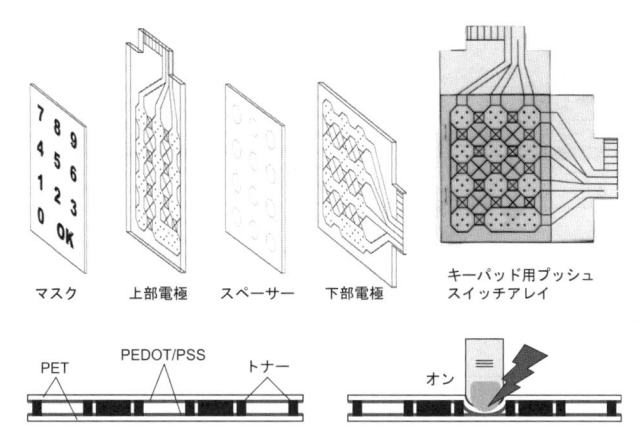

第5章　各種パターニング・ファブリケーション技術

図5　トナーをスペーサーとして用いたキーパッド用プッシュスイッチアレイ

7.4.2　プッシュスイッチ

　ラインパターニング法の最後のプロセスである「トナーの除去」を省略することで，図5に示すようなキーパッド用プッシュスイッチアレイが作製できる[13]。PEDOT/PSSを塗布した電極二枚を導電面が向かい合うように張り合わせると，導電層の膜厚（約50nm）に比べてトナーが十分厚いため（4～5μm），トナーがスペーサーとなって導電面どうしは接触しない（オフ状態）。これは，PEDOT/PSSが疎水性の高いトナー上に均一に塗布されず導通しないためである。一方，上から力を加えると電極が変形して導電面が接触し，スイッチが入る（オン状態）。PET基板とPEDOT/PSSの弾性変形を利用しているため，可逆的なスイッチのオン／オフが可能である。オン状態におけるスイッチの抵抗は15～60kΩと高いことから，実際の回路で使用するにはPEDOT/PSSパターンの線幅，膜厚等の最適化が必要である。また，カーボンや金属コロイドとの複合化や導電性高分子上でのメッキ[14]により回路抵抗を下げることも可能である。

7.4.3　ショットキーダイオード

　ラインパターニング法は，抵抗やコンデンサ，ディスプレイ，スイッチなどパッシブ素子だけでなく，ダイオードやトランジスタ[15,16]などアクティブ素子への応用も可能である。ラインパターニング法を繰り返し適用することで導電性高分子と金属薄膜のパターニングと積層化を行い，ショットキーダイオードを作製した。PETシート上に長さ6mm，幅3mmをくり抜いたネガマスクパターンを印刷し，PEDOT/PSSをコーティングする。再びレーザープリンターを用いて電極間のギャップマスクを印刷し，金およびアルミを真空蒸着した後にトナーを除去することで，薄膜型のショットキーダイオードを作製した。PEDOTはp型であるため，仕事関数の低いアルミとの界面はショットキー接合となるのに対し，金との界面はオーミック接合となる。得られたダイオードの電圧電流特性を図6(a)に示す。順方向でのみ電流が流れる整流性を示し，整

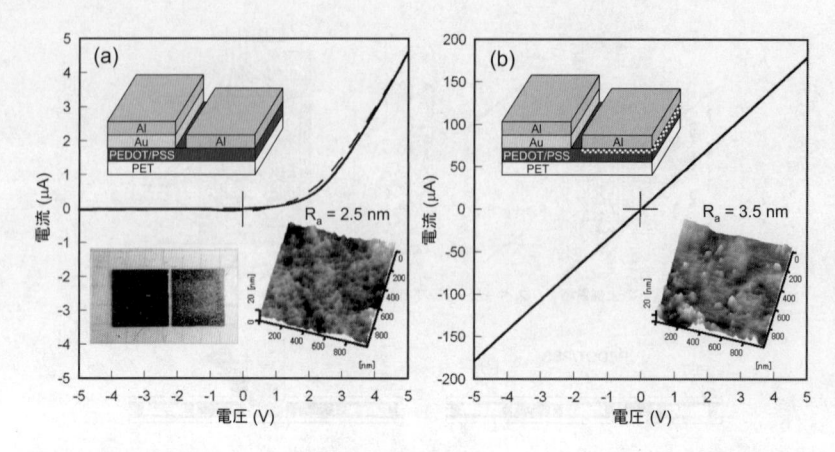

図6 PEDOT/PSSとアルミの接合を利用したショットキーダイオードの整流特性(a)
および電圧電流特性における表面粗化の効果(b)

流比は100程度であった[17]。興味深いことに，アルミと接触するPEDOT/PSS上にあらかじめトナーを印刷，除去することで表面粗化したところ，表面粗さ（R_a）は2.5nmから3.5nmに上昇し，ショットキー接合からオーミック接合に変化することが明らかになった（図6(b)）[18]。このように，ラインパターニング法を表面処理に用いることで，素子の電気特性を制御できることがわかった。

7.5 おわりに

市販のレーザープリンターを用いた導電性高分子のパターニングとデバイス化について紹介した。しかし，実際の素子や回路へ応用するには基板の平滑性や塗布膜の均一性，パターンの微細化など克服すべき問題が残されている。分解能1200dpiのレーザープリンターを使えば，計算上20μm程度まで線幅を細くできるが，プリンターの高性能化に伴いさらに微細なパターニングが可能になると考えられる。ラインパターニング法は一般の印刷技術をプラットフォームに開発された手法であるため，プリンターや複写機などハードウェアの進歩とともに発展する可能性を秘めている。導電性高分子の特性を活かしたパターン形成技術や成型加工法の開発は，安価でディスポーザブル，大量生産可能なプラスチックエレクトロニクス時代への第一歩である[19,20]。

謝辞

PEDOT/PSSをご提供いただいたスタルクの橋本定侍氏，日本アグファ・ゲバルトの飯沼寛子氏，共同研究者のDirk Hohnholz博士に感謝致します。また，XPSを測定いただいた東京エレクトロン㈱の佐藤浩氏，有馬進氏に御礼申し上げます。最後に，本研究を始めるきっかけを与えて

第5章 各種パターニング・ファブリケーション技術

いただくとともに導電性高分子研究のすばらしさを教えていただいた故 Alan MacDiarmid教授に心より感謝致します。

文　献

1) A. G. MacDiarmid, D. Hohnholz, H. Okuzaki, *US Patent*, 20020083858 (2002)
2) D. Hohnholz, A. G. MacDiarmid, *Synth. Met.*, **121**, 1327 (2001)
3) H. Okuzaki, S. Ashizawa, *Multifunctional Conducting Molecular Materials*, RSC Publishing, 270-275 (2007)
4) 山本隆一,『導電性高分子材料の開発と応用』, 技術情報協会, 140 (2001)
5) H. W. Heuer, R. Wehrmann, S. Kirchmeyer, *Adv. Mater.*, **12**, 89 (2002)
6) C. S. Lee, J. Y. Kim, D. E. Lee, J. Joo, B. G. Wagh, S. Han, Y. W. Beag, S. K. Koh, *Synth. Met.*, **139**, 457 (2003)
7) F. Takei, T. Kashiwa, *Polym. Prepr., Japan*, **55**, 1541 (2006)
8) S. Ashizawa, R. Horikawa, H. Okuzaki, *Synth. Met.*, **153**, 5 (2005)
9) J. Y. Kim, J. H. Jung, D. E. Lee, J. Joo, *Synth. Met.*, **126**, 311 (2002)
10) S. K. M. Jönsson, J. Birgerson, X. Crispin, G. Greczynski, W. Osikowicz, A. W. Denier van der Gon, W. R. Salaneck, M. Fahlman, *Synth. Met.*, **139**, 1 (2003)
11) S. Ghosh, O. Inganäs, *Synth. Met.*, **121**, 1321 (2002)
12) G. Greczynski, Th. Kugler, M. Keil, W. Osikowicz, M. Fahlman, W. R. Salaneck, *J. Elect. Spectr. Rel. Phenom.*, **121**, 1 (2001)
13) D. Hohnholz, H. Okuzaki, A. G. MacDiarmid, *Adv. Funct. Mater.*, **15**, 51 (2005)
14) W. S. Huang, M. Angelopoulos, J. R. White, J. M. Park, *Mol. Cryst. Liq. Cryst.*, **189**, 227 (1990)
15) S. Ashizawa, Y. Shinohara, H. Shindo, Y. Watanabe, H. Okuzaki, *Synth. Met.*, **153**, 41 (2005)
16) H. Okuzaki, M. Ishihara, S. Ashizawa, *Synth. Met.*, **137**, 947 (2003)
17) H. Yan, S. Endo, Y. Hara, H. Okuzaki, *Chem. Lett.*, **36**, 986 (2007)
18) 特願2004-171963
19) A. G. MacDiarmid, *Angew. Chem. Int. Ed.*, **40**, 2581 (2001)
20) 奥崎秀典, 高分子, **51**, 25 (2002)

第6章　有機電子デバイスと有機半導体材料

1　ポリマー材料

金藤敬一*

1.1　はじめに

　既に，何度も言い尽くされているが，有機エレクトロニクスのセールスポイントは，①塗布，インクジェットなどのウェット法により低コストのプロセス，更に②軽量でフレキシブルな電子デバイスにある。特に，インクジェット法やロールツーロールによる電子回路やデバイスの作成技術は，シリコンテクノロジーでは不可能なプロセスで，プリンタブルエレクトロニクスの最大の強みで，世界の趨勢の中で，避けて通れない先端技術である。これらの材料は，太陽電池，発光素子（EL）および電界効果トランジスタ（FET）など，従来，シリコンなど無機半導体が担ってきた能動的な機能を持つ膨大な範囲の電子デバイスを担う。

　電子デバイスの多くは，可視光と相互作用できるバンドギャップを持つ半導体である。この大きさのバンドギャップを持つ有機材料は，共役π電子を持つポリマーおよび芳香族化合物である。ポリマーは強靭で柔軟，低分子の芳香族化合物も多くは顔料として知られ，どちらも強いπ-π相互作用や水素結合により，溶媒に溶けず高温でも融解しない（不溶不融）。低分子材料は減圧下で昇華によって薄膜を作成できるが，ポリマーは昇華すると分解する。何れも溶媒に溶けるように，アルキル鎖などの側鎖を付加することによって，溶解性を高めることができる。しかし，側鎖を付加することによって分子間のπ電子相互作用が弱くなり，キャリア移動度が減少，即ち，デバイス機能が低下する。太陽電池のエネルギー変換効率，トランジスタの周波数特性や伝達特性などは全て移動度に依存するので，移動度はデバイスのパフォーマンスを決定する重要なパラメータで，材料開発の指標となっている。また，FETはゲート電圧によって，チャンネル内にキャリアが誘起されるので，コンダクタンスから移動度を見積もることができる。従って，有機材料によるFETはトランジスタとしての応用だけではなく，移動度の評価方法としても意味がある。

　アントラセンやフタロシアニンに代表される低分子材料は，有機半導体として光励起発光（PL），タイムオブフライト（TOF）による移動度，電導性，磁性などの光電子物性は古くから研究されてきた。しかし，ポリマーについては，白川英樹らによる導電性高分子，ポリアセチレ

---

*　Keiichi Kaneto　九州工業大学　大学院生命体工学研究科　教授

第6章 有機電子デバイスと有機半導体材料

ンが合成され，その半導体としての基礎物性が明らかになってからである[1]。導電性高分子は半導体であるから，無機半導体で実現している電子デバイスの機能を持っている。シリコンと違って，有機材料は多様な分子構造と種類があり，その数は無限に近い。その中で何れが最適であるかを見極めるのは，至難の業で，実用化できるかどうかは，不純物と欠陥をシリコン並みに除くことができれば，パフォーマンスも無機半導体に匹敵するものと考えている。ここでは，有機EL，トランジスタ，太陽電池などに用いられるポリマー材料の特徴について述べる。

1.2 機能性高分子

ポリマー系の有機電子材料の多くは，導電性高分子である[1]。図1に導電性高分子を骨格に持つ化学構造を示す。この他，導電性高分子一般形で示すように，共重合ポリマー，各種グループを付加した誘導体など無限に存在する。これまでたくさんの誘導体が合成され，電子物性やいろいろな電子デバイスを作成してその特性が測定されているが，複雑な構造の材料ほど，コスト高になるばかりか，単純な構造のものに較べて格段に性能がよくなる場合は少ない。また，導電性高分子の半導体的な性質や高電導度の性質を電子デバイスに応用することは，優れた特性の無機

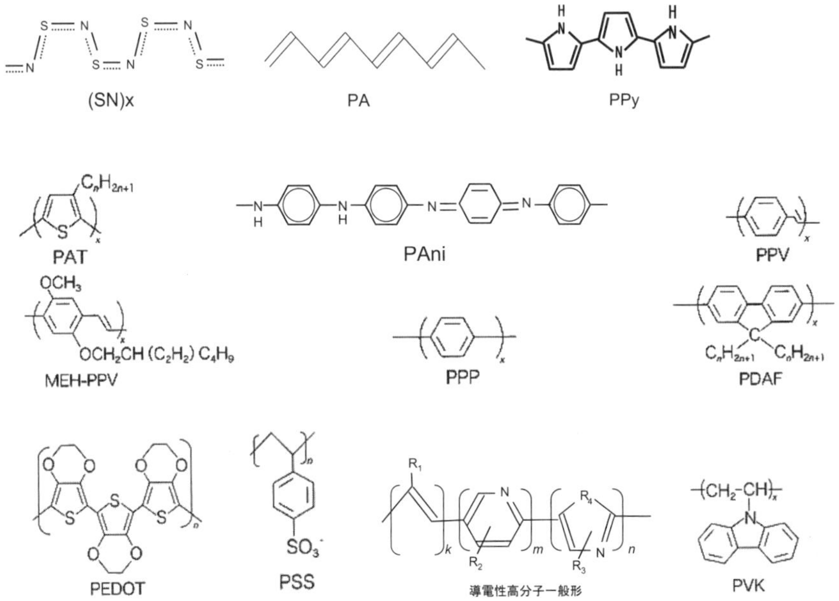

図1 有機エレクトロニクス用ポリマー材料，(SN)x：ポリチアジル，PA：ポリアセチレン，PPy：ポリピロール，PANi：ポリアニリン，PAT：ポリアルキルチオフェン，PPP：ポリパラフェニレン，PPV：ポリパラフェニレンビニレン，MEH-PPV：メトキシエチルヘキシロキシ-PPV，PDAF：ポリジアルキルフルオレン，PEDOT：ポリエチレンジオキシチオフェン，PSS：ポリスルホスチレン，PVK：ポリビニルカーバゾール

半導体や金属が存在するので，あまり得策ではない。導電性高分子のユニークさは，酸化・還元を化学的な方法だけでなく，電気化学的かつ可逆的に制御できる点にある。この性質を活用した電子デバイスが効果的と考えている。

1.3 導電性高分子

導電性高分子の基本骨格は，2重結合と1重結合の結合交替が連なった一次元π電子共役ポリマーである。基底状態で結合交替の度合いが小さいほど，バンドギャップは狭くなる。(SN)xは一次元π共役高分子であるが，3次元的な強い相互作用によって，基底状態でバンドギャップは閉じ導電率が数千S/cmの金属である[2]。ホールと電子が共存する半金属で，0.3Kで超伝導に転移する。有機材料とは言えないが，導電性高分子として1970年代中ごろから集中的な研究がなされたが，今は忘れ去られている。S_2N_2を固相重合によって得られる単結晶は金色の金属光沢をしており，それを真空蒸着すると薄膜が得られる。空気中では水分によって劣化するので，実用的な応用は殆ど考えられなかった。劣化も含め他の導電性高分子にも当てはまることだが，金属的な性質を使った導体としての利用はその伝導度の大きさから，殆ど現実的ではない。

1.3.1 ポリアセチレン(PA)

PAは，白川英樹博士らによってフィルム状の半導体膜の合成に成功し，A.G. MacDiarmind, A.J. Heegerらと2000年のノーベル化学賞の対象となった材料である[1]。いわゆる導電性高分子を中心とする有機エレクトロニクスの先駆的材料である。PAは結合交替が入れ替わってもエネルギー的に等価なので縮退系の導電性高分子である。PAはヨウ素など酸化剤に曝すことで荷電ソリトンと言われる正のキャリアが誘起され，金属的な電導性を示す。デバイスとしての応用は，太陽電池[3]，2次電池[4]などが具体的に試みられた。しかし，空気中では酸化による劣化が激しく，安定性もよくないので，デバイスへの応用研究は殆どされていない。

1.3.2 ポリピロール(PPy)

PPyは1979年に電気化学的に合成されたPAに対抗する導電性高分子である[5]。PPyは2重結合が5員環の内側にあり，ユニット分子の間は1重結合となっている。この結合交替は，これと反対の結合交替とエネルギー的に等価でないので，基底状態は縮退していない。そのため，酸化によって誘起されるキャリアは図2に示すように，ポーラロンやバイポーラロンとなる。

PPyのイオン化ポテンシャル[1]は3.9eVで，代表的な導電性高分子の中で最も小さい。このことは容易に酸化されることで，空気中に放置すると容易に酸化されて高い伝導状態となる。バンドギャップは3.6eVで比較的大きく，中性状態（ノンドープ状態）では，透過光は薄い黄緑色である。反面，中性状態つまり半導体的な性質を保持することが難しい。そのためポリピロールは電子デバイスとしての研究は，殆ど成されていない。

第6章 有機電子デバイスと有機半導体材料

ポーラロン　　　　　　　　　　　　　　バイポーラロン

図2　ポリピロールに酸化によって誘起されるキャリアのポーラロンおよびバイポーラロン

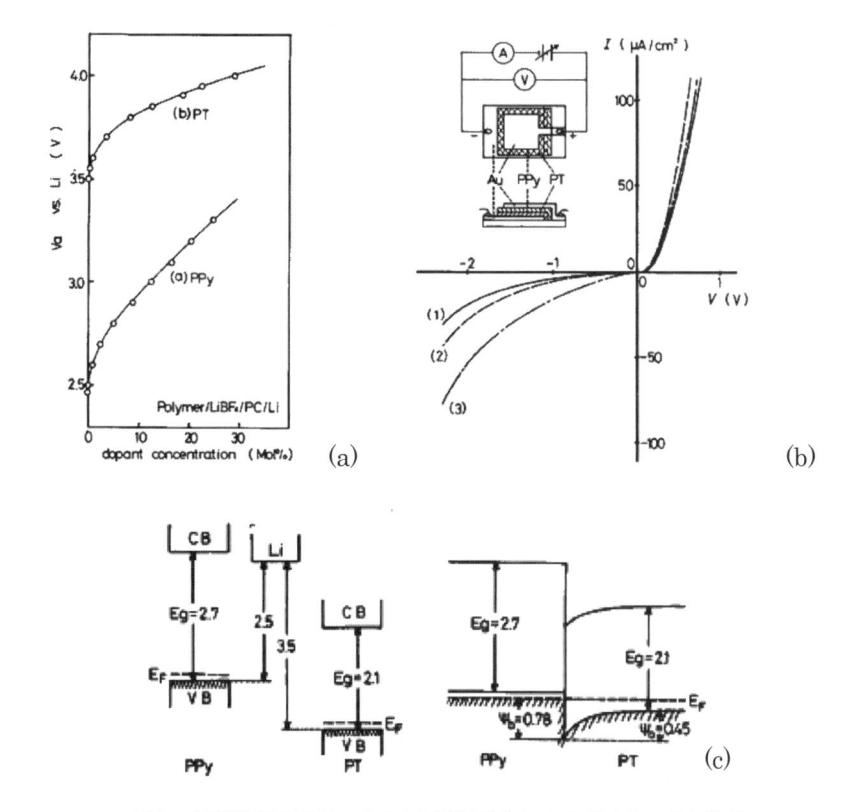

図3　導電性高分子PPyとPTの電解重合によるダイオードの作成
(a) $LiBF_4$/PC電解液中でのLiを参照電極とした印加電圧とドープ量の関係
(b) 挿入図でPPyをプラス極とするダイオードの電圧-電流特性
(c) PPy, PTと接合状態のエネルギー図, PT側でショットキー形の接合

電解重合は湿式, 常温常圧で合成ができるという点で, 溶媒に可溶なプリンタブルのプロセスに匹敵する経済的なデバイス作成方法である。導電性高分子の電解重合法を用いて, 作成したダイオードの例を図3に示す[6]。図3(a)より, PPyはLi電極に対して2.5V, PTは3.6Vで酸化するようにイオン化ポテンシャルが大きく異なる。この性質を利用してPPyとPTのダイオードを電解重合法により作成できる。即ち, 図3(b)の挿入図に示すように, ガラス基板上に金を蒸着した電極上に0.1M ピロール/0.1M $LiBF_4$/ベンゾニトリル溶液中でPPyを電解重合し, アセ

トニトリルで洗浄する。PPyフィルムの上から，0.1M チオフェン/0.1M LiBF$_4$/ベンゾニトリル溶液中でポリチオフェンを電解重合する。回路を対向電極と短絡して脱ドープして，0.2M LiBF$_4$/プロピレンカーボネート（PC）溶液中で，Liに対して印加電圧(1)3.2V，(2)3.4Vおよび(3)3.6Vで酸化ドープする。最後にトップ電極として金を真空蒸着して，その電流-電圧特性を図3（b）に示す。理想因子として約2が得られ，良好な整流特性を示す。接合容量の測定などから，空乏層厚さ78nm，障壁電位差0.78eV，拡散電位0.45eV，PTのキャリア密度1.6×10^{16}cm^{-3}が得られ，接合状態などのエネルギーダイアグラムは図3（c）となる。電解重合は，基板が導電性を持つことが条件であるが，絶縁基板でも電極から重合された部分が成長することは興味ある性質で，積極的に取り組んでいい方法である。また，この例で示したように，積層あるいは縦型のデバイスを作成するには都合が良い。

最近，化学重合したポリピロール薄膜の電界効果トランジスタ（FET）について報告されている[7]。空気中の測定で，いわゆるノーマリーオン形FETで，当然，ゲートに正の電圧印加によるデプレッション形のFETである。また，減圧と酸素雰囲気による影響が調べられている。しかし，PPyは単独ではFETとしての実用化は望めない。PPyの利点と特徴は，電解重合により強靭で高い伝導度の薄膜が得られることで，高い容量のキャパシタ[1]や電解伸縮によるソフトアクチュエータへの応用である。これらはプリンタブルデバイスとしては異質であるのでここでは言及しない。

1.3.3 ポリチオフェン（PT）

PTは，イオン化ポテンシャルが5.0eVと比較的大きい導電性高分子で，酸化されにくい性質を持っている。従って，空気中では酸素の影響で僅かにp型の性質を示すが，中性状態で安定である。太陽電池やトランジスタ，更に，有機ELの材料として研究が活発に行われている[1]。PTも電解重合で合成できることから，電解重合によるFETの作成と測定が肥塚らによって先駆的に行われた[8]。これをきっかけに，ポリマートランジスタの研究が本格化したと位置づけられる。更にアルキル基を付加したポリアルキルチオフェン（PATn，nはアルキル鎖の炭素数）は溶媒に可溶になるため，プリンタブル有機半導体材料として，注目されている。中でもチオフェンユニットがhead to tailに結合した立体規則性の高い（Regio-regular poly（3-hexylthiophene）），PHTは高移動度の有機FETが実現できるとして有望視され，多くの研究例が報告されている[9~12]。

図4はHead-tail結合したポリアルキルチオフェン（PATn: n=4, 6, 10, 12, 18）のクロロフォルム溶液をスピンコートによって作成した薄膜の吸収スペクトルを示す。側鎖が長くなっても吸収ピークのエネルギーやスペクトルは大きく変わらないが，吸収係数が小さくなる。x-線解析とこの結果から，スピンコート膜でもチオフェン面間にπ電子相互作用による結晶性の積層構造を取り，側鎖は図4の右に示すように主鎖間に配置していると考えられている。PAT18で

第6章 有機電子デバイスと有機半導体材料

は，長い側鎖が返って結晶性の秩序を乱していると推定される。図5はHT-PATnおよび立体規則性の乏しいRegio-randomのRD-PATのtime of flight（TOF）法による移動度を示す[13]。TOF法の移動度は，サンドイッチ構造の電極構成により測定するので，膜面に垂直方向のキャリア移動度である。TOF移動度は低電界側で負の電界強度依存性を示す。これは，移動度の非対角成分によるものと解釈されており，電界方向とキャリア移動方向が必ずしも同方向に無い場合に見られる。この結果から当然のことながら，立体規則性が高く，側鎖は短いほど移動度は大きい。

図6はSi/SiO$_2$基板上に作成したHT-PAT6キャスト膜のボトムコンタクト形FETにおける電流電圧特性を示す[9]。ゲート電界によってチャンネルにキャリアが誘起され，また，無機半導体に見られるようにピンチオフが起こる。FET移動度を見積もり，アルキル鎖長依存性をTOF移動度と共に図7にまとめる。TOF移動度は電界に依存するが，低電界ではFET移動度とよく一致することから，HT-PATn膜の異方性は無いものと考えられる。

導電性高分子は一次元ポリマーであることから，鎖の長軸方向と垂直方向の移動度の大小関係

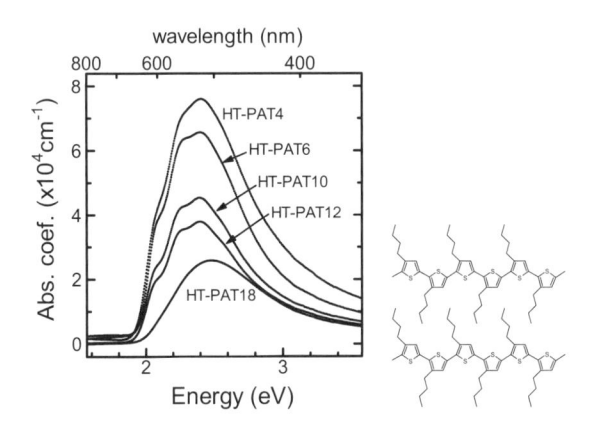

図4 PATnのスピンコート膜の吸収スペクトル

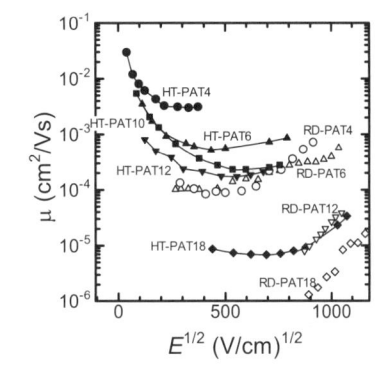

図5 PATnのTOF移動度の電界依存性

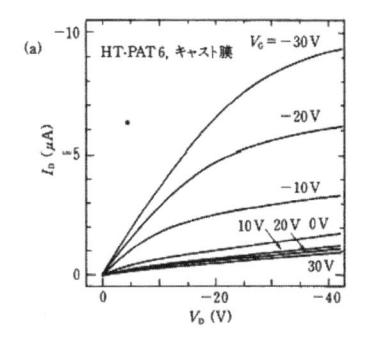

図6 PAT6を用いたFETの電流-電圧特性

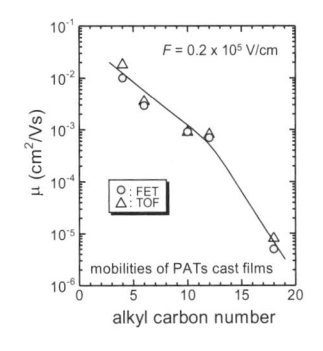

図7 PATnのTOFとFET移動度の比較

に興味が持たれる。この問題について，摩擦転写によってPATnの配向膜を作成し，FETの移動度の異方性が調べられている[10]。PAT12の鎖方向の移動度は$7.4×10^{-4}cm^2/Vs$，これと垂直方向の移動度は$0.9×10^{-4}cm^2/Vs$で，鎖方向の移動度が垂直方向より8倍の高い移動度を示している。これらはいずれも，スピンコート膜の移動度，$0.3×10^{-4}cm^2/Vs$より大きく，配向化によって垂直方向の移動度も大きくなる。

HT-PATnの移動度については，研究グループによって大きく異なっている。特に，ケンブリッジ大学のRH FriendのグループではPAT6の移動度として$0.1cm^2/Vs$を報告しており[11]，更に，インクジェット[12]により作成したFETでは，$0.02cm^2/Vs$の移動度を得ており，低周波領域なら応用が可能な値である。しかし，結晶性や純度を上げられるオリゴチオフェン[14]の移動度は$4cm^2/Vs$の値が報告されており，ポリマーでも純度や高次を制御することによって，更に移動度を向上させることが可能と考えている。

1.3.4 ポリアニリン(PANi)

PANiはエメラルディンとして170年前から知られていた色素である。特に，塩基性のN-メチルピロリドン（NMP）に可溶で，キャストすることによって強靭なフィルムとして得られることから，各種応用が考えられている[1]。2次電池の電極材料[15]，ソフトアクチュエータ[16,17]の研究はPANiの電気化学的特性をうまく使ったデバイスである。溶液プロセスによるFETの基礎的研究も当然試みられている[18,19]。水溶系PANiの誘導体，Poly（aniline-co-N-propanesulfonic acid aniline）およびスルホン化ポリアニリン（SPAN）によるFETの移動度としてそれぞれ，2.14および$0.33cm^2/Vs$の非常に高い値が報告されている[18]。また，シリコン酸化膜上に自己組織ナノ膜を用いてイオン検知FETを作成し，薄膜の移動度$1.49cm^2/Vs$が報告されている[19]。PANiについてのFETの報告例は少ないが，プリンタブルデバイスの注目すべき材料である。

1.3.5 ポリパラフェニレンビニレン(PPV)

PPVはポリアセチレンとポリパラフェニレンとの交互共重合体で，イオン化ポテンシャル[1]が5.1eVの安定な導電性高分子である。長鎖のアルコオキシ基を付加したMEH-PPVは有機溶媒に溶け，電子デバイスの研究が行われている。しかし，嵩高いグループを付加すると主鎖が乱れ，キャリア移動度は，$10^{-5}cm^2/Vs$以下の小さい値[20,21]になるので，FETのようなデバイスには不利である。一方，主鎖の乱れは励起子の閉じ込め効果を高め，高効率のポリマーELデバイスとして機能する[22]。

1.3.6 ポリパラフェニレン(PPP)

PPPはイオン化ポテンシャル[1]が5.6eV，バンドギャップ3.5eVで導電性高分子の仲間であるが，共役π電子はベンゼン環に局在化して，殆ど絶縁体である。ベンゾイル基などを付加して可溶化して，EL素子が調べられている[23]。

第6章 有機電子デバイスと有機半導体材料

1.3.7 ポリフルオレン（PF）

長鎖アルキル基を付加したPFは可溶なプリンタブル有機ELの450nm近傍にピークを持つ青色発光材料[24]として注目されている。可溶化のために嵩高いグループが付加されているが、移動度は高くELの発光効率がよい[25]。ELの発光特性などの詳細は成書[24]に記載されているのでここでは省略する。

1.3.8 ポリエリレンジオキシチオフェン（PEDOT）

PEDOTは、PSSを酸化剤として複合化することによって、水に溶ける導電材料として用いられている。この化合物は、高い導電性と安定性により、有機太陽電池、ELおよびFETなどの電極の修飾に用いて、キャリア注入の高効率化[26]およびデバイスの高機能化に貢献している[24]。

1.3.9 その他の機能性ポリマー

図1の導電性高分子の共重合体に関する研究は、活発に行われており、高い移動度、n-チャンネル材料などの探索が行われている[27]。また、導電性高分子とは異なるが、ポリビニールカルバゾール（PVK）は古くから知られている光機能性高分子である。光伝導あるいは電界発光材料として、また、導電性高分子との複合膜による高効率白色EL[28]あるいは新素材のカーボンナノチューブとの複合膜を用いた光電変換素子などおびただしい報告がある。

1.4 相補型電界効果トランジスタ（C-MOS FET）

デジタル回路の論理演算の基本素子は相補型電界効果トランジスタ（C-MOS FET）で、その構造を図8（a）に示す。p-, n-チャンネルFETを直列接続した構造で、入力が1に対して出力が0、あるいは入力が0に対して出力が1となるインバータ回路である。特徴はインバータの切り替えの時だけ、電流が流れる低消費電力の素子である。C-MOS FETをプリンタブルで作成できれば、ほぼ全ての電子回路がプリンタブルで実現できる。そのp-, n-チャンネル材料をそれぞれの半導体材料で作成されているのが現在のシリコンFETである。両極性半導体がひとつの材料で作成できれば、より簡便な方法でC-MOS FETが実現できることになる。

PHTはp-チャンネル材料、フラーレンの誘導体PCBM（[6,6]-phenyl C61-butylic acid methyl ester）はn-チャンネル材料として知られている。これらを図8（b）のように、C-MOS FETとして作成した[29]。また、PHT/PCBM = 1：3の両極性複合膜によるC-MOS FET（図8（c））および、PHT/PCBMの複合膜を用いてソースとドレイン電極をそれぞれTCNQおよびTTFの真空蒸着膜で修飾してp-およびn-チャンネルとした構造のC-MOS FET（図8（d））を作成した。これらの構造の、単一のFETにおける、移動度、閾値電圧、伝達特性およびon/off比を表1に示す。

PHTおよびPCBMはそれぞれp-, n-チャンネルの特性を示し、移動度10^{-3}cm^2/Vsのオーダーである。PHT/PCBM = 1：3の複合膜はゲート電圧によって、p-, n-チャンネルの両極性を

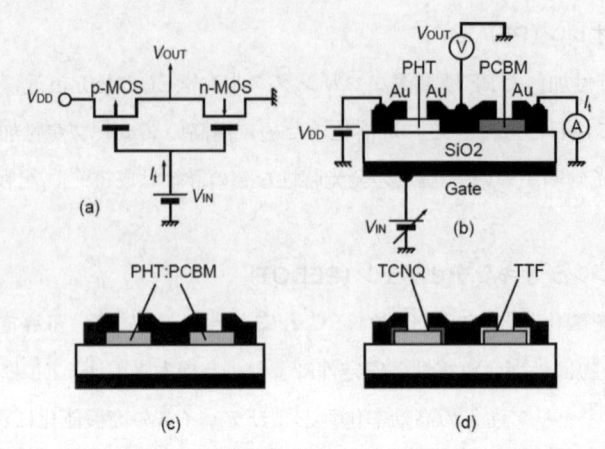

図8 (a) C-MOS-FETの電子回路，(b) P3HTとPCBMによるC-MOS FET，
(c) P3HT/PCBM＝1：3の両極性複合膜によるC-MOS FET，
(d) 両極性複合膜とTCNQとTTFの薄膜修飾電極によるC-MOS FET構造

表1 図8に示すMOS FETにおける各パラメータ

Channel layer	μ_p (cm^2/Vs)	μ_n (cm^2/Vs)	V_{th-p} (V)	V_{th-n} (V)	S (V/decade)	On/off
PHT	2.1×10^{-3}	…	-19.5	…	24.0	1.8×10^3
PCBM	…	8.6×10^{-3}	…	43.0	5.5	1.5×10^5
Composite	4.1×10^{-5}	2.7×10^{-4}	-9.5	44.0	…	…
With TCNQ	5.0×10^{-5}	…	14.5	…	28.5	
With TTF	…	1.4×10^{-3}	…	37.0	10.0	1.4×10^2

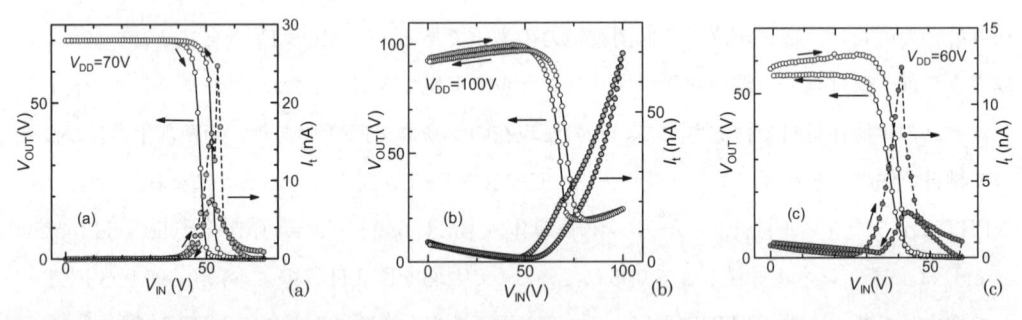

図9 (a) PHTとPCBMをそれぞれp-，n-チャンネルに用いた(図8(b))，(b) PHT/PCBM複合膜(図8(c))，(c) 複合膜をTCNQおよびTTFで修飾した(図8(d)) C-MOS FETの動作特性

示すが，移動度は一桁ほど純粋な材料に較べて低下する．これは，混合膜にすることによってお互いに構造を乱すことが理由である．また，TCNQあるいはTTFで修飾することによって，キャリアの注入が効果的になり，移動度の増加として見られる．C-MOS FETの出力特性は図9

第6章　有機電子デバイスと有機半導体材料

に示すように，高い駆動電圧と入力電圧ではあるが，インバータ回路が実現できることを示している。複合膜では，入力電圧が高い状態では電流が切れずに流れ続ける。これは，p-チャンネルのオフ電流が大きいことが理由である。TCNQとTTFで電極を修飾することによって，スイッチング電流が低下して特性が改善される。

1.5　おわりに

　有機エレクトロニクスの材料，既存デバイスへの応用，新規デバイス，メモリ素子など空前の研究開発ブームになっている。情報機器のユビキタス化，更に，エネルギーや環境問題が切迫した状況にあることから，欧米はもとより，日本を始め極東アジアで極めて活発に研究が行われている。特に，中国での研究者は急増し，圧倒的な研究件数を数えている。質的に疑わしい報告もあるが，質の向上も時間の問題と思われる。ともかく，研究者の人口が増えれば，それだけブレークスルーの可能性が高くなり，また，実用化や商品化が促進される。有機エレクトロニクスが情報生活の革命を起こすことは間違いない。

文　　献

1) 赤木和夫，田中一義編，「白川英樹博士と導電性高分子」, 17 (2001)
2) 金藤敬一，吉野勝美，犬石嘉雄，応用物理, **52**, 971 (1983)
3) 白川英樹，池田朔次，高分子, **28**, 369 (1979)
4) K. Kaneto, M. Maxfield, D.P. Nairns, A.G. MacDiarmid and A.J. Heeger, *J. Chem. Soc., Faraday Trans. 1*, **78**, 3417 (1982)
5) A.F. Diaz, K.K. Kanazawa and G.P. Gardini, *J. Chem. Soc. Chem. Commun.*, 636 (1979)
6) K. Kaneto, S. Takeda and K. Yoshino, *Jpn. J. Appl. Phys.*, **24**, L553 (1985)
7) C.C. Bof Bufon and T. Heizl, *Appl. Phys. Letts.*, **89**, 012104 (2006)
8) A. Tsumura, H. Koezuka and T. Ando, *Appl. Phys. Letts.*, **49**, 1210 (1986)
9) K. Kaneto, W. Y. Lim, W. Takashima, T. Endo and M. Rikukawa, *Jpn. J. Appl. Phys.*, **39**, L872 (2000)
10) S. Nagamatsu, W. Takashima, K. Kaneto, Y. Yoshida, N. Tanigaki and K. Yase, *Applied Physics Letters*, **84**, 4608 (2004)
11) H. Sirrighaus, N. Tessier, R. H. Friend, *Science*, **280**, 1741 (1998)
12) H. Sirrighaus, T. Kawase, R.H. Friend, T. Shimoda, M. Inbasekaran, W. Wu and E.P. Woo, *Science*, **290**, 2123 (2000)
13) K. Kaneto, K. Hatae, S. Nagamatsu, W. Takashima, S. S. Pandey, K. Endo and

M. Rikukawa, *Jpn. J. Appl. Phys.*, **38**, L1188（1999）
14) 藁谷克則，堀田収，公開特許広報，特開平8-191162（1996）
15) A.G. MacDiarmid, L.S. Yang, W.S. Huang and B.D. Humphrey, *Synth. Metals*, **18**, 393（1987）
16) K. Kaneto, M. Kaneko, Y-G. Min and A. G. MacDiarmid, *Synthetic Metals*, **71**, 2211（1995）
17) W. Takashima, B. Dufour, S.S. Pandey, K. Kaneto and A. Pron, *Sensors and Actuators*, **B99**, 601（2004）
18) C-T. Kuo, S-A. Chen, G-W. Hwang and H-H. Kuo, *Synth. Metals*, **93**, 155（1998）
19) Y. Liu, A.G. Erdman and T. Cui, *Sensors and Actuators A*, **136**, 540（2007）
20) E. Lebedev, Th. Dittrich, V. Petrova-Koch, S. Karg and W. Brutting, *Appl. Phys. Letts.*, **71**, 2686（1997）
21) I. Cambell, D.L. Neef and J.P. Ferriais, *Appl. Phys. Letts.*, **74**, 2809（1999）
22) A. Rihani, L. Asssine, J.L. Fave and H. Bouchriha, *Organic Electronics*, **7**, 1（2006）
23) A. Edwards, S. Blumstenge, I. Sokolik, H. Yun, Y. Okamaoto and Dorsinville, *Synth. Metals*, **84**, 639（1997）
24) 大森裕，高分子学会編「電気を操る・電気が操る高分子」，エヌ・ティー・エス，125（2007）
25) 金藤敬一，電子情報通信学会論文誌C，**J84-C**，1050（2001）
26) A.K. Mukherjee, A.K. Thakur, W. Takashima and K. Kaneto, *J. Phys. C. Appl. Phys.*, **40**, 1789（2007）
28) Q. Niu, Y. Xu, J. Jiang, J. Peng, Y. Cao, *J. Luminescence*, **126**, 531（2007）
27) T. Yasuda, Y. Saki, S. Aramaki and T. Yamamoto, *Chem. Mater*, **17**, 6060（2005）
29) W. Takashima, T. Murasaki, S. Nagamatsu, T. Morita and K. Kaneto, *Appl. Phys. Letts.*, **91**, 071905（2007）

2 液晶系

半那純一*

2.1 はじめに

1950年代に始まった有機半導体物質に関する研究は,1970年代になって光伝導性を利用する電子写真感光体の実用化として実を結んだ。1990年になると,有機EL素子として2番目の実用化が行なわれた。これらのデバイスにおいては,一般に,有機半導体のアモルファス凝集体の薄膜が用いられている。複写機やレーザプリンタの感光体と有機EL素子は動作原理は全くの正反対であるが,いずれのデバイスでも有機半導体のアモルファス凝集体が示す一般的な移動度,つまり,$10^{-5}〜10^{-6} cm^2/Vs$程度の移動度をもつ材料であれば,実用的なデバイスに要求される特性を実現することができる。これは,それぞれのデバイス機能を実現するための材料の要求性能から来るもので,実際,これらのデバイスでは材料の高移動度化はデバイスの特性の改善には役立つものの,本質的な要請ではない。

一方,有機EL素子の開発の後を追って実用化が進められている有機トランジスタにおいては,用いる有機半導体材料の特性,つまり,移動度そのものが本質的にデバイス機能の質を決定し,実用性を決定することになる。現在,最も興味がもたれている有機トランジスタの応用は,液晶ディスプレーや種々の電子ペーパーの駆動用アクティブマトリックスに用いるスイッチング素子としての応用である。これを実現するために,少なくとも,現在,広く実用されている水素化アモルファスシリコン(a-Si:H)TFTと同程度の移動度,つまり,$0.5 cm^2/Vs$程度の移動度が期待されている。このため,有機トランジスタには,移動度の小さいアモルファス薄膜を用いるわけにはいかない。

一般に,無機物に限らず分子性の有機物にあっても,材料を構成する分子がランダムに凝集したアモルファス物質に比べて,分子が3次元的に長距離にわたる秩序性をもつ結晶の方が大きな移動度をもつことはいうまでもない。その値は,結晶性無機半導体材料に比べると,極めて小さいもの,単結晶であれば$1〜10 cm^2/Vs$程度の値となる。また,多結晶であれば,移動度を多少犠牲にしたとしても,ある程度の大きな面積の薄膜材料の作製も可能である。こうした理由から,有機トランジスタ用の有機半導体材料には,Pentaceneをはじめとする多結晶有機半導体材料を中心に研究開発が進められている。

有機物の電荷輸送特性は,その物質を構成する分子の凝集形態に強く,依存する。図1に,アモルファス物質と結晶物質の凝集状態のモデル図とその移動度を示した。

---

* Jun-ichi Hanna 東京工業大学 大学院理工学研究科 教授

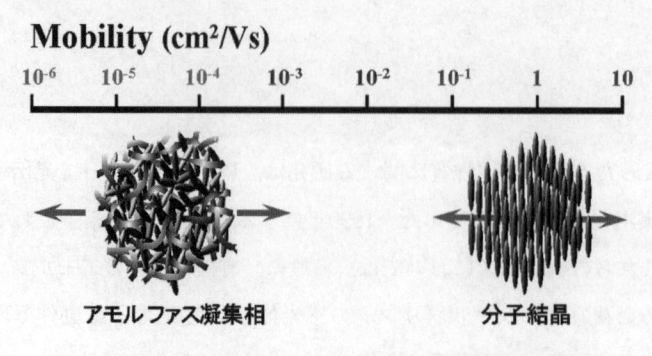

プリンタブル有機エレクトロニクスの最新技術

図1　アモルファス凝集相と分子性結晶の凝集状態と移動度

　アモルファス有機半導体の中には，TPDのように10^{-3}cm^2/Vsを超えるものがあり，最も高いものでは10^{-2}cm^2/Vsもの移動度を示す物質も知られている。しかし，一般には10^{-5}〜10^{-6}cm^2/Vs程度の値に留まる。移動度から見ると，アモルファス物質の示す移動度と，多結晶物質も含めた結晶材料の示す移動度0.1〜10cm^2/Vsの間には，およそ，数桁にわたる空白が存在することになる。1990年代になって，この空白を埋める物質が存在することが明らかとなった[1,2]。それが液晶物質である。液晶物質の凝集形態はちょうどアモルファス物質と結晶物質との中間に位置し，揺らぎをもった分子配向を特徴とする。

　本稿では，有機半導体として，広く認識され始めた液晶物質の基本的な有機半導体としての特質とその代表的な物質，デバイスへの応用例について紹介するとともに，現状の課題について述べる。

2.2　有機半導体としての液晶物質

　液晶物質の電気伝導は，長い間，イオン伝導によるものと考えられてきた。これは，液晶物質といえば，ネマティック液晶のように流動性を示すものという一般的なイメージが，長い間，こうした誤解を与えていたものと思われる。実際，実験的にも確かにイオン伝導を示す多くの例が報告されてきた[3,4]。これは，後述するように，今日の知識からいえば，液晶物質に微量含まれる不純物により誘起される外因的なイオン伝導によるものであることが明らかにされている[5〜7]。

　液晶物質が従来の有機半導体物質と同様に電子伝導を示すことが見出されたのは比較的最近のことで，1990年代になって，円盤状の分子形状をもつTriphenylene誘導体が円柱状に凝集したカラムナー相で10^{-4}cm^2/Vsを超える高速の正孔による電子伝導が見出されたのに続いて[1]，棒状の分子形状をもつ2-phenylbenzothiazole誘導体が層状に凝集したスメクティックA相において同様の高速の電子伝導が見出されたことに端を発する[2]。これにより，液晶物質が有機半導体と

第6章　有機電子デバイスと有機半導体材料

して位置づけが可能であることが認識されるようになり，液晶物質の示す有機半導体としての特質や新しい材料の開発，デバイス応用などに関する基礎的な研究が行なわれるようになった。

液晶物質は液体のような流動性と結晶のような分子配向性を同時に併せもつ物質として知られている。しかし，液晶物質が全て液体のような流動性を示すわけではない。有機半導体材料として興味がもたれる高い移動度を示す液晶物質は，むしろ，日常的な意味で流動性はなく，ほとんど分子性結晶といってもよい物質である。一般には，流動性に富むネマティック液晶が液晶ディスプレーに用いられよく知られているため，「液晶＝液体物質」と誤解されがちである。それが理由で液晶物質はデバイス材料に不適当と考えるのは誤りである。液晶相の固定化が必要な場合は，液晶ガラス物質や高分子液晶物質を利用することもできれば，デバイス構造の工夫によって解決できる問題も多い。後述するように液晶物質の多結晶薄膜を用いることもできる。

本節では，まず，有機デバイス用材料としての観点から，まず，有機半導体としての特性を示す液晶物質の構造的な特徴とその代表的な物質の例について述べ，有機半導体としての液晶物質の特質，つまり伝導の次元性，伝導キャリア，移動度，伝導の機構の点からこれまでの知見をまとめるとともに，物質の純度，構造欠陥が伝導に与える影響について述べる。

2.2.1　液晶物質の構造と種類

液晶性を示す物質は，化学構造から見ると，一般に，芳香環などからなるコア部と呼ばれる剛直な構造に柔軟なアルキル鎖が置換した，異方的な分子構造を特徴とする。よく知られているように，液晶物質の分子構造は一次元的な構造異方性をもつ棒状分子，2次元的な構造異方性をもつ円盤状分子がよく知られている。これらの分子は，その凝集状態の秩序性により，さまざまな液晶相を生成する。最も秩序性の低い凝集相は分子が一軸に配向しているのみで，分子の位置の秩序性がないものをネマティック相（N相）と呼ぶ。さらに，分子位置の秩序性が加わると，円盤状分子の場合はカラム状に，棒状分子の場合は層状に凝集状態を形成するようになる。円盤状の分子がつくるカラム状の凝集相はカラムナー相（Col相）と呼ばれ，棒状分子がつくる層状の凝集相はスメクティック相（Sm相）と呼ばれる。さらに秩序性が増すと，まず，カラム内の分子の秩序性が加わり，さらに，カラム間の配向秩序性によって，多くの凝集相を呈することとなる。スメクティック相の場合は，分子層内の分子位置の秩序性が生じ，さらに，層間においても一定の秩序性が見られるようになる。図2にディスコチック液晶，および，図3に棒状液晶物質の代表的な液晶相を示す。液晶物質においては，同一物質であってもこうした凝集相の分子配向の秩序化に伴い，一般に，移動度は非連続的に向上する。

2.2.2　伝導の次元性

一般に，有機物質における電子，正孔の実体はそれぞれ，陰イオンラジカル，陽イオンラジカルである。その伝導は，それぞれ，分子のLUMO，HOMO準位を介して電荷の移動が起こる。

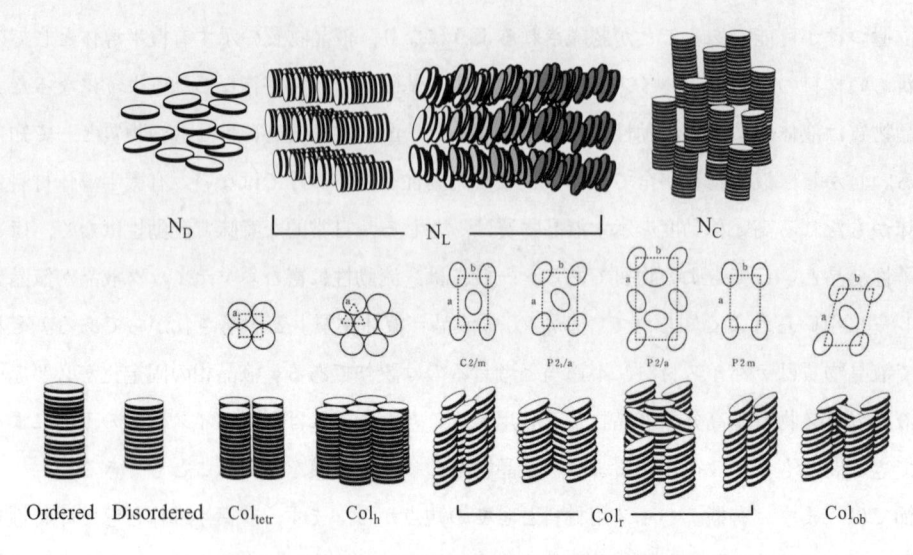

図2　ディスコチック液晶物質の代表的な液晶相

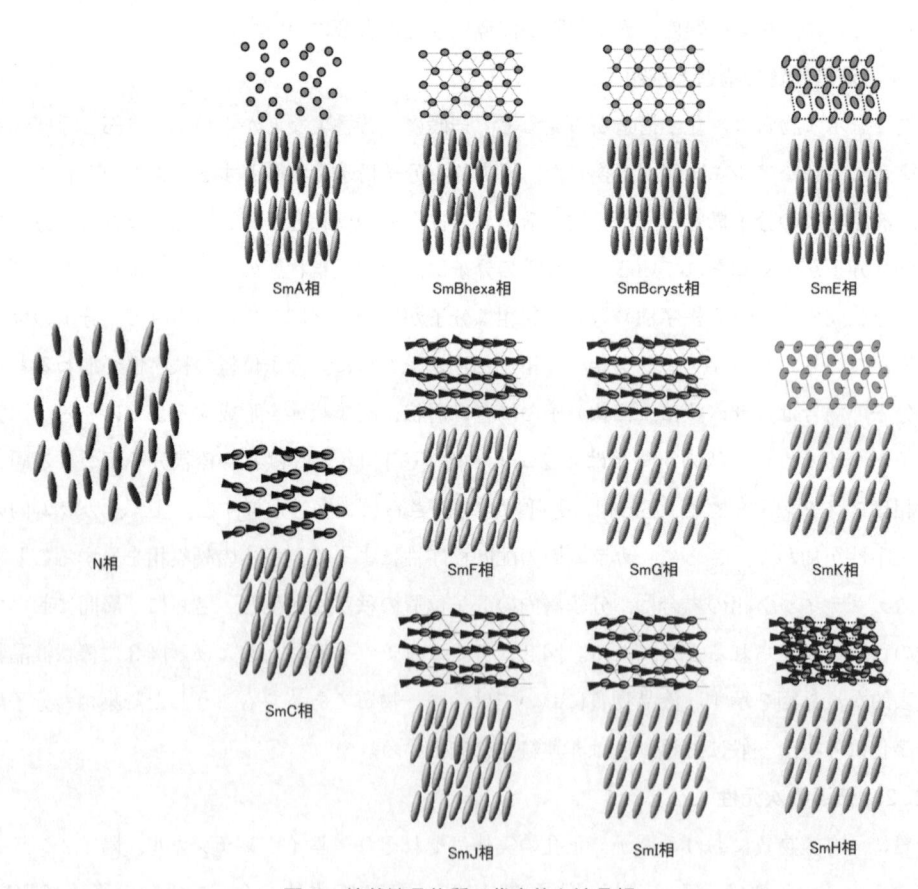

図3　棒状液晶物質の代表的な液晶相

第6章　有機電子デバイスと有機半導体材料

このため，熱的に生成された電荷や電極材料からの電荷の注入や光の照射によって生成した電荷の輸送には，芳香族π–共役系を含むことがポイントとなる。液晶分子には，コア部と呼ばれる芳香族π–電子共役系からなる構造を含むものが多くあり，その場合は，コア部が電荷輸送のサイトとして機能する。つまり，芳香族π–電子共役系をコア部に有する液晶物質は本質的に，電荷を輸送する特性を備えているといえる。

　一般に，液晶分子は長鎖の炭化水素がコア部に連結しているため，その凝集相（液晶相）においては，隣接する分子間の距離はその凝集状態に応じて，大きな異方性をもつことになる。例えば，円盤状分子がつくる円柱（カラム）状の凝集相の場合は，カラム内の分子間距離は3.5Å程度であるが，カラム間の分子間距離は分子長に対応し，一般には20Åを超える。棒状液晶の場合も基本的には同様で，分子が層状に凝集するスメクティック液晶相の場合は，分子層内の分子間距離は液晶相の種類に応じて変わるものの，4～6Å程度で，層間の分子間距離，例えばSmA相の場合は分子長，に比べて大きく異なる。電荷の移動のしやすさは，これに伴って，大きな異方性を示すことになる。このため，アモルファス物質や結晶物質の場合は，基本的に伝導は3次元であるのに対して，液晶物質がつくる凝集相の伝導は凝集状態に応じて次元が変わる。すなわち，円盤状液晶物質のカラムナー相では，カラム間での電荷移動は抑制され，図4に示すように，カラム内の1次元伝導となる。スメクティック相の場合は，分子層間の電荷移動は抑制され，伝導は分子層内の2次元伝導となる。ネマティック相の場合は液晶分子は1軸の配向をもつものの，分子位置の秩序性はなく，液体相やアモルファス相と同様，分子は3次元に分布している。このため，伝導は3次元となる。

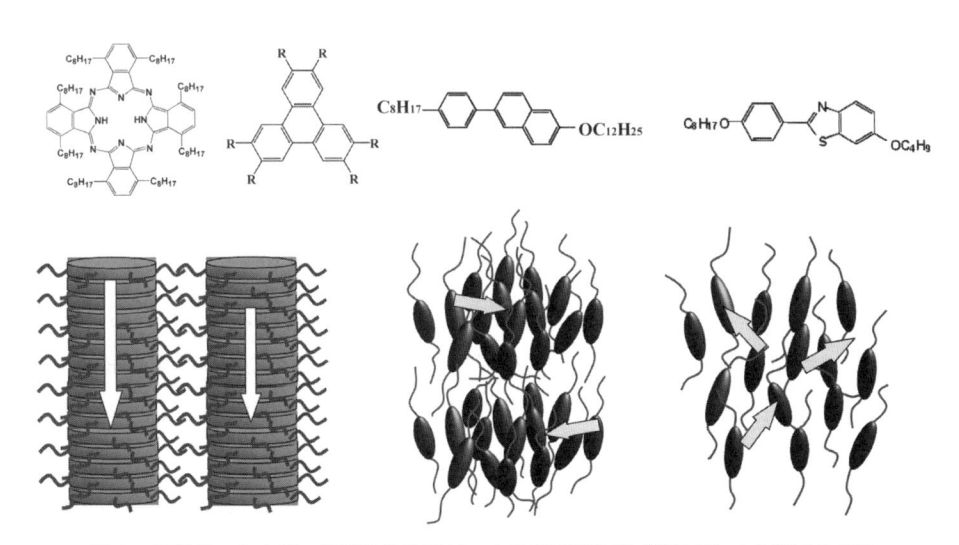

図4　円盤状，および，棒状液晶物質がつくる分子凝集相（液晶相）と伝導の次元性

液晶分子が分子配向することによって形成される液晶相は大きな光学異方性を示す。このため，液晶物質は伝導の異方性のみならず，光学的異方性を利用したオプトエレクトロニクス材料として，偏向発光素子や偏向を検出する光センサなど，光学異方性を活用した種々のデバイスに適用できる。当然のことながら，この問題とうらはらに，液晶物質を用いてデバイスを作製する場合は，この伝導の異方性を考慮して，デバイス構造と電極配置に考慮が必要となる。すなわち，デバイスを駆動する電流の流れる方向を考慮して，分子配向の向きを制御することが必要となる。これは，必ずしもこうした材料の応用を制限するものではなく，むしろ，この異方性を利用して，リーク電流の低減やキャリアの閉じ込めに利用することも可能である。

一般に，有機FETの作製には有機半導体の多結晶薄膜が用いられるが，結晶粒界が電荷輸送を阻害するため，配向を制御して，形成するチャネル方向には粒界の形成を抑制することがポイントとなる。実際のところ，TFTの作製に用いられる有機半導体は，PentaceneやOligothiophene誘導体のように幾何学的な分子形状に異方性をもつ分子が利用される。その理由は，これらの分子ではこの異方性のために配向制御が容易で，TFTの作製に適した欠陥の少ない多結晶膜を得ることができるからである。こうした結晶薄膜においても伝導に異方性が見られるが，炭化水素鎖をもつ液晶物質に比べると伝導の異方性は小さい。

2.2.3 伝導キャリア

有機半導体には，正孔の電荷輸送が起こるp型物質と電子輸送が起こるn型物質とが本来的に存在するかのように誤解されているふしがある。有機半導体の内因的な伝導は，基本的に，電子，正孔の両方の電荷の輸送が可能な両極性である。一般に，有機半導体には，p型の物質が多いとされる理由は，電子の深いトラップ準位となる酸素（O_2）等による汚染が原因である。実際，有機物の単結晶においてはしばしば，両極性の伝導が確認されており，p型と考えられている物質においても，高速の電子の走行が観測される例も少なくない[8]。単結晶物質と同様に，十分に精製した液晶物質の液晶相においては，両極性の伝導が観測され，正孔，電子の移動度も同程度の値を示す[9]。

2.2.4 移動度

液晶物質における移動度には，前述の通り，大きな異方性がある。液晶相における移動度は一般に$10^{-4}cm^2/Vs$より大きく，分子配向の秩序化に伴って非連続的に増大し，高いものでは$0.1cm^2/Vs$を超える。棒状液晶の場合は，分子配向の秩序化に伴う分子間距離の縮小に対応して，移動度は増大する。一方，円盤状液晶の場合は，分子配向の秩序化に伴うカラム内の分子間距離の変化は小さく，移動度の違いは分子間距離の違いでは説明できない。円盤状液晶における移動度の違いは各液晶相における分子配向の乱れの程度によって決定されているものと推測される。

第6章 有機電子デバイスと有機半導体材料

　液晶相の高次の相では，分子間距離は結晶相の分子間距離に近く，結晶相と液晶相の本質的な違いは，分子配向に揺らぎをもつか否かにあると考えることができる。この点に着目すると，移動度に対する分子配向の揺らぎの効果を見積もることができれば，液晶相が示す移動度の上限を予測することができる。

　そこで，後述するように，Disorderモデルに基づいてMonte-Carloシミュレーションにより定式化した液晶相における電荷輸送特性をもとに，液晶物質がつくる状態密度分布のエネルギー分布幅を40〜60meVとして液晶物質における上限の移動度を見積もると，その値は同じ物質の単結晶の10〜20％程度になる。すなわち，絶対値でいえば，0.1〜2 cm^2/Vsの値となる。実際のところ，この値は，これまでに明らかにされた液晶相における最も高い移動度，0.1〜1 cm^2/Vsとよく一致する。また，この値は，有機半導体の多結晶薄膜の示す移動度と同程度の値であることを指摘しておきたい。

2.2.5 伝導のモデル化

　液晶相における分子凝集は，結晶と同様に，分子配向の秩序性をもつものの，その配向には揺らぎがあることから，電荷輸送に関わる局在準位，すなわち，個々の液晶分子のコア部のHOMO，または，LUMO準位はアモルファス物質と同様に揺らぎをもつと考えられる。そこで，基本的にアモルファス物質における伝導と同様に，液晶相における伝導をDisorderモデルを適用し，その局在準位間でのhopping伝導としてモデル化すると液晶物質に見られる特徴的な伝導特性を再現することができる[10]。実際の解析結果をもとに，その状態密度の分布を図示すると，図5のように模式的に書き表される。状態密度の分布幅は，およそ，アモルファス物質の半分程度，すなわち，40〜60meV程度である。円盤状，棒状液晶物質においてしばしば観測される液

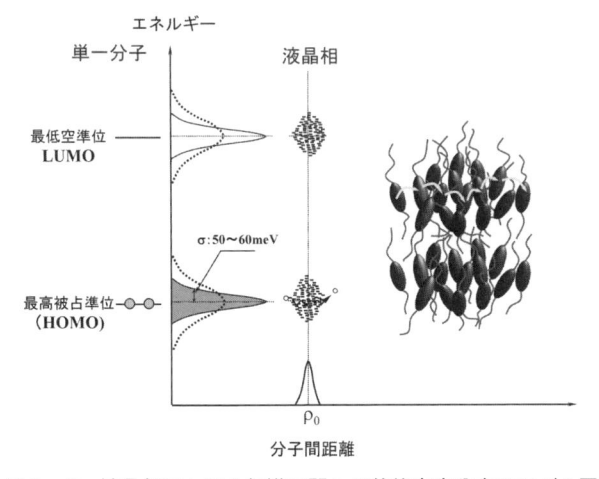

図5　Sm液晶相における伝導に関わる状態密度分布のモデル図

晶相の室温以上の温度領域に特徴的な電場・温度に依存しない電荷輸送特性は，この狭い状態密度の分布幅によって説明できる．定性的にいえば，室温以上の温度領域（$kT>\sim 23meV$）においては，キャリアがもつ熱的エネルギーと状態密度の分布幅がそれほど変わらないため，この温度領域では，電荷輸送を阻害するほどの深い準位を占有するキャリア密度は極めて小さいと考えればよい．

2.2.6 物質の純度

有機トランジスタの材料として注目されているPentaceneやOligothiophene誘導体などの有機半導体材料は，一般にπ-電子共役系からなる縮合した芳香環を構造にもち，一般的な有機溶媒に対する溶解度が小さい物質が多い．このため，こうした物質は合成の際に再結晶などの一般的な有機合成の精製手法が使えない場合がある．一方，液晶物質は，こうした芳香環部位に長鎖の炭化水素を置換した構造をもつため，一般の有機溶媒に対する溶解度が高く，再結晶法などによる精製手法が容易であるという大きなメリットがある．

一方，前述の通り，液晶相における状態密度の分布幅は40～60meVと小さいため，結晶相と同様に不純物には極めて敏感である．Time-of-flight法による過渡光電流測定の測定を利用すると電荷輸送に影響を与える0.1ppm程度の微量不純物も検出可能である[11, 12]．一般に，有機物の微量分析にはHPLCやガスクロマトグラフィー，蛍光発光分析法などの機器分析法が広く用いられているが，有機半導体として問題となるppmオーダーの微量の不純物を検出し，その濃度を定量的に評価する方法は残念ながら確立されていない．しかしながら，液晶物質のN相，SmA相，SmC相などの低次の液晶相においては，電気的に深いトラップとなる不純物が含まれる場合は，ppm程度の微量であっても，イオン伝導を引き起こすため，過渡光電流の測定からそれらを独立に検出し，それらの濃度を見積もることができる．これは，非液晶物質には見られない液晶物質のメリットと考えてよい．ちなみに，材料の高純度化は，デバイスを作製した場合，デバイスの繰り返し特性や長期安定性などのデバイスの信頼性を確保する上で重要となる．

2.2.7 構造欠陥

液晶物質の液晶相は分子配向をもつため，結晶と同じように，分子配向の乱れに起因する構造的な欠陥が含まれる．ポリドメイン構造におけるドメイン界面や高次の液晶相によく観察されるディスクリネーションなどが代表的な例である．結晶物質の場合は，多結晶の結晶粒界やディスロケーションなどの構造欠陥は電気的に活性で，トラップとなりキャリアの輸送を阻害する．しかしながら，液晶相の場合は，これらの欠陥が電気的に活性なサイトとはならず，電荷輸送を阻害しないことが明らかにされている[13～15]．この違いは，結晶物質と液晶物質とを区別する最も顕著な特性の違いで，特に，大面積にわたって均一な材料を作製しようとする場合に重要となる．

第6章 有機電子デバイスと有機半導体材料

液晶相において，こうした構造欠陥が電気的に不活性となる理由については，現在までに実証的に明確な説明を与えることはできていないが，液晶物質のソフトマターとしての特質から，こうした欠陥サイトにおける分子配向の緩やかな変化が局所的なキャリア輸送を可能にしているためと推測される。

2.2.8 電極界面の電気特性

アモルファス物質や結晶物質などの有機固体／電極界面の電気特性は，基本的に，電極材料の仕事関数と有機物の伝導レベルとの違いに基づき，その界面にはSchottky型のエネルギー障壁が形成される場合が多く，基本的に，電極からの電荷注入は電場，温度に強く依存することが知られている。液晶物質については，限られた例ながら，液晶物質／電極界面の電気特性も，基本的にはSchottky型の注入障壁によって支配されていることが明らかにされている[16]。このため，液晶物質を用いてデバイスを作製する場合，アモルファス有機半導体や有機多結晶薄膜をデバイス材料として利用する場合と同様，電極界面のエネルギー障壁を小さくし，できる限りオーミックな特性に近づける工夫が必要となる。

2.3 デバイスへの応用

2.3.1 有機EL素子

液晶物質は大きな移動度を示す高品位な有機半導体として有機EL素子の電荷輸送層や電荷注入層への応用も可能であるが，これについては余り検討が行なわれていない。これはもともとアモルファス材料を用いた素子の特性がかなり高いレベルにあるため，改めて，材料を開発するだけの必要性が意識されないためであろう。一方，分子配向を利用して等方的なアモルファス材料では実現不能な偏向発光素子の実現に向けた検討は数多く行なわれている。これまで，述べたように液晶物質においては高次の液晶相ほど高い移動度を示すものの，有機EL素子への応用においては，むしろ，偏向発光への興味から，スメクティック液晶物質に比べて，低次の分子配向の制御が容易なネマティック液晶について多くの研究が行なわれている。

低分子系では発光層用に，Triphenylene誘導体[17]，pyrene誘導体[18]，peryrenetetracorboxylate誘導体[19]，9,10-Bisphenylanthracene誘導体[20]などが報告されている（図6）。興味深い例として，Triphenylene誘導体をp型材料に，peryrenetetracorboxylate誘導体をn型材料に用いて，真空蒸着法によりITO/Triphenylene誘導体（80nm）/Perylene誘導体（80nm）/Alのセルを構成し，輝度は低いながら全て液晶物質で構成した有機EL素子が報告されている[21]。

配向した液晶物質を利用した偏向発光については，スメクティック液晶相を用いた例として，図7に示す2,5-hexyloxybiphenyl-hexyloxyphenyl-oxadiazole（HOBP-OXD）を発光層に用いてAl/Alq$_3$/HOBP-OXD・CuPc/ITOのセルにおいて[22]，また，polyimide配向膜を用いてモノド

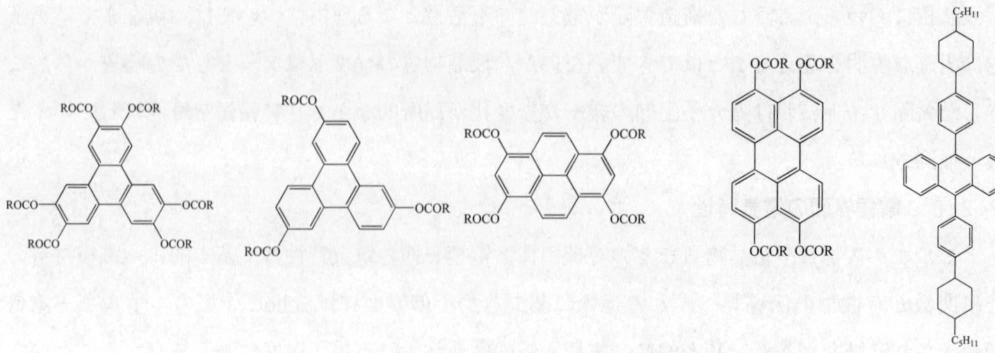

図6　有機EL素子に用いられた液晶物質の例

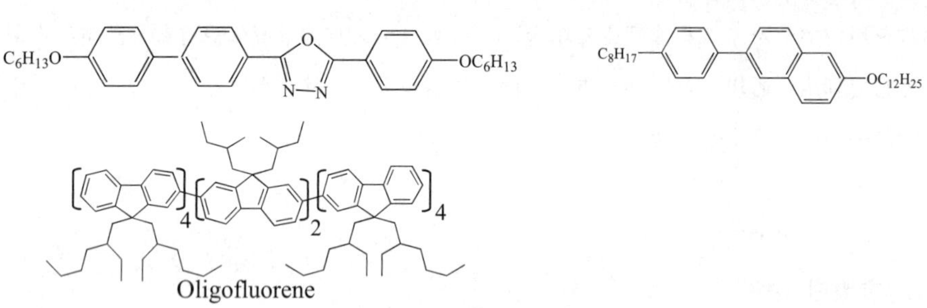

図7　偏向発光を観測した液晶物質の例

　メイン配向させた2-phenylnaphthalene誘導体（8-PNP-O12）を用いてITO/8-PNP-O12/ITOのセルにおいて，偏向発光を観測した例が報告されている[23]。
　より分子配向が容易な低分子のネマティック相を用いた例では，oligofluoreneのネマティックガラス相を用いることにより，18：1の高い異方性比をもつ偏向発光を観測している[24]。
　高分子系では，大別すると，液晶性の主鎖型のπ-共役系高分子系，液晶性メソゲンを置換基として非液晶性主鎖型のπ-共役系高分子に導入した系，液晶性メソゲンを主鎖に含む高分子ネマティック液晶系が検討されている。これらの材料は塗布による薄膜形成が容易な高分子材料の特徴を活かした偏向発光素子への応用が数多く報告されている。液晶性の主鎖型のπ-共役系高分子系の中で最も代表的な例に，図8に示す9,9-dialkylpolyfluorene誘導体がある。この物質は160℃以上の高温ではあるがネマティック相を示しこの液晶相では8×10^{-3} cm^2/Vsと高い移動度を示すことが知られている[25]。このPolyfluorene誘導体を用いた偏光発光EL素子の一例を挙げると，ポリイミドを配向膜に用い，Tristrylamine系低分子正孔輸送材料との組み合わせで，250 cd/m^{2}の発光強度において，25：1の異方性比を得ることに成功している[26]。さらに，光学活性

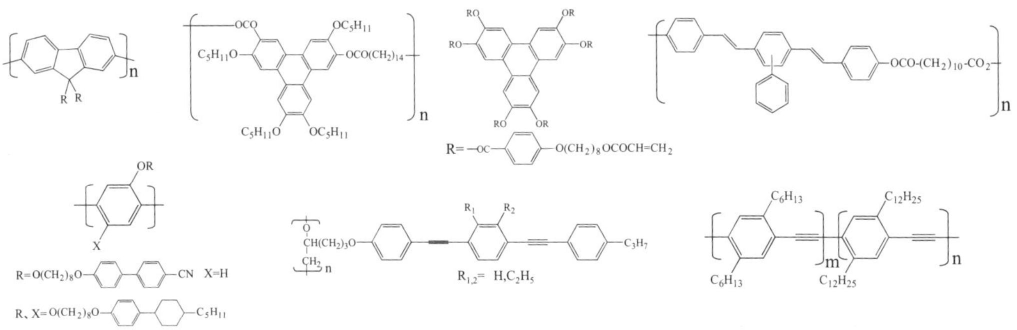

第6章 有機電子デバイスと有機半導体材料

図8 有機EL素子用に開発された液晶性ポリマーの例[27〜34]

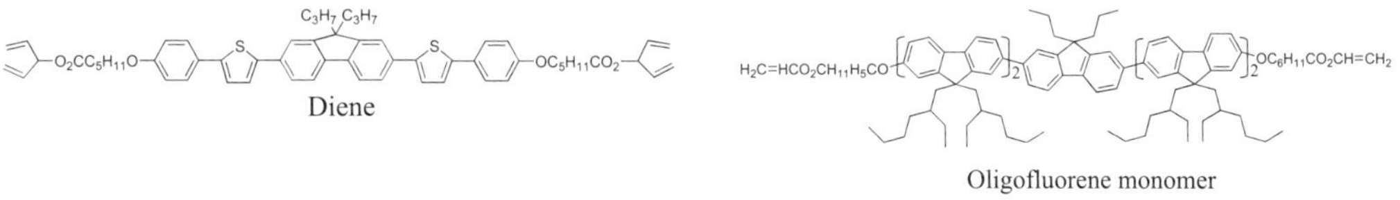

図9 有機EL素子の作製に用いられた光重合性液晶物質の例

なPolyfluorene誘導体を用いることにより，円偏向発光素子の作製も報告されている[27]。液晶性Polyfluorene誘導体を用いた偏向発光EL素子に関する成果については総説に詳しい[28]。

このほかの主鎖型π-共役系高分子の例として図8にいくつか例を挙げておく[29〜34]。

一方，高分子材料を用いる代わりに，化学的に重合可能な反応部位をもつ低分子液晶物質を用いて，配向容易な低分子の状態で液晶分子を配向させた後，重合を行なうことによって素子を作製し，偏光発光を実現した例も報告されている。図9に示す光架橋性Diene構造をもつネマティック液晶物質を用いた例では，光配向膜を利用して配向させた後，紫外光を照射することにより架橋させ，異方性発光比10：1の素子が試作されている[35]。この反応性メソゲンを用いる系では光パターニングが可能なことから，フルカラーの発光素子への応用が期待されている[36]。また，重合性Oligofluoreneを用いた系では，PPVを配向膜に用いて配向させた後，重合し偏光発光比，22：1を得ている[37]。これらの架橋性液晶材料では，光パターニングを利用した簡易な素子作製も大きな魅力である。

2.3.2 薄膜トランジスタ

液晶物質を有機半導体材料として用いてデバイスを作製する場合，液晶相で用いることも，また，非液晶物質の場合と同様にガラス相，あるいは，結晶相で用いることも可能である。液晶相を用いる場合は，移動度の高い高次の液晶相を利用することになるので，低次の液晶相に見られるような流動性はなく，ほとんど，分子結晶に近い取り扱いが可能である。ガラス相について

は，通常のガラス相（アモルファス相）ではなく，液晶分子の配向を保ったままガラス化した液晶ガラス相の利用に興味がもたれる。

液晶物質をFETなどのトランジスタ材料として用いる際には，次のようなメリットがある。

① 液晶物質は芳香族π電子-共役系コア部に長い炭化水素鎖が置換した構造をもち，かつ，幾何構造的に異方性を助長した構造をもつため，真空蒸着などにより薄膜を形成する場合，基板に対して分子長軸が垂直に配向した，一般に広くトランジスタの作製に用いられている垂直配向が容易に形成できる。

② 液晶物質は芳香族π電子-共役系コア部に長い炭化水素鎖が置換した構造をもつため，一般的な有機溶媒に対する溶解度が高く，スピンコーティングなどの湿式プロセスによって薄膜形成が可能である。

③ ②と同じ理由により，再結晶などによる物質の精製が容易で，高純度の物質を得やすい。

④ 液晶相における分子配向は配向膜や表面のモフォロジーを利用することにより制御が可能で，かつ，一般の非液晶物質に比べて，数十μmを超える巨大なドメインを形成することが容易にでき，モノドメインの形成も可能である。以下に，液晶物質をトランジスタへ用いた場合の特徴と具体的な試作例を示す。

(1) **液晶相で駆動するトランジスタ**

有機半導体を用いた電子デバイスでは，光センサなどのブロッキング型の電極を用いたデバイスの場合は別として，トランジスタではオーミック型の電極を用いる必要がある。このため，ドーピングが容易な無機半導体の場合と異なり，電極とのオーミック接触を実現するための液晶物質／電極の界面特性の制御が重要となる。実際のところ，液晶物質／電極界面の電気特性については，前述のように，従来の有機固体／電極界面の電気特性と基本的に変わりがないことから[13]，デバイスの機能に応じて，ブロッキング型，あるいは，オーミック型の電極の形成を行なうことが可能である。例えばオーミックに近い電極を形成しようとすれば，一般の有機半導体と同様に，液晶物質のHOMO，LUMOレベルと電極に用いる材料の仕事関数との整合を取ればよいことになる。

液晶相でトランジスタを作製する場合，前述の液晶物質を用いる特徴に加えて，特に，ドメイン界面が欠陥になりにくいため，特性的に大面積に均一な特性をもつ材料の形成が容易であること，さらに，ドメイン界面の性質から，結晶粒界が問題となる水や酸素などの吸着による特性の劣化などが抑制できる可能性があり，デバイス特性の信頼性の向上が期待される。

一方，液晶特有の問題として，トランジスタへ適用する際，物質の純度が十分でない場合，不純物がイオンとしてチャネル部へ偏析することが考えられ，Vthのシフトや特性のヒステリシスなどを引き起こす可能性が指摘される。これらの問題は現状では，研究例が少ないため実証され

第6章　有機電子デバイスと有機半導体材料

表1　液晶物質の液晶相を活性層に用いたFETの試作例

LC材料	TFT-構造	作製方法	FET移動度 (cm^2/Vs)	On-off比	参照文献
(構造式) Col相	Bottom-gate /Top-contact	Solution (Friction-transfer)	$\mu_h = 10^{-3}$	10^4	38
(構造式) SmB相(モノドメイン)	Top-gate /bottom-contact	Spin-coating + Anneal	$\mu_h = 0.017$ $\mu_e = 0.0012$	10^9	39
(構造式) SmX相	Bottom-gate /Top-contact	Spin-coating + Anneal	$\mu_h = 0.02$	10^5	40
(構造式)	Bottom-gate /bottom-contact	Spin-coating + 光重合	$\mu_h = 2 \times 10^{-4}$	10^6	41
(構造式) N-glass相(モノドメイン)	Top-gate /bottom-contact	Spin-coating + Anneal	$\mu_h = 0.012$	5×10^4 $\mu_\parallel / \mu_\perp = 6$	42
(構造式) N-glass相	Top-gate /bottom-contact	Spin-coating + Anneal	$\mu_h = 0.02$	$\mu_\parallel / \mu_\perp = 10$	43

ているわけではないが，今後，検討が進むものと思われる。この解決はイオン伝導が抑制される高次の液晶相を利用することや用いる液晶物質の高純度化が有効と考えられる。表1に，液晶相で駆動されたFETの試作例を示す。

(2) 結晶相で駆動するトランジスタ

液晶物質は，非液晶物質と同様に結晶化温度以下の温度においては結晶化する。したがって，液晶物質を非液晶物質と同様に，多結晶薄膜としてデバイスに用いることも可能である。非液晶物質では，液体相から冷却した場合，直接，結晶相に転移するのに対し，液晶物質では等方相から液晶相を経由して，結晶相に転移する。いい換えれば，液晶物質では，ランダムな分子配向をもつ液体相から，分子配向をもつ液晶相を経由して，3次元的な分子配向秩序をもつ結晶相へと，逐次的な構造化を経て結晶相へ転移させる際に構造を制御できる可能性が指摘できる。これは，特に，スピンコーティングなどの真空技術によらない薄膜作製技術の実現に有効となる。

一方,液晶相における分子配向を利用することにより,結晶相における粒界の形成方向を制御する方法として利用できる可能性が指摘される[44]。液晶分子は,幾何学的な分子構造の異方性をもつため,凝集相を形成する場合,凝集相の成長速度や界面の形成方向は等方的ではなく,異方性を示す。このことは,結晶成長においても同様と考えられ,結晶相の形成においても,その成長速度や粒界の形成は異方的となると考えられる。図10は,その様子を模式的に示したもので,結晶相では,Sm液晶物質の場合,粒界の形成は分子層に平行な方向に起こりやすく,円盤状液晶の場合は,形成されるカラムに平行な方向に形成されやすいと考えられる。いい換えれば,液晶相を経由して結晶相を形成させる場合,液晶相における分子配向を維持するように結晶化を形成することができれば,形成された伝導チャネルを横切る方向への欠陥の形成を抑制できることになる。

これは,図11に示すように,Terthiophene誘導体による液晶セルを用いた実験から,液晶相の分子配向を維持したまま結晶化させた結晶薄膜では,10μmを超える結晶薄膜においても,

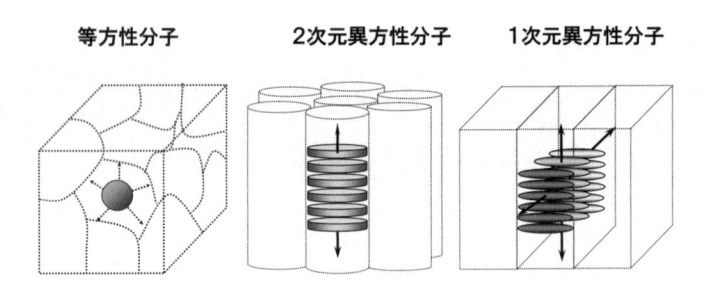

図10 種々の分子形状をもつ分子が形成する凝集相の構造と結晶粒界の形成

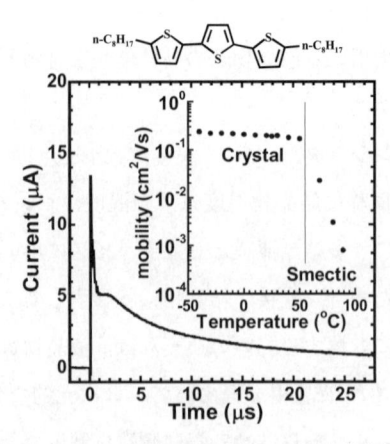

図11 液晶相経由で形成したω,ω'-Dioctylterthiophene多結晶膜(16μm)のTime-of-flight法により測定した過渡光電流波形と移動度の温度依存性

第6章 有機電子デバイスと有機半導体材料

Time-of-flight法において，非分散型の電荷輸送が観測できるほど，伝導チャネルを横切る方向への粒界の形成が抑制されることが明らかにされている。円盤状液晶の一つであるHexahexylthiotriphenylenene（HHTT）を用いた場合にも同様の結果が確認されている。

液晶物質のトランジスタへの応用については，構造的な異方性が大きな分子であるため，真空蒸着による薄膜作製の際の配向制御の容易さについての観点から関心がもたれ，最近では，液晶相での熱アニールによる結晶性の改善が注目されるようになっている。

液晶物質の半導体応用に関する研究は歴史が浅いため，十分な材料開発が行なわれていないの

表2 液晶物質の結晶相を活性層に用いたFETの試作例

LC材料	TFT-構造	作製方法	FET移動度（cm^2/Vs）	On-off比	参照文献
(構造式)	Bottom-gate/Top-contact	Solution-spray	μ_h=0.05	10^4	45
(構造式)	Bottom-gate/Top-contact	Vacuum Dep.	μ_h=0.05	−	46
(構造式)	Bottom-gate/Top-contact	Vacuum Dep.	μ_h=0.14	2×10^3	47
(構造式)	Bottom-gate/Top-contact	Vacuum Dep.	μ_h=0.48	5.5×10^7	48
(構造式)	Bottom-gate/LC-cell	Melt-process	μ_h=0.02	5×10^4	49
(構造式)	Bottom-gate/Top-contact	Drop-cast + Anneal	μ_h=0.015	10^4	50
(構造式)	Bottom-gate/Top-contact	Vacuum Dep.	μ_h=0.02	−	51
(構造式)	Bottom-gate/Top-contact	Vacuum Dep. + Anneal	μ_e=2.1	4.2×10^5	52
(構造式)	Bottom-gate/bottom-contact	Spin-coating. + Anneal	μ_h=0.72	$>10^6$	53
(構造式)	Bottom-gate/Top-contact	Spin-coating.	μ_h=0.1	$\mu_\parallel/\mu_\perp>100$	54

が現状である。これまでに報告された例では，金電極に対してオーミックに近い特性が得やすいThiophene誘導体を中心に検討が行なわれているのが実情である。

表2に，これまでに試作された液晶物質の結晶相で駆動されたFETの代表的な試作例を示す。

TFTの作製に液晶物質を多少の移動度を犠牲にしても液晶相を利用するか，結晶相で用いるかは，結局のところ，デバイスへ応用する際，材料の均一性とデバイス特性についてどちらが信頼性を得られるかという観点から最終的に判断されるであろう。いずれにしても，研究例が少ない現状では評価は難しく，今後の研究結果を待つ必要があろう。

2.3.3 太陽電池

液晶物質は基本的に光導電性を示し，太陽電池への応用が可能である。太陽電池を有機物で実現するためには，有機物の大きな問題であるエキシトンの拡散とその解離によって支配される光キャリア生成効率をどのように向上させるかという有機半導体に本質的な問題の解決を図らなければならない。これは液晶物質に限らず，有機半導体に共通の問題であるため，現状では，この問題を別にして，自己組織的に半導体層を形成できる新しい有機半導体材料として太陽電池への適用が検討されている。

太陽電池への応用では，太陽光の有効な利用と効率のよい光キャリア生成が不可欠であるため，基本的には色素系の材料を用いて，従来のドナー・アクセプター型の相互作用を利用できる材料系が検討されている。液晶物質としては，図12に示すように，一般に，p型の材料と考えられているPorphyrin誘導体[55,56]，phythalocyanine誘導体[57]，Hexabenzocronene誘導体[58]，Peryrene teracarboxylic acid ester誘導体[59]，n型の材料としてはPeryrenediimide誘導体[60]がもっぱら用いられている。この中で，液晶物質の特質をうまく用いた例として，Hexaphenyl-substituted hexabenzocoronene（HBC-PhC12）をp型材料として，Perylenediimide誘導体を40：60の割合で混合した溶液を，基板上に塗布することにより，ITO電極を設けた基板上にHBC-PhC12，Peryrenediimideが積層された素子を作製することができ，490nmの0.7mw/cm^{2}の弱光照射下ではあるが外部量子効率として34%，電力変換効率1.95%の特性を得たことが報告されている[61]。

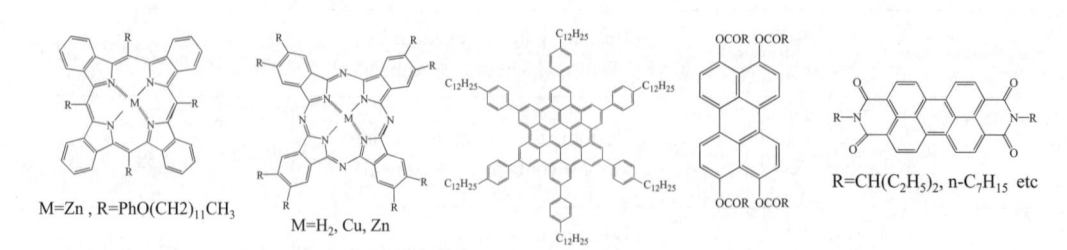

図12 太陽電池の作製に用いられた液晶物質の例

第6章　有機電子デバイスと有機半導体材料

これは，HBC-PhC12とperyrene誘導体の構造的な違いから互いに偏析しやすく，HBC-PhC12がディスコチック液晶で基板に対してカラムが垂直に並びやすいことが，混合溶液の塗布によって自己組織的に積層構造をもつ薄膜が堆積できたものと考えられ，液晶材料の自己組織性をうまく活かしたデバイスプロセスの一例である。

2.4　残された課題

これまで，液晶物質における電荷輸送特性をはじめとする基礎物性については明らかにされてきたが，液晶物質を高品質な有機半導体としてデバイスへの適用を進めていく上では，今後，検討を進めなければならない課題がいくつも残されている。それらの課題を列挙すると以下のようである。

(1)　材料設計指針の獲得

デバイス材料には，基本的に，目的とするデバイス機能を支える物性の高品質化，対環境性を含む材料の安定性，材料の合成・精製のしやすさなどが求められる。物性については高移動度化に加えて，電極材料との電気的整合性，デバイスに応じたエネルギーギャップがポイントとなる。これに加えて，液晶材料の場合は，材料を液晶相で用いるのか，多結晶材料として用いるのかに応じて，材料の相変化特性を考慮しなければならない。高移動度化については，ディスコチック液晶物質におけるグラファイトを極限とするπ-共役系のサイズについての議論を例として，共役したπ-電子系のサイズが大きければよいという単純な考えはあるものの，むしろ，重要なのはプロセス容易性，合成・精製のしやすさの観点から小さなπ-電子系で如何に高移動度を実現するかという問題である。しかしながら，これらの物性について，材料設計に関わる基本的な指針は得られていない。

(2)　精製技術の開発

アモルファス材料と異なり，伝導に関わる状態密度分布の広がりが小さい液晶物質では，結晶物質と同様，不純物の影響が顕在化する。前述の通り，液晶物質においては，電気的に活性な不純物（液晶物質のHOMO，LUMOのギャップ中にHOMO，または，LUMOの準位，あるいは両方の準位をもつような物質）濃度を数ppm以下に押さえなければならない。このため，材料合成と合わせて，材料の普遍的な精製方法の確立が望まれる。

(3)　電極／液晶界面特性の制御の実現

液晶物質は固体材料であるアモルファス，あるいは，結晶物質と同様，電極材料／液晶物質界面は基本的に，電極材料の仕事関数と液晶物質のHOMO，あるいは，LUMO準位の相対的な位置によって支配されることから，従来，こうした材料で行なわれている材料選択によりその制御は実現できる。しかしながら，固体系にはない特徴を活かした，その特性の制御法の確立は液晶

(4) デバイス作製プロセスの開拓

液晶物質には，他の材料にはない流動性と自己組織化という大きな特質がある．したがって，蒸着などの方法によらなくとも，溶液からの塗布や等方相からの注入などにより分子配向をもつ均一な材料の作製が容易にできることになる．こうした，液晶物質の特質を活かしたデバイス作製プロセスの開拓を進める必要がある．

(5) 新デバイスとデバイス構造の開拓

液晶物質は，アモルファス物質の均一に大面積の材料を作製可能であるという特質に加えて，結晶物質がもつ分子配向に由来する優れた物性を併せもつ新しい有機半導体材料として位置づけられる．しかし，液晶物質を用いてデバイスを作製する際，液晶物質でしか実現できないデバイス機能や同一機能であっても，他の材料では実現できない新しいデバイス構造を開拓することが，液晶物質のもつ特質を本質的に活かす応用となることは明らかである．こうした取り組みは身近にデバイスを検討できる材料の開発を含め，検討を行なっていく必要がある．

2.5 おわりに

液晶物質は表示材料として広く世の中に知られているものの，前述のように，有機半導体としての特性を示すことが明らかにされたのは1990年代になってからのことである．一般に，液晶ディスプレーに用いられる液晶物質は分子内に大きなダイポールを与えるように設計された流動体の高いネマティック液晶で，このことが余りによく知られているために，液晶物質というと，全て，液体のような流動性を示し，電場に容易に応答する物質と思われがちである．しかし，これまでの議論から明らかなように，高い移動度を示す有機半導体として有用な液晶物質は，ほとんど分子結晶といってもよいほどの高次の液晶物質であり，日常的な意味での流動性は見られないことを強調しておきたい．

液晶物質の示す有機半導体としての大きな発展を期待する根拠は，既に述べた非液晶物質には見られない優れた特性に加えて，液晶物質に見られる有機半導体としての特性が，一般の機能材料における機能発現と異なり，特定の分子構造や特異な官能基が機能を発現するのではなく，芳香族π-共役系クロモファーが自己組織的に配向することにより発現する液晶物質に普遍的な機能であることである．これは，液晶物質の有機半導体としての材料の多様性が極めて広いことを意味している．TFT応用への期待から液晶物質への関心が高まりつつあるが，現在までのところ，材料開発は極めて限られており，今後，種々の材料の開発が期待される所以である．

一方，デバイス応用の観点から見ても，パターニング，電極の形成，パッシベーションをはじめとする種々のデバイスプロセスに対して，液晶物質の非液晶物質にはない特徴を活かすことも

第 6 章　有機電子デバイスと有機半導体材料

期待される．むしろ，こうしたプロセスに対して，液晶物質の特質をどこまで活用しうるかということが液晶物質を用いたデバイス作製技術のポイントとなるであろう．

　液晶物質は非液晶物質にはない特徴をもつ新しい有機半導体材料として，高いポテンシャルをもつ物質である．今後の研究の積み上げにより，その実用的な応用の道が開かれることが期待できる．

文　　献

1) D. Adam, F. Closs, T. Frey, D. Funhoff, D. Haarer, J. Ringsdorf, P. Schuhmacher and K. Siemensmeyer, *Phys. Rev. Lett.*, **70**, 457 (1993)
2) M. Funahashi and J. Hanna, *Phys. Rev. Lett.*, **78**, 2184 (1997)
3) G. H. Heilmeir and P. M. Heyman, "Note on Transient Current Measurement in Liquid Crystals and Related Systems", *Phys. Rev. Lett.*, **18**, 583-585 (1967)
4) G. Drefel and A. Lipnski, "Charge Carrier Mobility Measurements in Nematic Liquid Crystal", *Mol. Cryst. Liq. Cryst.*, **55**, 89-100 (1979)
5) M. Funahashi and J. Hanna, *Chem. Phys. Lett.*, **397**, 319 (2004)
6) H. Ahn, A. Ohno and J. Hanna, "Detection of Trace Amount of Impurity in Smectic Liquid Crystals", *Jpn. J. Appl. Phys.*, **44**, 3764-3768 (2005)
7) H. Ahn, A.Ohno and J. Hanna, *J.Appl. Phys.*, **102**, 093718-1-093718-6 (2007)
8) L. B. Shein, *Phys.Rev. B*, **15**, 1024 (1977)
9) H. Iino and J. Hanna, *Opto-electronics Rev.*, **13**, 269-279 (2005)
10) A. Ohno and J. Hanna, *Appl. Phys. Lett.*, **82**, 751 (2003)
11) H. Ahn, A. Ohno and J. Hanna, *Jpn. J. Appl. Phys.*, **44**, 3764 (2005)
12) H. Ahn, A. Ohno and J. Hanna, *J. Appl. Phys.*, **44**, 3764 (2007)
13) H. Maeda, M. Funahashi and J. Hanna, *Mol. Cryst. Liq. Cryst.*, **346**, 193 (2000)
14) H. Maeda. M. Funahashi and J. Hanna, *Mol. Cryst. Liq. Cryst.*, **366**, 369 (2001)
15) H. Zhang and J. Hanna, *Appl. Phys. Lett.*, **85**, 5251 (2004)
16) T. Toda, J. Hanna and T. Tani, *J. Appl. Phys.*, **101**, 024505-024511 (2007)
17) T. Christ, V. Stümpflen, J. H. Wendorff, *Macromol. Rapid Commun.*, **18**, 93-98 (1997)
18) J. H. Wendorff, T. Christ, B. Glüsen, A. Greiner, A. Kettner, R. Sander, V. Stümpflen, V. V. Tsukruk, *Adv. Mat.*, **9**, 48-52 (1997)
19) T. Hassheider, S. A. Benning, H-S. Kitzerow, M-F. Achard and H. Bock, *Angw. Chem., Int., Ed.*, **40**, 2060-2063 (2001)
20) Z. Zhang, H. Tang, H. Wang, X. Liang, J. Liu, Y. Qiu, G. Shi, *Thin Solid Films*, **515**, 3893-3897 (2007)
21) I. Seguya, P. Destruel, H. Bock, *Synth. Met.*, **111**, 15-18 (2000)

22) H. Tokuhisa, M. Era and T. Tsutsui, *Appl. Phys. Lett.*, **72**, 2639 (1998)
23) K. Kogo, T. Gouda, M. Funahashi and J. Hanna, *Appl. Phys. Lett.*, **73**, 1595 (1998)
24) Y. H. Geng, S. W. Culligan, A. Trajkovska, J. U. Wallace, S. H. Chen, *Chem. Mat.*, **15**, 542 (2003)
25) M. Redecker and D. D. C. Bradley, M. Inbasekaran and E. P. Woo, *Appl. Phys. Lett.*, **73**, 1564-1567 (1998)
26) K. Whitehead, M. Grell, D. D. C. Bradley, *Appl. Phys. Lett.*, **76**, 2946 (2000)
27) M. Oda, H-G. Nothfer, G. Lieser, G. Scherf, S. C. J. Meskers and D. Neher, *Adv. Mat.*, **12**, 362-365 (2000)
28) D. Neher, *Macromol. Rapid Comm.*, **22**, 1365-1385 (2001)
29) T. Christ, S. Stumpfen, J. H. Wendorff, *Macromol. Rapid Commun.*, **18**, 92-98 (1997)
30) M. Inoue, H. Monobe, M. Ukon, V. F. PeTrov, A. Kumano and Y. Shimizu, *Opto-electronic Rev.*, **13**, 303-308 (2005)
31) K.-U. W. Claiswitz, F. Geffarth, A. Greiner, G. Lussem, J. H. Wendorff, *Synth. Met.*, **111-112**, 169-171 (2000)
32) J. H. Park, C. H. Lee, K. Akagi, H. Shirakawa and Y. W. Park, *Synth. Met.*, **119**, 633-664 (2001)
33) S-W. Chang and C-S. Hsu, *J. Polymer. Res.*, **9**, 1-9 (2002)
34) T. Miteva, A. Meisel, M. Grell, H. G. Nothofer, D. Lupo, A. Yasuda, W. Knoll, L. Kloppenburg, U. H. Bunz, U. Scherfer and D. Neher, *Synth. Met.*, **111-112**, 173-176 (2000)
35) A. E. Contret, S. R. Farar, P. O. Jackson, S.M. Kahn, M. M. O'Neil, J. E. Nicholls, S. M. Kelly and G. I. Richards, *Adv. Mat.*, **12**, 971-974 (2000)
36) M. P. Adred, A. E. Contret, S. R. Farar, S. M. Kelly, M. M. O'Neil, W. C. Tsoi and P. Vlancos, *Adv. Mat.*, **17**, 1368-1372 (2006)
37) M. Jandke, D. Hanft, P. Strohriegl, K. Whitehead, M. Grell, D. D. C. Bradley, *Proc. SPIE*, **4105**, 338 (2003)
38) H. Sirringhaus, R. J. Wilson and R. Friend, M. Inabasekaran, W. Wu and E. P. Woo, M. Greil and D. D. C. Bradley, *Appl. Phys. Lett.*, **77**, 406-408 (2000)
39) A. J. J. M. van Breemen, P. T. Herwig, C. H. T. Chlon, J. Sweelssen, H. F. M. Schoo, S. Setayesh, W. M. Hardeman, C. A. Martin, D. M. de Leeuw, J. J. P. Valeton, C. W. M. Bastiaansen, D. J. Broer, A. R. Popa-Merticaru and S. C. J. Meskers, *J. Amer. Chem. Soc.*, **128**, 2336 (2006)
40) M. Funahashi, F. Zhang and N. Tamaoki, *Adv. Mat.*, **19**, 353 (2007)
41) H. Meng, F. Sun, M. B. Goldfinger, G. D. J. Z. Li, W. J. Marshall and G. S. Blackman, *J. Amer. Chem. Soc.*, **127**, 2406 (2005)
42) T. Yasuda, K. Fujita, T. Tsutsui, Y. Geng, S. W. Cullingan and S. H. Chen, *Chem. Mat.*, **17**, 264-268 (2005)
43) H. Sirringhaus, R. J. Wilson and R. Friend, M. Inabasekaran, W. Wu and E. P. Woo, M. Greil and D. D. C. Bradley, *Appl. Phys. Lett.*, **77**, 406-408 (2000)
44) H. Iino and J. Hanna, *J. J. Appl. Phys.*, **45**, L867 (2006)

45) W. Pisula, A. Menon, M. Stepputat, I. Lieberwirth, U. Kolb, A. Tranz, H. Sirringhaus, T. Pakula and K. Mullen, *Adv. Mat.*, **17**, 684-689 (2005)
46) F. Gamier, A. Yassar, R. Hajlaoui, G. Horowitz, F. Deloffre, B. Serve, S. Ries and P. Alnott, *J. Am. Chem. Soc.*, **115**, 8716-8721 (1993)
47) K. Oikawa, H. Monobe, K. Nakayama, T. Kimoto, K. Tsuchiya, J. Takahashi, B. Heinrich, D. Guillon, Y. Shimizu and M. Yokoyama, *Adv. Mat.*, **19**, 1864-1868 (2007)
48) H. Meng, F. Sun, M. B. Goldfinger, G. D. J. Z. Li, W. J. Marshall and G. S. Blackman, *J. Amer. Chem. Soc.*, **127**, 2406 (2005)
49) J. C. Maunoury, J. R. Howse and M. L. Turner, *Adv. Mat.*, **19**, 805-809 (2007)
50) M. Ashizawa, R. Kato, Y. Takanishi and H. Takezoe, *Chem. Lett.*, **36**, 708-709 (2007)
51) M. Katsuhara, I. Aoyagi, H. Nakajima, T. Mori, T. Kambayashi, M. Ofuji, Y. Takanishi, K. Ishikawa, H. Takezoe and H. Hosono, *Synth. Met.*, **149**, 219-223 (2005)
52) S. Tatemichi, M. Ichikawa, T. Koyama and Y. Taniguchi, *Appl. Phys. Lett.*, **89**, 112108-1 (2006)
53) I. Mcculloch, M. Heeney, C. Bailey, K. Genevicius, I. Macdonald, M. Shkunov, D. Sparrowe, S. Tierney, R. Wagner, W. Zhang, M. L. Chabinyc, R. J. Kline, M. D. Mcgehee and M. F. Toney, *Nature materials*, **5**, 328 (2006)
54) H. Sirringhaus, P. J. Brown, R. H. Friend, M. M. Nielsen, K. Bechgaard, B. M. W. Langeveld-Voss, A. J. H. Spiering, R. A. J. Janssen, E. W. Meijer, P. Herwig and D. M. de Leeuw, *Nature*, **401**, 685-688 (1999)
55) D. Wrobel, J. Goc, R. M. Ion, *J. Mol. Streuc.*, **490**, 239-246 (1998)
56) J. Wienke, T. J. Schaafsma and A. Goossens, *J. Phys. Chem. B*, **103**, 2702-2708 (1999)
57) I. A. Levitsky, W. B. Euler, N. Tranova, B. Xu and J. Castracane, *Appl. Phys. Lett.*, 6245-6247 (2004)
58) K. Petritsch, R. H. Friend, A. Lux, G. Rozenberg, S. C. Moratti and A. B. Holmes, *Synth. Met.*, **102**, 1776-1777 (1999)
59) L. Schmidt-Mende, A. FechtenKotter, K. Mullen, E. Moons, R. H. Friend and J. D. Mackenzie, *Science*, **259**, 1119-1122 (2001)
60) J. Y. Kim and A. J. Bard, *Chem. Phys., Lett.*, **383**, 11-15 (2004)
61) A. M. van de Craats, J. M. Warman, *Adv. Mater.*, **13**, 130-133 (2001)

3 低分子系

瀧宮和男[*1]，宮碕栄吾[*2]

3.1 はじめに

従来，有機トランジスタの研究・開発において，蒸着プロセスにより低分子材料を製膜した素子は高移動度（例：ペンタセン）であり，一方，塗布プロセスで高分子材料を用いた素子では移動度が劣る（例：ポリ3-ヘキシルチオフェン），と一般に認識されてきたと思われる。しかし，最近，ゼロックス[1]やメルク[2]などから発表されたポリチオフェン系の高分子材料（図1）は，大気中での安定性が改善されたことのみならず，移動度も0.1cm^2/Vsを超えることが報告されており，高分子・塗布材料に対する認識を改めさせた。

一方，可溶性の低分子化合物を用い，塗布により作製した有機FETも，近年，盛んに研究されている。本稿では，著者らが最近行っている研究を含め，溶解性低分子有機半導体材料の最近の開発状況を概観する。

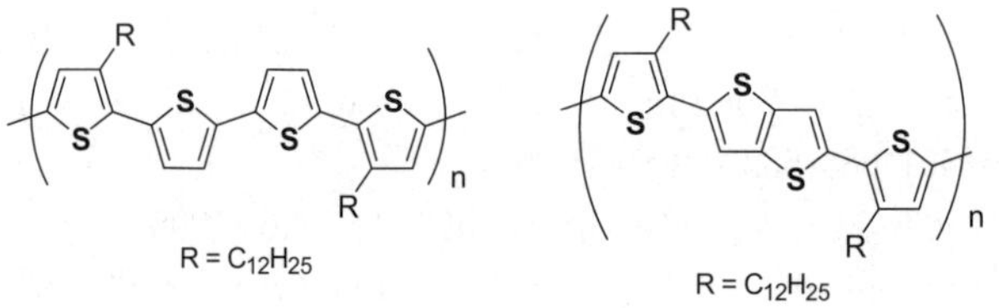

図1　最近報告された高性能高分子材料の構造

3.2　p型材料

p型の低分子可溶性材料は，①ペンタセン前駆体，②可溶性チオフェンオリゴマー類，③可溶性アセン類，④高溶解性TTF誘導体，などに大別できる。ペンタセンを高沸点溶媒に溶解し塗布により作製した高性能有機トランジスタの報告があるが，本稿では扱わないので他書を参照されたい[3]。以下，各材料系について，特徴，性能などを含め，開発状況を述べる。

3.2.1　ペンタセン前駆体

1998年にMüllenらにより最初の"ペンタセン前駆体"を用い溶液プロセスにより作製された有機トランジスタが報告された[4]。ペンタセン中央のベンゼン環の反応性が高いことを利用し，[4＋2]の環化付加反応（Diels-Alder反応）を用い非平面の付加体（ペンタセン前駆体，**1**）

---

*1 Kazuo Takimiya　広島大学　大学院工学研究科　物質化学システム専攻　教授
*2 Eigo Miyazaki　広島大学　大学院工学研究科　物質化学システム専攻　助教

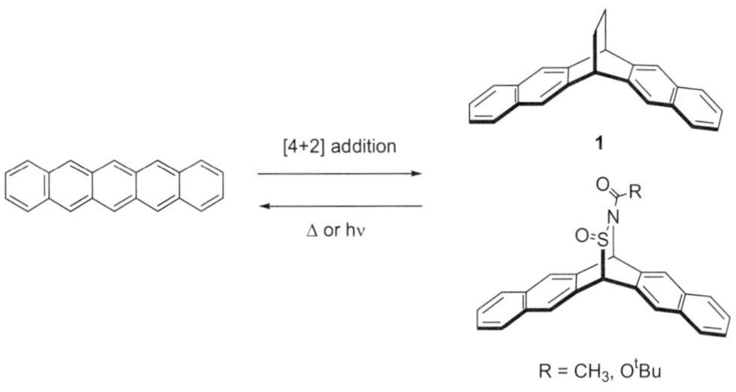

第 6 章　有機電子デバイスと有機半導体材料

図2　ペンタセン前駆体

とし，これを溶液プロセスにより製膜後，逆 Diels–Alder 反応によりペンタセンを再生する，というものである（図2）。この方法では，製膜後，熱処理が必要であるが，蒸着材料として広く研究されており素性の知れたペンタセンを用いることができるメリットに加え，最終的に得られるデバイス特性も蒸着ペンタセンと比較して著しく劣るものではない。その後，付加反応と脱離反応の条件を温和にするため，新たな誘導体（**2**）も報告されており[5,6]，さらに，最近ではペンタセン前駆体を用い塗布プロセスにより作製したフレキシブルなアクティブ・マトリックスディスプレイ（64×64ピクセル）も発表されている[7]。

3.2.2　可溶性チオフェン系オリゴマー

チオフェン6量体（6T）は90年代における有機FETの研究で多用された蒸着材料であり，$0.1cm^2/Vs$ 程度の高い移動度が報告されている。チオフェン環のα位は反応性が高く置換基の導入が容易であるため，この位置に種々の置換基を導入した誘導体が合成され，蒸着による製膜で評価が行われている（図3）。これらの修飾オリゴチオフェンの多くは，加熱することで比較的良好な溶解性を持ち，溶液プロセスにより製膜が可能となる。例えば，α,ω位にヘキシル基を有するチオフェン六量体（**3**）[8]や五量体[9]のキャスト膜を用いたFETが報告されている。しかし，この方法で作製したトランジスタの特性は必ずしも高くなく，同じ材料を用いて蒸着により作製したトランジスタよりも特性が劣ることが少なくない。

Fréchetらは，チオフェン六量体のα,ω位の置換基を分岐したエステルとすることで，溶解性の改善された誘導体（**4**）を合成している。この材料の特徴は，溶液プロセスで薄膜化後，加熱によりエステル部位を脱離させることができ，立体障害の小さいオリゴマーに変換できることである[10]。また，溶解性を改善する手法として，二分子のジヘキシル置換チオフェン五量体をβ位で結合した化合物（**5**）も開発された[11]。

一方，チオフェンオリゴマーは鎖長の伸長に伴い酸化電位が低下し，大気中での安定性を減じ

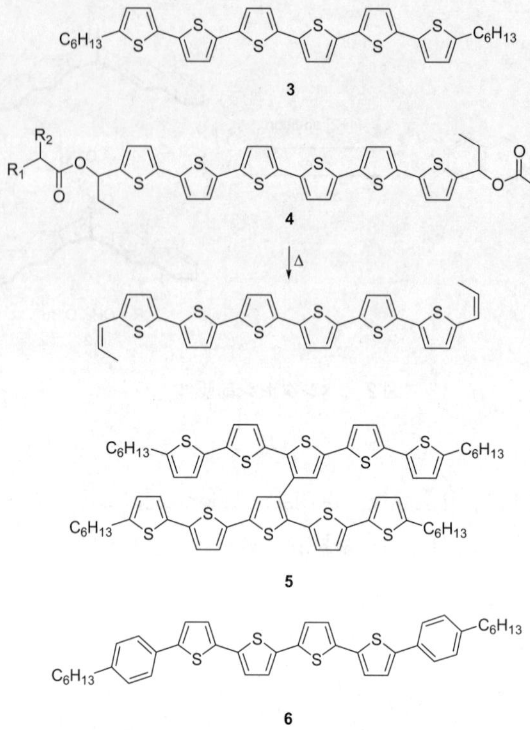

図3 チオフェン系オリゴマー材料

るという欠点があるが，これを補う目的でチオフェン-フェニレン-コオリゴマー（**6**）が提案されている。報告された化合物は良好な溶解性を持ち，安定性も改善されているものの，FET素子の特性はチオフェンオリゴマーと同程度であった[12]。

3.2.3 可溶性アセン類

1998年にKatzらにより合成されたアントラジチオフェン（**7**，ADT）はペンタセンの両端のベンゼン環をチオフェン環に置換した化合物であり，蒸着薄膜を用いたトランジスタで$0.1cm^2/Vs$程度の移動度が報告されている（図4）。同じ報文の中にチオフェン環α位に（即ち，分子長軸方向に）アルキル基を導入した誘導体も述べられており，これらも母体同様，蒸着により作製されたトランジスタの特性が評価されている。さらに，加熱したクロロベンゼン溶液からキャストによっても製膜でき蒸着膜と同様の性能（移動度：$0.02cm^2/Vs$）を示すことも報告されている[13]。

一方，Anthonyらは，ペンタセンなど高次オリゴアセン類の内部のベンゼン環にアセチレン残基を置換することで，すなわち分子短軸方向に立体障害の大きな置換基を導入することで，化合物自体の安定性と溶解性の向上を達成し[14]，さらに，キャストにより作製したトランジスタが高

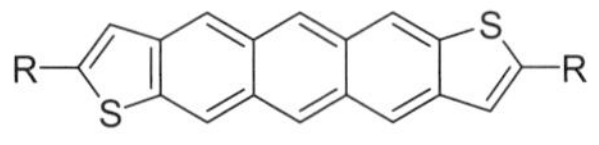

第6章　有機電子デバイスと有機半導体材料

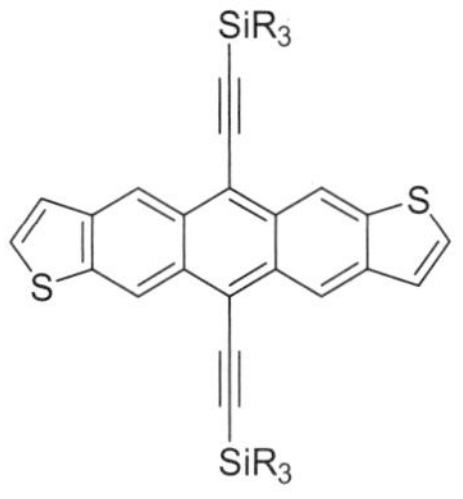

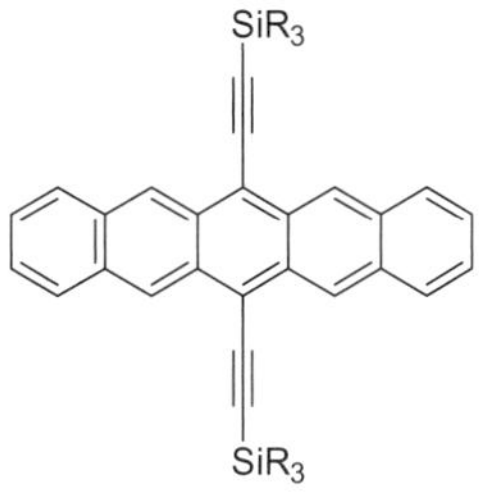

図4　可溶性アセン誘導体

い移動度を示すことを報告した[15]。中でもトリ（イソプロピル）シリル基を持つADT（**9**）誘導体を用いたトランジスタで，移動度が$1\,\text{cm}^2/\text{Vs}$を超えており，これは溶液プロセスにより作製したトランジスタで最も高い移動度である[16〜18]。これらの材料の大きな特徴の一つは，分子配列（結晶構造）にあると考えられる。一般にオリゴアセン類は固体中ではヘリンボーン様式で配列しているのに対し，分子短軸方向に嵩高い置換基を持つアセン誘導体は，分子間の部分的なπスタックに基づく分子配列をとる。高移動度を発現しうる材料では，分子間の部分的なπスタックを二次元的に広げたような相互作用ネットワークを薄膜中で形成しているものと考えられる。

3.2.4　高溶解性TTF誘導体

　テトラチアフルバレン（TTF）誘導体は，有機伝導体・超伝導体の探索における基本的骨格であり，小さいπ系分子ながら分子周縁に4個の硫黄原子を持つため，固体状態において強い自己凝集能を持つことに特徴がある[19]。有機FET材料としても幾つかの研究があり[20]，例えば，RoviraらはジチエノTTF（DT-TTF）の溶液キャストにより作製した単結晶トランジスタが$1.4\,\text{cm}^2/\text{Vs}$の極めて高い移動度を持つことを報告している[21]。TTFの誘導体化には既に多くの研究があり，可溶性TTF誘導体の合成も比較的容易である。中でも，TTFに4個のチオアルキル基を導入した化合物の溶解性は高く，最近，テトラキス（オクタデシルチオ）誘導体（**10**）をゾーンキャスティング法により製膜することで，$10^{-2}\,\text{cm}^2/\text{Vs}$台の移動度を示すことが報告されている[22]。また，TTFの縮合二量化によりπ電子系を拡張し，さらに可溶性置換基を導入した化合物（**11**）も合成されており，これらの幾つかのものは，溶液プロセスにより比較的良好な移

プリンタブル有機エレクトロニクスの最新技術

動度（10^{-2}cm^2/Vsオーダー）を示すことが報告されている（図5）[23]。

一方，ピロール縮環TTF（**12**，Py-TTF）誘導体は，2000年Becherらにより合成法が確立されたTTF誘導体であり[24]，単結晶および蒸着薄膜FETにおいて高い電界効果移動度を示したDT-TTFと類似の構造を持つ。我々はPy-TTFの窒素原子上へのアルキル基の導入が容易であり，DT-TTFと等電子構造を維持したまま高い溶解性を付与できると考え，既知のPy-TTF誘導体**12**〜**14**および新規Py-TTF誘導体**15**〜**18**を合成した（スキーム1）。このうち，溶解性の乏しいメチル誘導体**13**は蒸着法で，高溶解性の**14**〜**18**は溶液からのスピンコート法により薄膜を形成し，トップコンタクト型のFET素子とした。**13**，**14**の素子では移動度は10^{-5}cm^{2}V^{-1}s^{-1}程度と低く，**15**においてはFET特性を示さなかった。一方，アルキル鎖を伸長した化合物**16**，**17**，**18**の素子では，典型的なp型FET応答が見られ，特に**17**，**18**において最高で移動度が1.3×10^{-2} cm^2/Vs，オンオフ比が10^4のFET素子が得られた（図6，表1）。

FET素子において比較的高い電界効果移動度を示した**16**〜**18**のスピンコート膜は，XRDにより良好な結晶性を持つことが明らかとなっている。その層間距離はアルキル鎖長に依存しており，長鎖アルキル置換Py-TTF誘導体が高溶解性でかつ結晶性薄膜を与える材料であることを示している[25]。

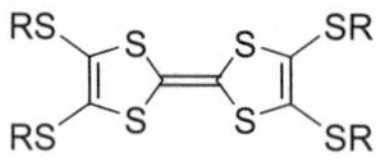

10: R = n-C$_{18}$H$_{37}$

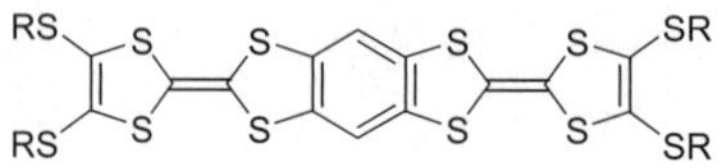

11
R = n-C$_4$H$_9$, n-C$_6$H$_{13}$, n-C$_8$H$_{17}$

図5　可溶性TTF誘導体

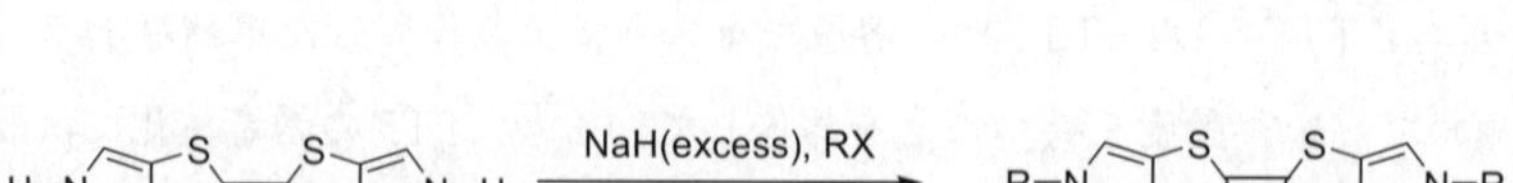

12 ── NaH(excess), RX / DMF, 0°C, 1.5h ──

13: R = CH$_3$ 　**16**: R = C$_{12}$H$_{25}$
14: R = C$_4$H$_9$ 　**17**: R = C$_{16}$H$_{33}$
15: R = C$_8$H$_{17}$ 　**18**: R = C$_{20}$H$_{41}$

スキーム1　Py-TTF誘導体の合成

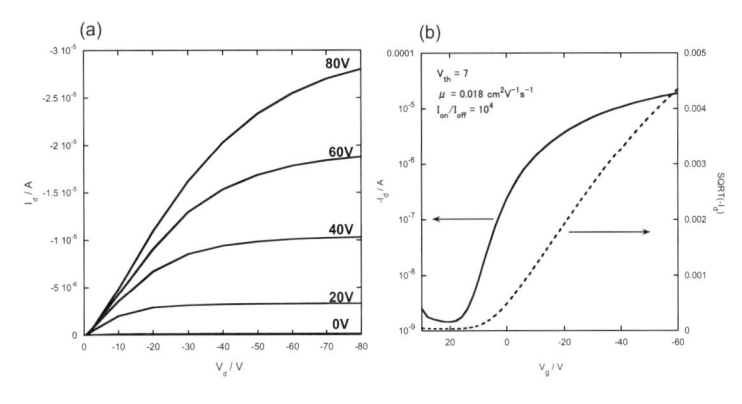

第6章　有機電子デバイスと有機半導体材料

図6　セチル誘導体17のFET特性
(a) I_d-V_d特性，(b) $V_d = -60$VにおけるV_g-I_d特性。

表1　Py-TTF誘導体の電界効果移動度

	R	$\mu_{FET}/\mathrm{cm}^2/\mathrm{Vs}$	I_{on}/I_{off}
13	CH_3	5.1×10^{-5}	10
14	n-butyl	1.7×10^{-5}	10
15	n-octyl	No FET	
16	n-dodecyl	6.8×10^{-3}	2×10^2
17	n-cetyl	1.3×10^{-2}	10^4
18	n-icosyl	1.3×10^{-2}	10^4

3.3　n型材料

　p型と比較してn型の有機トランジスタは性能が劣るだけでなく，大気中での安定性が低いことも問題となるため，対大気安定性に優れ，かつ高性能な材料の開発が強く要望されている[26]。中でも可溶性のn型材料は，最も開発が遅れている分野であり，「溶液プロセス可能で高性能，大気中で安定駆動」できる材料が見出されれば，有機トランジスタ分野において，大きなブレークスルーになる可能性がある。これまでに，①C60誘導体，②ナフタレンまたはペリレンビス（ジカルボキシイミド）誘導体，③電子吸引基で修飾されたチオフェン誘導体，④チエノキノイド誘導体，など，限られた化合物系で塗布により製膜された薄膜トランジスタが報告されている。

3.3.1　C60誘導体

　C60は代表的なn型有機半導体材料であり，蒸着薄膜を用いた有機FETにおいて高い移動度を

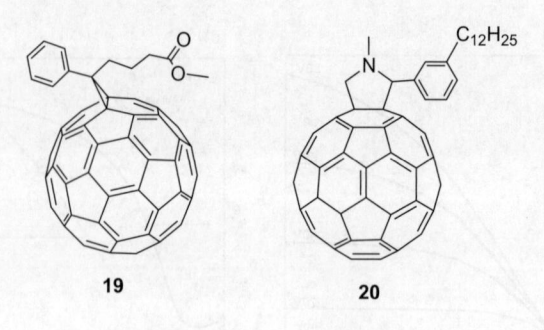

プリンタブル有機エレクトロニクスの最新技術

図7 フラーレン誘導体

示すことが知られている[27]。化学修飾によりC60に溶解性を付与し，溶液プロセスによりn型有機トランジスタを開発する試みが行われており（図7），中でも材料が市販されている [6,6]-フェニル C61-ブタン酸メチルエステル（**19**, PCBM）は多くの研究がある。この中には，n型FET特性の報告のみならず[28]，可溶性p型半導体との混合による両性トランジスタ挙動とCMOSの作製[29]，PCBM単一の薄膜による両性トランジスタ[30]など興味深い結果も少なくない。多くの論文によれば，そのn型トランジスタとしての移動度は〜10^{-2}cm^2/Vsと必ずしも高くないが，最近，ゲート絶縁膜を最適化することで移動度を0.2cm^2/Vs程度まで改善できることが報告されている[31]。

一方，近松らは，長鎖アルキル基を持つピロリジン環の縮合した可溶性C60誘導体（**20**）を開発し，そのn型半導体材料としての性質を報告している。先のPCBMとは異なり，長鎖アルキル基の自己凝集作用により結晶性薄膜を与えること，それにより電界効果移動度も0.1cm^2/Vs程度までに向上することが報告されている[32,33]。また，導入する置換基を選択することで，大気に対する安定性も改善できることも示されており，今後の展開が期待されるポテンシャルの高い材料系である。

さらに，高次フラーレンの可溶化も検討されており，C70[34]やC84[35]をPCBM型に誘導した材料で塗布によるn型トランジスタが報告されている。

3.3.2 ナフタレン，およびペリレンビス（ジカルボキシイミド）誘導体

本材料系も代表的な蒸着n型材料であり[36]，イミド窒素上にアルキル基，または含フッ素置換基を導入することで溶解性を高めた誘導体で塗布プロセスによる製膜とそれらを用いたn型有機FETの特性が研究されている（図8）。

Katzらはフッ素置換アルキル基を持つナフタレンビス（ジカルボキシイミド）誘導体（**21**）の溶液プロセスを検討しており，100℃に加温したトリフルオロメチルベンゼンを溶媒に用いることで塗布によりn型有機トランジスタが作製できると述べている[37]。その電子移動度は〜

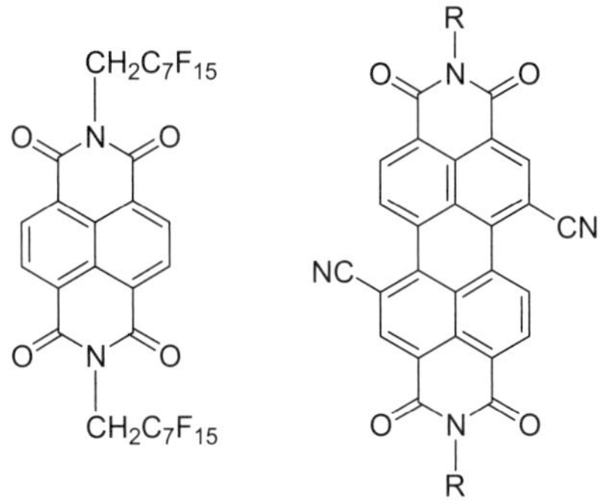

第6章　有機電子デバイスと有機半導体材料

図8　ナフタレン，およびペリレンビス（ジカルボキシイミド）誘導体

0.01cm^2/Vsであり，同じ材料を用いた蒸着により作製したFETのものよりもやや劣る程度である。さらに，塗布可能なp型有機半導体材料であるジヘキシル置換チオフェン五量体を組み合わせて，塗布によりCMOSも作製されている[37]。

一方，ペリレンビス（ジカルボキシイミド）誘導体（**22**）の可溶化もほぼ同様の手法で検討されており，可溶性置換基を導入した誘導体がMarksらにより合成されている。彼らは，溶液キャスト，または溶液からのディップ・コーティングによりFETを作製し，同じ材料の蒸着によるFET素子との特性について比較を行っている[38]。これらの材料の場合，蒸着法では大気中安定で高移動度（〜0.64cm^2/Vs）のn型トランジスタ特性が得られているのに対し，溶液法による素子では移動度は〜10^{-3}cm^2/Vs程度となっており，今後プロセスの最適化を要すると考えられる。

3.3.3　オリゴチオフェン誘導体

p型半導体材料であるオリゴチオフェン類に強力な電子吸引基を導入することでn型材料を開発できることが，Marksや山下らにより報告されている[39,40]。電子吸引基として，溶解性を高めることができる長鎖のアルキル基や過フルオロアルキル基を用いた場合，溶液プロセスによる製膜も可能となる。Marksらはチオフェン四量体を母核に用い，カルボニル基と多フッ素置換基を組み合わせた一連の化合物（**23〜25**）を合成し，n型有機半導体材料としての特性を検討している（図9）。これらの材料を用いたFETでは，大気中での安定性も改善されているだけでなく，電界効果移動度も0.1cm^2/Vsを超えることが報告されている[41]。さらに，溶液プロセスに適する材料とするため，**24**の中央のカルボニル基を環状アセタールへと変換し，溶液キャストによる製膜，続く塩化水素ガスとの反応により脱アセタール化という，新たなプロセス法も考案している[41]。

図9 チオフェンオリゴマー系材料

一方，溶解性の高い過フルオロフェニル誘導体（**25**）では，キシレンを溶媒としたドロップキャスト膜上に作製したFETが$0.21cm^2/Vs$に達する電子移動度を持つことが報告されており，これは溶液プロセスにより作製されたn型有機トランジスタとしては最も高い移動度である[42]。

3.3.4 チエノキノイド誘導体

ジシアノメチレン部位を両端に持つチエノキノイド誘導体は高い電子受容能を持つことが知られており，二量体（**26**）[43]，三量体（**27**）[44]の蒸着による薄膜トランジスタはn型の特性を示す。このうち，**27**は，蒸着のみならず塗布によっても製膜可能であることが報告されている（図10）[45]。

一般に，この種の化合物ではチエノキノイド部の伸長に伴い急激に溶解性が低下し，例えば無

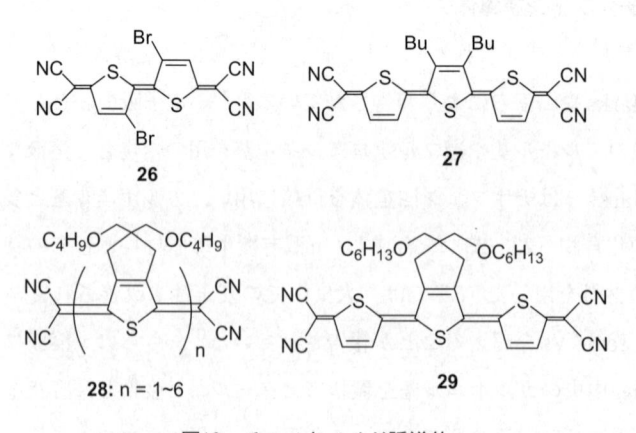

図10 チエノキノイド誘導体

第6章 有機電子デバイスと有機半導体材料

置換の三量体のクロロホルムに対する溶解度は 6×10^{-4} mol/L程度と極めて難溶である。一方，我々が開発した高溶解性のエーテル部位を持つシクロペンタン環縮合チオフェンユニットを用いたオリゴチエノキノイド系（**28**）では，高い溶解性のため，6量体までの合成が可能となっていた[46]。しかし，**28**（n＝3）を用いてスピンコート法により作製したFETは，移動度が 10^{-7} cm^2/Vs台と極めて低く，これは嵩高い置換基を全てのチオフェン環が持つため，効果的な分子間相互作用が阻害されていることが原因と考えられた。そこで，可溶性置換基を中央のチオフェン環のみとし両側のチオフェン部位を無置換としたハイブリッド型のチエノキノイド化合物（**29**）に着目し，その合成とFET特性の検討を行った[47]。

合成をスキーム2に示す。対応する三量体チオフェン（**30**）の両末端を臭素化し，マロノニトリルアニオンを用いる置換反応により，ジシアノメチレン部位を導入後，酸化することで目的の**29**を比較的良好な収率で得ることができた。得られた**29**は当初の予想通り高い溶解性を持っており，室温でクロロホルムに対する溶解度は 2×10^{-2} mol/L程度であった。

OTS処理を施したSi/SiO$_2$基板上にスピンコート法により薄膜を形成し，その上にシャドウマスクを通してソース・ドレイン電極を蒸着することでFET素子とした。素子の特性を表2に示す。興味深いことにスピンコートした薄膜を熱処理（アニール処理）することで素子特性の向上が認められ，150℃でアニール処理したときに最も優れた特性を示すことが明らかとなった（表2）。そのFET特性を図11に示す。大気中での測定で移動度は0.1cm^2/Vsを超え，**29**が優れたn

スキーム2　オリゴチエノキノイド化合物の合成

表2　化合物**29**を用いたn型FET素子の特性

アニール温度/℃	μ_{FET}/cm^2/Vs	I_{on}/I_{off}	V_{th}/V
non	1.4×10^{-4}	10^3	4.5
50	1.7×10^{-4}	10^3	-3.3
100	2.5×10^{-2}	10	-5.0
150	0.16	10^4	-1.2
200	5.2×10^{-3}	10^4	-2.5

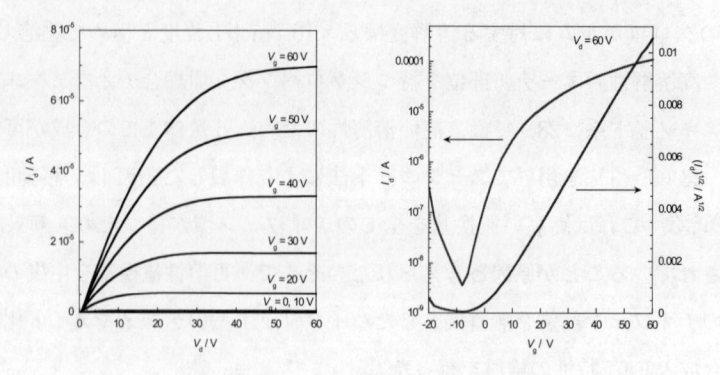

図11 化合物**29**を用いたFET素子特性（150℃でアニール後）
（左）アウトプット特性，（右）トランスファー特性（$V_d=60\text{V}$）。

型半導体材料となることが明らかとなった。

3.4 おわりに

　本稿で概観したように低分子化合物（広義に非ポリマー化合物）からなる可溶性有機半導体は，近年大幅に進展しており，特にデバイスにおける特性の向上は著しい。ポリマー材料と比較して低分子化合物の利点は，合成反応における制御や精製・高純度化が容易，分子量分布が無い，分子設計の自由度が高く物性制御も容易，などといったことが挙げられる。一方で，実用化を視野に入れた塗布プロセスを考えた場合，溶液の濃度・粘度のプロセスとの適合性や製膜性の制御など，今後顕著になる問題もあると考えられる。

　p型材料ではポリマー系との優劣が比較，議論されているが，n型ではポリマーを基盤とした材料が殆ど報告されておらず[48]，今後も可溶性低分子を中心とした材料探索が継続されると思われる。一方，ゲート絶縁体を適切に選択することで多くの材料でn型の半導体特性が発現することも報告されており[49]，半導体材料だけでなく，ゲート絶縁体を含めた素子全般，さらにはプロセスも視野に入れた材料探索が求められるようになると考えられる。

文　　献

1) B. S. Ong *et al.*, *J. Am. Chem. Soc.*, **126**, 3378 (2004)
2) I. McCulloch *et al.*, *Nature Mater.*, **5**, 328 (2006)

第6章　有機電子デバイスと有機半導体材料

3) 例えば，南方尚，縮合多環芳香族化合物の自己組織化と溶液プロセス薄膜トランジスタへの展開，「有機エレクトロニクスにおける分子配向技術」，p.240，シーエムシー出版（2007）
4) P. T. Herwig *et al.*, *Adv. Mater.*, **11**, 480（1999）
5) A. Afzali *et al.*, *J. Am. Chem. Soc.*, **124**, 8812（2002）
6) K. P. Weidkamp *et al.*, *J. Am. Chem. Soc.*, **126**, 12740（2004）
7) G. H. Gelinck *et al.*, *Nature Mater.*, **3**, 106（2004）
8) H. E. Katz *et al.*, *Chem. Mater.*, **10**, 633（1998）
9) E. Li *et al.*, *Chem. Mater.*, **11**, 458（1999）
10) A. R. Murphy *et al.*, *J. Am. Chem. Soc.*, **126**, 1596（2004）
11) A. Zen *et al.*, *J. Am. Chem. Soc.*, **128**, 3914（2006）
12) M. Mushrush *et al.*, *J. Am. Chem. Soc.*, **125**, 9414（2003）
13) J. G. Laquindanum *et al.*, *J. Am. Chem. Soc.*, **120**, 664（1998）
14) A. Maliakal *et al.*, *Chem. Mater.*, **16**, 4980（2004）
15) C. E. Sheraw *et al.*, *Adv. Mater.*, **15**, 2009（2003）
16) M. M. Payne *et al.*, *J. Am. Chem. Soc.*, **127**, 4986（2005）
17) J. E. Anthony, *Chem. Rev.*, **106**, 5028（2006）
18) K. C. Dickey *et al.*, *Adv. Mater.*, **18**, 1721（2006）
19) J. Yamada *et al.*, "TTF chemistry", 講談社（2004）
20) M. Mas-Torrent *et al.*, *J. Mater. Chem.*, **16**, 433（2006）
21) M. Mas-Torrent *et al.*, *J. Am. Chem. Soc.*, **126**, 984（2004）
22) P. Miskiewicz *et al.*, *Chem. Mater.*, **18**, 4724（2006）
23) X. Gao *et al.*, *Chem. Commun.*, 2750（2006）
24) J. O. Jeppesen *et al.*, *J. Org. Chem.*, **65**, 5794（2000）
25) I. Doi *et al.*, *Chem. Mater.*, **19**, 5230（2007）
26) C. R. Newman *et al.*, *Chem. Mater.*, **16**, 4436（2004）
27) S. Kobayashi *et al.*, *Appl. Phys. Lett.*, **82**, 4581（2003）
28) C. Waldauf *et al.*, *Adv. Mater.*, **15**, 2084（2003）
29) E. J. Meijer *et al.*, *Nature Mater.*, **2**, 678（2003）
30) T. D. Anthopoulos *et al.*, *Adv. Mater.*, **16**, 2174（2004）
31) Th. B. Singh *et al.*, *J. Appl. Phys.*, **97**, 083714（2005）
32) M. Chikamatsu *et al.*, *Appl. Phys. Lett.*, **87**, 203504（2005）
33) M. Chikamatsu *et al.*, *J. Photochem. Photobiology A*, **182**, 245（2006）
34) T. D. Anthopoulos, *J. Appl. Phys.*, **98**, 054503（2005）
35) T. D. Anthopoulos *et al.*, *Adv. Mater.*, **18**, 1679（2006）
36) 例えば，R. J. Chesterfield *et al.*, *J. Appl. Phys.*, **95**, 6396（2004）
37) H. E. Katz *et al.*, *Nature*, **404**, 478（2000）
38) B. A. Jones *et al.*, *Angew. Chem., Int. Ed.*, **43**, 6363（2004）
39) 例えば，S. Ando *et al.*, *J. Am. Chem. Soc.*, **127**, 14996（2005）
40) A. Facchetti *et al.*, *Angew. Chem., Int. Ed.*, **39**, 4547（2000）
41) M.-H. Yoon *et al.*, *J. Am. Chem. Soc.*, **127**, 1348（2005）

42) J. A. Letizia *et al.*, *J. Am. Chem. Soc.*, **127**, 13476 (2005)
43) Y. Kunugi *et al.*, *J. Mater. Chem.*, **14**, 1367 (2004)
44) R. J. Chesterfield *et al.*, *Adv. Mater.*, **15**, 1278 (2003)
45) T. M. Pappenfus *et al.*, *J. Am. Chem. Soc.*, **124**, 4184 (2002)
46) T. Takahashi *et al.*, *J. Am. Chem. Soc.*, **127**, 8928 (2005)
47) S. Handa *et al.*, *J. Am. Chem. Soc.*, **129**, 11684 (2007)
48) A. Babel *et al.*, *J. Am. Chem. Soc.*, **125**, 13656 (2003)
49) L.-L. Chua *et al.*, *Nature*, **434**, 194 (2005)

第7章 プリンタブルエレクトロニクスが期待される有機デバイスとその要素技術

1 有機ELディスプレイ

岡田裕之[*1], 中 茂樹[*2]

1.1 背景

　大面積化可能，超軽量，超薄型，フレキシブルの特徴を持つ有機エレクトロニクスデバイスの研究開発が活発である[1~22]。現在，液晶デバイスにおいても同様の研究が行われているが，偏光板やバックライトなど部材点数，厚さの制約がある。そのため，例えば，壁掛け型TVに続く商品群となるポスター型ディスプレイを想定すると，有機ELデバイスが最短かつ最良の解を持っていると言える。大面積化の観点からは，良好なバックプレーンの試作，蒸着レスのプリンタブル技術によるデバイス作製，フレキシブル基板上での長期信頼性など，各種プロセス技術は出揃いつつあり，実用化へ向けた挑戦が始まっている状況である。

　ここでは，プリンタブルエレクトロニクスで期待される最有力候補である有機ELディスプレイを挙げ，種々のデバイス作製法，比較，そして技術的課題解決法の要点に触れながら試作パネルを紹介するとともに，電源ライン無しの超薄型「発光ポスター」実現へ向け我々が提案する自己整合IJPによる有機ELデバイス作製と非接触電磁給電による有機ELデバイス発光の組み合わせについて紹介する。

1.2 提案されてきたプリンタブル有機ELデバイス作製法

　有機ELデバイスの量産法としては，ナノオーダーの平坦性を均一性，再現性良く作製可能な蒸着法が主流であり，一部，スピンコート法による溶液法高分子系デバイスの量産も行われている。しかしながら，蒸着法は，タクトタイムが長い，プロセスコストが高い，材料利用率が低い，大面積対応が難しいなど課題も多い。他方スピンコート法も，材料利用率が低い，大面積対応が難しい，均一性確保が難しい，という課題もある。ここでは，先ず，塗布法による有機ELデバイスに焦点を絞り，提案されている大面積対応可能なプリンタブル有機EL作製プロセスについて紹介・比較の後，現在実現されているプロトタイプを紹介する。

[*1] Hiroyuki Okada　富山大学　理工学研究部　教授
[*2] Shigeki Naka　富山大学　理工学研究部　准教授

1.2.1 大面積対応のプリンタブル作製プロセス

種々の有機ELのプリンタブルプロセスについて，その特徴を挙げながら概説する。

スクリーン印刷法による有機ELデバイス試作が，信州大学，富士ネームプレートより報告されている[1]。正孔輸送材料としてN, N'-diphenyl-N, N'-bis(3-methylphenyl)-1, 1'-biphenyl-4, 4'-diamine(P-TPD)，電子アクセプタドーパントとしてtris(4-bromophenyl) aminium hexachroantimonate(TBAHA)を用い，P-TPDにTBAHAを8wt%混入し，dichlorobenzene $80g/\ell$ 溶液を用い素子を実現している。ここで，一般にスクリーン印刷は，溶液が比較的高粘度であり，言い換えれば，厚膜でもデバイスに適した電子アクセプタドーパントが選択できた点がポイントと言える。そのため，有機膜厚は$0.5\mu m$と厚い。最高輝度として，$4,800cd/m^2$（$J=150 mA/cm^2$）が得られている。

次に，マイクログラビア印刷による有機ELデバイス[2,3]を，凸版印刷の結果を中心に紹介する。特徴は，高速作製，良好な均一性，低粘度溶液対応可などが挙げられている。反面，課題としては機械的発塵がある。使用される装置とデバイス特性を図1に示す。プロセス的にはロール・ツー・ロール方式であり，マイクログラビアロール，ドクター，インクの塗布部によりコーティングされる。膜の平坦性として平均ラフネス1.1nmと，スピンコートの0.9nmと同等の特性が示されている。デバイスとしてはPET/SiN$_X$/ITO/PEDOT-PSS/PPV/Ca/Al構造で，$10,000cd/m^2$程度の輝度（実線）が得られている。

続いて，プリンストン大学による拡散法を紹介する[4]。同様の方法は，熱転写法によるパターニングとして，National Taiwan大から紹介されている[5]。図2の様に，スピンコート膜に，シャドーマスクと高ドープされたポリマー層を対向し加熱することで，色素拡散を行う方法である。図2右には，拡散時間に対するPLスペクトルの変化を示す。30分以上で，PLピークが明確化している。スピンコート膜はpolyvinylcarbazol(PVC$_Z$)，色素はbimane，C6，Nile redを用い拡散し，三色発光が実証されている。課題は，比較的高い温度と長い時間が必要な点と言える。

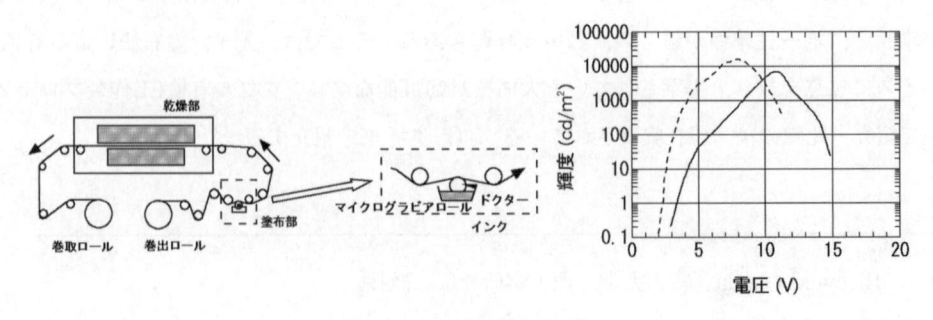

図1 マイクログラビア法

第7章 プリンタブルエレクトロニクスが期待される有機デバイスとその要素技術

　表面修飾を利用したスタンプ法がRochester大より報告されている[6]。プロセスと特性を図3に示す。PDMSのスタンプ台をtetrabutyl ammonium hydrideエラストマー溶液，3×10^{-3}Mメタノール溶液に浸け，透明電極上にスタンプする。するとスタンプ部が高抵抗化し発光電圧が上昇する。図3白丸が発光部，黒丸がスタンプで高電圧化された部分となる。コントラスト比10^5超えがITO/TPD/Alq$_3$/LiF/Al系デバイスで示されている。溶液塗布法の一例として，富山大学ではスプレイ法を検討してきた[7, 8]。図4に示すように，スプレイガンを用い，有機薄膜を直接形成する方法であるが，タクトタイムが短い，材料利用率が高い，均一性良好な条件が実現できる，パターニング可能，大面積対応可能，そして，ヘビーデューティ，が特徴となる。初期的特性として，PVC$_z$＋色素の系で図4右のデバイス特性を得ている。また，低分子系溶液を用いた試みとして，fac tris（2-phenyl-pyridine）iridium（Ir（ppy）$_3$）をCBPにドープした系を塗布形成し，最高輝度18,400cd/m^2，発光効率20.9lm/W，最高外部量子効率16.9％を得るとともに

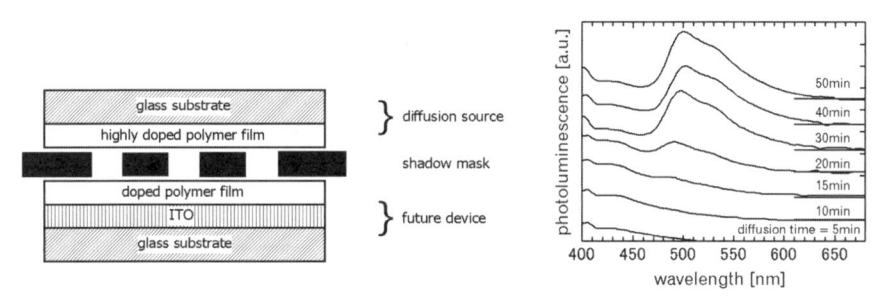

図2　マスク拡散法

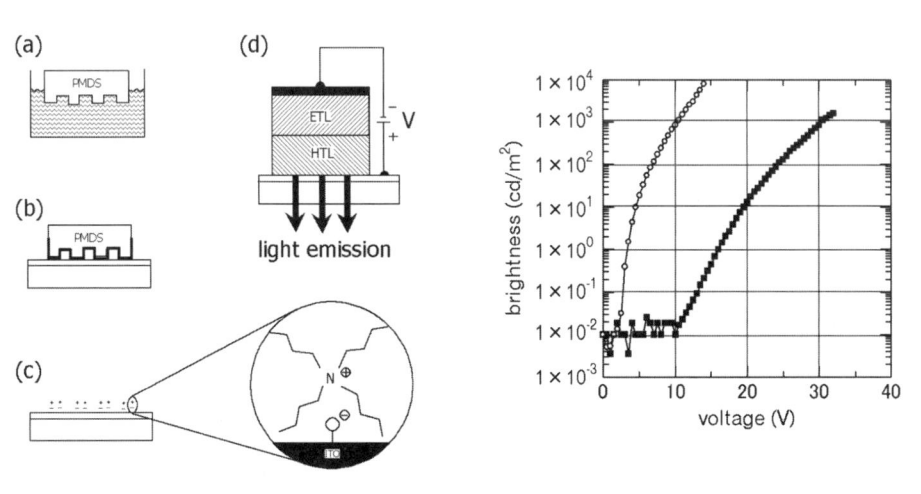

図3　スタンプ法

iridium (III) bis (2-(4, 6-difluorophenyl) pyridinato-N, C2') picolinate (FIrpic) と iridium (III) bis (2-(2'-benzothienyl) pyridinato-N, C3') (acetylacetonate) (Btp2Ir (acac)) により白色発光も実証している。

さらに，簡単な塗布法として，富山大学ではペイント法を検討している[9, 15]。図5に作製法と得られたパネルを示す。方法としては，筆やフェルトペン等のペインティングツールにより，有機ELデバイスを作製する方法となる。ブラシやフェルトにより膜形成を行うため，それに伴う膜ムラによる筋が残るが，簡単法としては有効と言える。発光パターニング法としては，絶縁層を形成後，ペイント法でパターンを描き，絶縁層の溶解部分に自己整合的に発光部を形成することで，4 cm幅の発光パターンを得ている。

その他の方法として，凸版印刷とCovionによるスリットコーティング法を紹介する[10]。本方法は，カラーフィルター製造方式として実績がある方式であり，特徴として，不純物汚染が低減可，均一性良好，転写を伴わない，基板形状に無依存，が挙げられている。方式の概念を図6に示す。膜厚として，圧力を調整することで20〜120 nmの間で均一性良く変化させた特性が示され

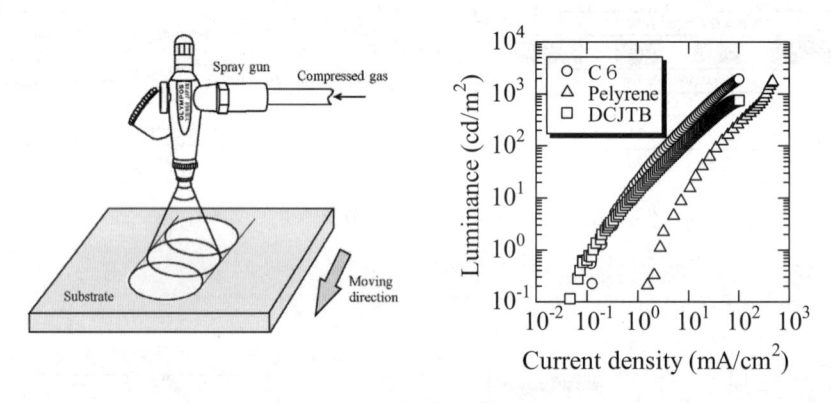

図4　スプレイ法

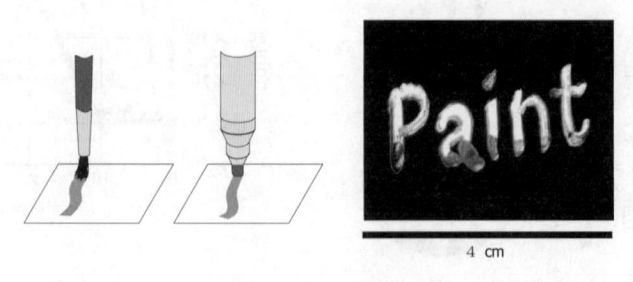

図5　ペイント法

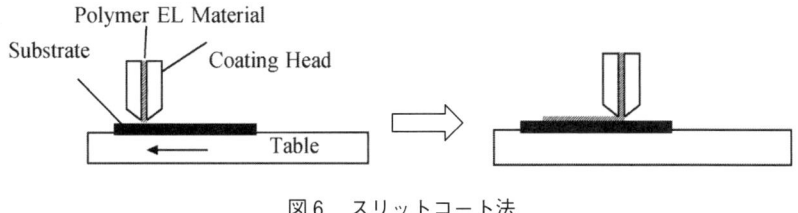

第7章 プリンタブルエレクトロニクスが期待される有機デバイスとその要素技術

図6 スリットコート法

ている。また、逆テーパレジストを用いたパターニングコーティングによる良好な発光も示されており、完成度の高い技術として興味が持たれる。

最後に、量産化技術としてインクジェットプリント（IJP）法を紹介する[11〜15]。参考文献引用は初期的発表に留めるが、現在の大面積有機ELパネル作製に最も良く用いられる方式として、IJPを用いたトップエミッションによるアクティブマトリクス型有機ELパネルが挙げられる。初期のプロセスでは、直接法[11,14]、拡散法[12]、ハイブリッド法[13]などが有ったが、現在では隔壁（バンク）により発光領域を規定した後IJPを行う方式[15]が主流となっている。

直接IJP法は、'97のEPSONの特許に記載が有り、'98年にプリンストン大によりドープされたポリマの直接インクジェット印刷による有機EL素子試作法として報告された[11]。ホストポリマとしてPVC_Zを、色素としてC6、C47、Nile redを用いた三色発光を実現し、発光輝度としてスピンコートの1/2程度が得られる旨が報告された。同年秋には、富山大学でも同様な方法を用い報告してきた[14]。IJPにより、陽極と陰極の交点部をべた塗りする2mm角のデバイス試作で、isopropyl alcohol 15%の混入による均一性向上や、図7に示すように、PVC_Z系C540ドープ素子で最高輝度380cd/m^{2}を示し、さらに赤にNilered、青にTPBドープポリマを用いることで、同一

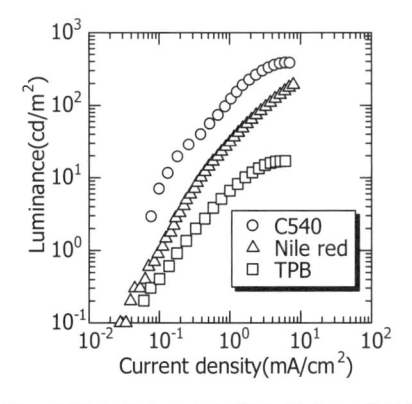

図7 初期のIJPによる有機ELデバイス特性例

図8 ハイブリッドIJP法

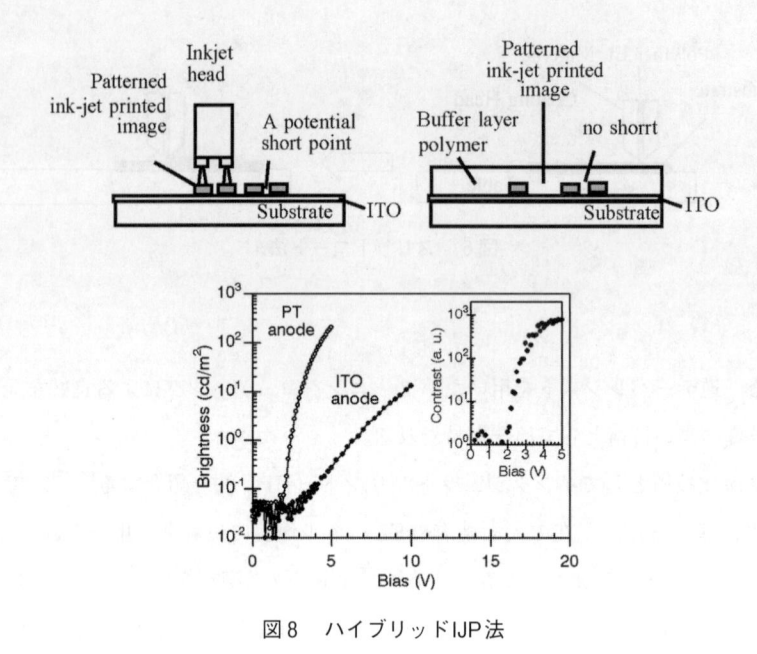

基板上にRGB発光できることを示してきた。

ハイブリッドIJP法としては，UCLAより，導電性ポリマバッファ層を印刷し，その部分が低電圧で発光することを利用した報告が成された[13]。プロセスとデバイス特性を図8に示す。低電圧発光部はITO/polyethylenedioxy thiophene（PEDOT）/MEH-PPV/Ca構造，高電圧発光部はITO/MEH-PPV/Caとなり，これにより，コントラスト比700：1（@5V）を得ている。また，パターニングにより発光ロゴ表示を実現している。

拡散IJP法は，プリンストン大により報告されているが，色素含有液滴をIJP法で印刷しPVC$_z$上に拡散することで発光を得る方法となり，前述[4,5]の色素拡散法と同様の概念となる[12]。

それ以降，'99年にEPSONから隔壁構造とIJPを組み合わせた報告が成され[15]，本方法が主流として，現在多くの研究機関からパネルが試作されるに至っている。

1.2.2 各種方式の比較

蒸着法は，膜厚をナノメータオーダーで均一に制御できる，発光特性が良好，信頼性は有機ELデバイス作製法のなかで最も良好である。しかしながら，材料利用率が他方法に比べ悪く，メータサイズ以上の大面積対応が難しい。続いて，良く使用される作製方法としては，スピンコート法がある。本方法は，材料利用率が塗布時に必要以上の溶液供給が必要なため若干悪いが，メータサイズ程度迄は大面積対応可能で，蒸着法には劣るが，塗布法のなかでは最良の発光特性と信頼性を持つ。その他，大同小異はあるが，一長一短がある。全般的に，有機ELデバイスで必要とされる条件としては，

第7章　プリンタブルエレクトロニクスが期待される有機デバイスとその要素技術

① 膜厚均一性に優れること……これにより，有機膜を均一化できる，トンネル注入陰極を有効に活用できる等による素子の最高性能が実現できるのみならず，信頼性確保のうえでも，電流集中や欠陥等の存在が無く高い信頼性につながる。オーダーとして，発光を得るという観点からは5 nm以下，視認に耐える良好な均一性という観点からは2 nm以下の膜厚均一性が必要となる。

② 残留溶媒の無いこと……残留溶媒と水分除去が，塗布型有機ELデバイスでは大きな課題となる。特に高分子系材料でベーク温度を上げてゆくと，200℃以上でも特性変化が続く例もある。我々が実施する低分子系では，60℃程度と比較的低温のベークで蒸着系と同等の特性と信頼性が出せる点を示してきた[16]。その反面，溶媒がハロゲン系などに選択肢が狭まったり，結晶化の問題が生ずる場合もある。

③ 乾燥による膜凝集が小さいこと……溶液プロセスによる有機薄膜形成で，均一性が確保できない主要因は，乾燥による膜凝集である。液層での材料供給は，厚さの均一性良く可能である。しかしながら，乾燥過程に伴う膜凝集，表面積の差によるフロー，及び基板上での塵や表面エネルギー，ぬれ性の差による不均一性により，固相膜とした場合大きな膜厚不均一性が発生する。例えば，乾燥によるフローの影響は，IJPではコーヒーステイン現象として，またスクリーン印刷の場合サドル現象として知られる。詳細には，半球ないしは半円筒状に形成されたドロップレットでは中心部より周辺部の表面積が広いことにより，蒸発速度の差から周辺へ向けての流れ，すなわち材料移動が起こり周辺膜厚が厚くなる。全面コーティングの場合でも，突起やぬれ性に伴う揺らぎと乾燥の差と対流により，まず間違いなく不均一が発生する。以上，比較的広い面積での液相→固相膜形成では，膜厚不均一性が発生する。本点の改善法として，富山大学では振動法を検討している[17]。本方法では，通常では乾燥による膜移動が起こる状態で，基板を高速で振動させることで膜移動を抑制する，あるいは引き戻す形で均一性向上を図る方式である。本実施例では，わざと不均一性が生じやすい高分子分散形有機ELデバイス膜形成をローラー法により作製してきた。低分子系有機EL溶液を用いた場合には問題とならない濃度条件で，単なるローラー塗布では均一性が確保できない条件下で，低揮発性溶媒混合による均一性変化，すなわち乾燥過程に問題があることを示した。かつピエゾ振動子により10 kHz，$0.9\,\mu m$の振動を加え$0.1\,\mu m$厚の均一な有機膜を実現し，3 cm角の有機ELデバイス発光の均一性を評価してきた。ここでは材料供給にローラ法を用いたが，乾燥に伴う膜移動抑制という概念からは，塗布方式に依存しない改善が期待され，例えばスプレイ法，スリットコート法，マイクログラビア法など，種々の塗布・コーティング法による均一性改善が期待される。また，初期膜作製後の膜凝集の無いことも重要で，ガラス転移温度が高いことや，形成された膜状態が，準安定構造では無い最安定構造での膜形成が必要となる。

④ 良好な素子効率を持つこと……塗布型有機ELデバイスに限らず，良好な特性を持つこと

で，素子の発熱とそれに伴う経時劣化を抑えることが重要となる。最悪の場合には，デバイスの局部的溶融や，発熱に伴う基板のクラック発生など，およそ想像の付かない事例が実動作デバイスでは生ずる。

1.2.3 有機ELデバイスに関連したデバイス，プロセスや，フレキシブルパネル試作の報告

プリンタブルの有機ELデバイスについて，前述の技術を持った量産規模のパネル試作はスピンコートとIJP技術がある程度で，ほとんど報告されていない。そこで，先ず現状の有機ELデバイスの特性と寿命を中心に述べ，そのなかで技術的な課題となるバリア性とフレキシブル化の試みを紹介する。

量産化に入っている蒸着系有機材料としては，2006年時点で出光興産が報告している特性及び寿命として，青色材料（効率8cd/A，寿命1万7000時間），緑色材料（30cd/A，6万時間），赤色材料（11cd/A，6万時間），白色材料（16cd/A，70,000時間）（1,000cd/m^2換算）が報告されている。Universal Display Corporation（UDC）では，フレキシブルOLED，特にりん光材料を用いたPHOLEDの研究開発が活発に行われている。2005年の時点では，応用上重要な課題となる寿命に関して，外挿寿命30,000時間（40mA/cm^2，ボトムエミッション蒸着系PHOLED）が報告されている。また，Cambridge Display Technology（CDT）では，2006年時点に，スピンコート素子，400cd/m^2で24,000，35,000，10,000，そして5,200時間（赤，緑，青，そして白色素子）の寿命が報告されている。

フレキシブルフィルム上での有機ELデバイスの高寿命化には耐バリア性の向上が重要であり，水蒸気バリア性としては10^{-6}g/m^2/day/atmが必要と言われている[17]。特に，ダークスポットの原因となる基板上の塵の除去，ピンホールとなる突起の除去，そして有機ELデバイス平坦性を損なう凹凸の除去が必要となり，基板作製及びプロセスの工夫が必要である。また，温度サイクルを伴うプロセスのなかでフレキシブルフィルムを取り扱うに際し，基板収縮を考慮した基板選定とアニールプロセスが必要である[18]。基板材料としては，耐熱温度は高いが，透明性と低コストの観点よりポリイミド基板を候補から除外し，例としてPEN基板では，ガラス転移点が120℃と低いが，機械的伸縮，電気的特性維持の観点で，各々，160，180℃が，プロセス温度上限と言われている。耐熱温度の点からは，180℃で10ppm/h以下の特性を示すPES基板も良好な候補と言える。

耐バリア性向上の工夫としては，Vitex社のBarixにある無機膜／有機膜の多層構造[19]，Cat-CVD膜[20]，有機poly-p-xylylene（PPX）膜[21]や，PioneerのフレキシブルOLEDの報告などがある[22]。

以下，フレキシブル化の試みとして，パッシブ型と有機トランジスタを用いたアクティブ型の例を引用し紹介する。

第7章 プリンタブルエレクトロニクスが期待される有機デバイスとその要素技術

　Pioneerの報告について，例えば2007年時の信学技報告と併せて概略を説明する[22]。先ず，フィルム表面の平坦化層には，5μm（2003年時点では，1μm）の紫外線硬化樹脂を設ける。その後，SiON（100nm）/紫外線硬化樹脂（1μm）/SiON（100nm）積層を行う。このような多層積層を行うことで，ピンホールが同一点となることを防止する。本観点は，Barix（Vitex）と同様の考え方と言える。また，有機ELデバイス堆積後のパッシベーション層としては，SiNが用いられている。半導体プロセスでは，SiNやリンガラスは緻密な膜として知られており，またNaなどのアルカリ金属拡散防止膜としても使用されている。但し，プラズマCVDによるSiN膜は，作製条件によっては堅く膜応力を持った膜となりやすく，低温プロセスでの成膜ではフレーク状になりやすく，熱窒化膜などと比較すると，およそ性質の異なる膜となる。プラズマSiON膜は，SiN膜と比較して膜応力緩和しやすく，厚膜形成しやすい。ここでのPioneerの試みでは，SiN膜をAr＋O_2雰囲気でスパッタすることで，透過率と有機ELデバイスの耐バリア性のトレードオフとなる最適条件を見出している。これにより，Anode（IZO）/HIL（CuPC，25nm）/HTL（NPB，45nm）/EML（Alq_3，60nm）/LiF（1nm）/Cathode（Al）/Passivation film（SiN_X）素子，60℃，95％RHの条件下で，500時間後で0.05％の劣化領域となり，外挿寿命として5,000時間（1,000cd/m^2）が報告されており，ガラス基板上の素子と比較して同等の素子特性，信頼性が得られている。最終的に，3インチ，160×120画素のフレキシブル・フルカラー素子試作に成功している。

　SONYは，SID2007で80ppi解像度，有機トランジスタ駆動のフルカラーアクティブマトリクス方式の有機ELパネルを紹介している[23]。パネル寸法は2.5インチ，画素サイズは318μm角（RGB）で，輝度100cd/m^2，以上，コントラスト1,000：1のパネル試作に成功している。有機トランジスタの移動度は0.1cm^2/Vs，オンオフ比は10^6程度が示されている。基板材料はpoly ether sulphone（PES）である。詳細は，次節で素晴らしい結果が報告されるため，ここでは紹介に留める。

1.3　発光ポスターへ向けての試み
1.3.1　マルチカラー自己整合IJP有機ELデバイス

　現在，アクティブマトリクス方式による有機ELデバイスでは，トランジスタ作製後に絶縁性バンク形成した後，IJP法等により発光層を形成することでデバイスを作製している。本プロセスの簡略化と位置ずれに伴う短絡防止を考え，我々は自己整合有機ELデバイス作製を検討してきた[24～26]。図9に，作製プロセスの概略を示す。先ず，ITO基板上に全面に絶縁膜形成する。続いて，絶縁膜が可溶な溶媒で発光材料を溶解したインクを用い，IJP印刷を行う。このとき，絶縁膜が溶解して開口部が形成され，乾燥過程で同位置に発光材料が自動的に膜形成される。以上

の工程で,コンタクト部と発光部が自動的に位置合わせできることから,我々は「自己整合」有機ELデバイスと称して検討している。

本方法によるマルチカラー発光ボトムエミッション型自己整合IJP有機ELデバイスを示す[26]。正孔注入バッファ層としてpoly-(ethylenedioxy thiophene)/poly (styrenesulfonate) (PEDOT),続いて絶縁性材料にPoly (methyl methacrylate) (PMMA),有機材料として低分子系材料を選択し,ホスト材料に4,4'-bis(N-carbazolyl) biphenyl (CBP),発光材料には,iridium (III) bis (2-(2'-benzothienyl) pyridinato-N, C3') acetylacetonate (btp$_2$Ir(acac):赤), *fac* tris (2-phenylpyridine) iridium (Ir(ppy)$_3$),または*fac*-tris (2-(*p*-tolyl)-pyridine) iridium (Ir(tpy)$_3$:緑),iridium (III) bis (2-(4,6-difluorophenyl) pyridinato-N, C2') picolinate (FIrpic:青),を二回重ね打ちIJP印刷した。その後,ベークを行い,最後に電子注入／正孔ブロック層bathocuproine (BCP, 20nm), LiF (1 nm)/Al陰極を真空蒸着した。図10に,同一条件下で発光インクのみを変えたときの,電流密度-電圧特性,輝度-電流密度特性を示す。電流密度-電圧特性は発光材料に依存せず,輝度-電流密度特性では,電圧7Vで,赤325cd/m^2 ($J=48.3$mA/cm^2),緑2,000 cd/m^2 ($J=75.7$mA/cm^2),青1,500cd/m^2 ($J=91.5$mA/cm^2) の発光特性が得られた。最適化を基に,試作した有機ELパネル発光写真を図11に示す。解像度150dpi,発光サイズ70mm角のプロトタイプで,良好なマルチカラー発光パターンを得た。

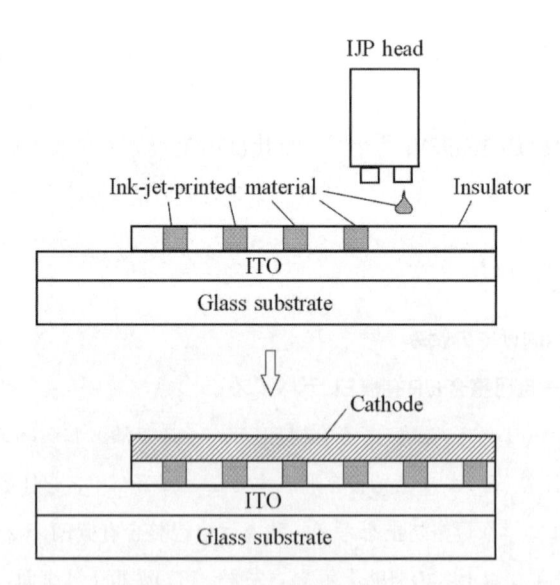

図9　IJP法を用いた自己整合有機ELデバイス作製工程

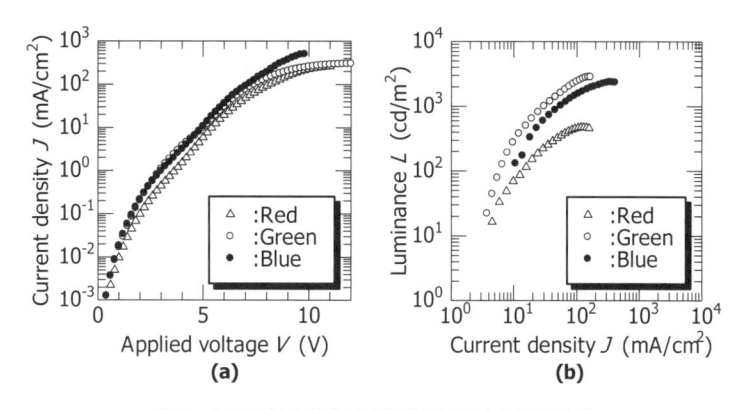

第7章 プリンタブルエレクトロニクスが期待される有機デバイスとその要素技術

図10 RGB自己整合IJP有機ELデバイスの特性

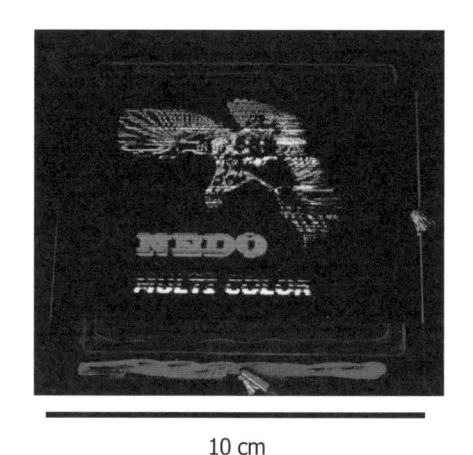

10 cm

図11 マルチカラー自己整合有機ELデバイスの発光パターン

1.3.2 ラミネートプロセスによる自己整合IJP有機ELデバイスと非接触電磁給電

1.3.1のプロセスでは，安価な塗布型有機薄膜形成IJP法により簡単パターニングできたものの，陰極形成時に蒸着を行っており，低プロセスコストというIJPの特長を発揮できない。そこで，発光部パターニングに自己整合IJP[24〜26)]を，また陰極形成に蒸着等の物理気相成長プロセスを用いないラミネートプロセス[27)]を用いることで，簡単プロセスの有機ELデバイスを実現した。

図12に，本プロセスで想定する有機光高度機能部材を示す。両面をフィルム基板としてラミネートした光シール[28)]や，フィルム上に同時に給電コイルを印刷形成し，非接触給電により電源供給する"光グラフィックス"が本プロセスの延長上で実現可能となる[29)]。

実験では，ITO付基板（ガラス，フィルム）上に，ホール注入バッファ層PEDOT，絶縁膜隔

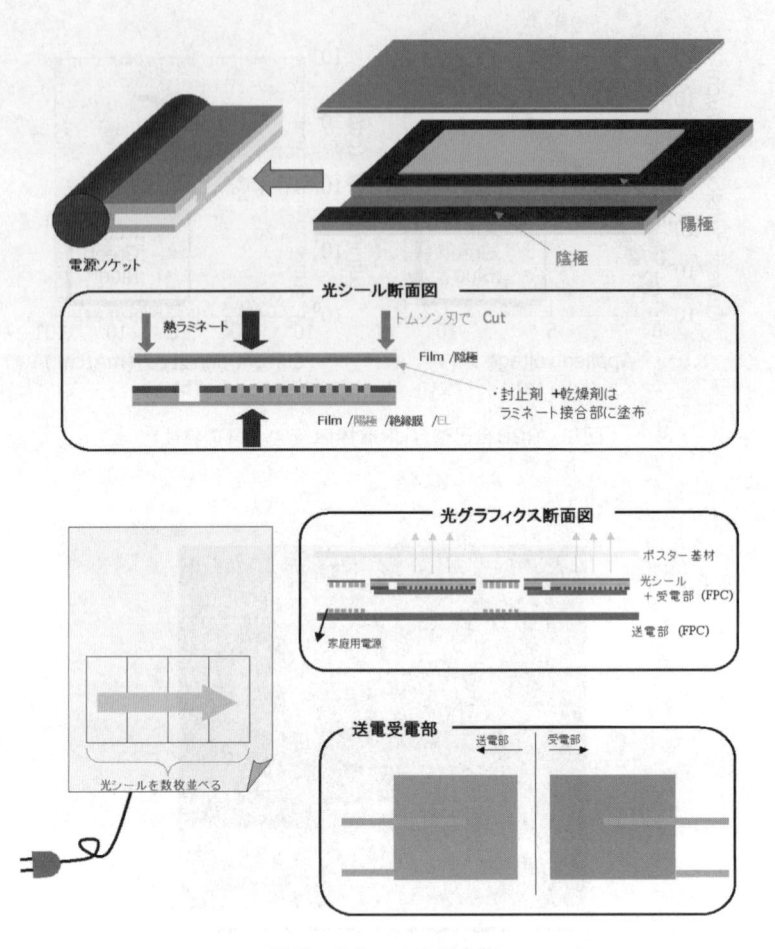

図12 光シールの概念図

壁cycloolefinを成膜後,発光polyfluoreneポリマーをIJP法で形成した。その後,PENフィルム上にMgAg陰極を形成したフィルム基板と貼合せ有機ELデバイスを作製した。IJP直後の周辺部は,乾燥に伴い0.7μmのフリンジが形成されたが,昇温状態の貼合せで平滑化され,良好な発光が得られた。ここで,フィルム基板上では,当初,発光が見られなかったり,微細なITOクラックが発生したりした。ここで,IJP塗布回数を3〜10回と変え,5回とすることで,周辺盛り上がり部を余り高くせず,発光面積も確保できる最適条件を見出せた。また,圧力条件の最適化で,ITOクラックの無い良好な発光を得た。図13に,発光ドットパターン例を示す。また,図14に,作製した素子の電流密度-電圧,輝度-電流密度特性例を示す。最高輝度6,160cd/m^2(V=20.2V,J=574mA/cm^2),発光面積62μmが得られ,陰極蒸着の場合(最高輝度11,100cd/m^2)と比較し1/2程度の特性が得られた。図15には,光グラフィックスで使用したFPC回路と,そ

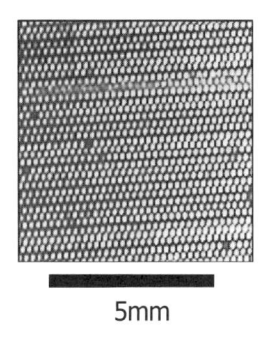

図13　発光パターン

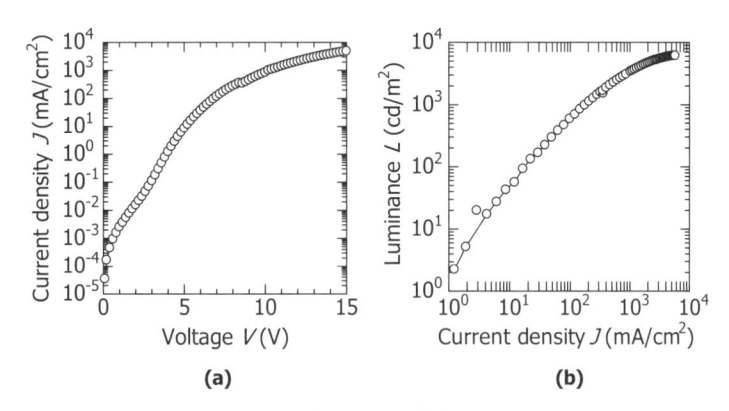

図14　ラミネート法を適用した自己整合IJP有機ELデバイスのデバイス特性

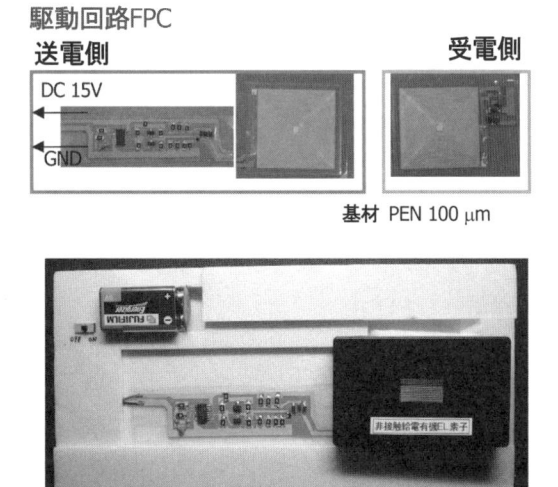

図15　非接触給電FPC回路と有機ELデバイス発光例

れにより点灯した有機ELデバイス（27×13mm^2）の写真を示す。以上，非接触給電方式で，良好な有機ELデバイス発光が得られ，電源ラインの無いフレキシブル"発光ポスター"実現の基本技術を実現した。

1.4　将来展望と解決すべき課題

　有機ELデバイスの量産品は，パッシブマトリクス型とアクティブマトリクス型に分かれる。現在，パッシブマトリクス型は小規模製品を中心に，自発光，低消費電力を特徴として実用化されている。アクティブマトリクス型については，携帯端末を中心に市場展開をしており，中規模製品を狙った展開へと移行期にある。今後の有機ELデバイスは，現在の小規模から中規模を狙ったリジッドな有機ELデバイス試作からのアプローチに加え，今回で示してきた大面積対応や低コスト化を狙った発光テープやシートからのアプローチが出現するものと期待される。後者が正にフレキシブル有機エレクトロニクスの狙う展開であり，そのための課題としては，①均一性の改善と，歩留まり向上，②耐バリア性向上，③高輝度・高効率化，そして④フィルム基板上のデバイスとしての信頼性向上，がある。これまでの有機EL素子で経験してきた月並みな課題に見えるが，フレキシブルフィルム上では，学問体系とは成りづらい雑多な製造上の難しさがある。しかしながら，それに至る解は見えており残る解決法の進展に期待が掛かる所である。

謝辞

　今回紹介した我々の研究の一部は，㈱科学技術振興機構重点地域研究開発推進プログラム，文部科学省知的クラスター創成事業の成果に基づく。また，地域新生コンソーシアム【ものづくり革新枠】「自己整合技術を用いた有機光高度機能部材の開発」のプロジェクト成果となる。紹介した研究内容は，富山大学吉森幸一氏，佐藤竜一氏，松井健太氏，柳順也氏，柴田幹氏，女川博義先生，ブラザー工業大森匡彦氏，倉知直美氏，澤村百恵氏，井上豊和氏，宮林毅氏，中部科学技術センター上野誠子氏，東海ゴム工業高尾裕三氏，日比野真吾氏，土屋一郎氏，別所久美氏，槌屋大原鉱也氏，池田幸治氏，大濱元嗣氏，星野正人氏，アイテス鮎川秀氏，宮里涼子氏，筒井長徳氏，三浦伸仁氏らの共同研究成果であり，光シール，光グラフィックスの概観図は槌屋大原鉱也氏により，本件厚く感謝申し上げる。

第7章　プリンタブルエレクトロニクスが期待される有機デバイスとその要素技術

文　　献

1) K. Mori, T. Ning, M. Ichikawa, T. Koyama and Y. Taniguchi, *Jpn. J. Appl. Phys.*, **39**, L942 (2000)
2) 甲斐，榊，井口，関根，湊，第48回応用物理学関係連合講演会，29p-ZN-11 (2001)
3) 中島，森戸，中島，武田，門脇，久芳，半田，青木，電子情報通信学会技術報告，EID 2005-58 (2005)
4) F. Pschenitzka and J. C. Strum, *Appl. Phys. Lett.*, **74**, 1913 (1999)
5) C.-C. Wu, S.-W. Lin, C.-W. Chen and J.-H. Hsu, *Appl. Phys. Lett.*, **80**, 1117 (2002)
6) N. Nüesch, T. Li and L. J. Rothberg, *Appl. Phys. Lett.*, **75**, 1799 (1999)
7) T. Echigo, S. Naka, H. Okada and H. Onnagawa, *Jpn. J. Appl. Phys.*, **41**, 6219 (2002)
8) T. Echigo, S. Naka, H. Okada and H. Onnagawa, *Jpn. J. Appl. Phys.*, **44**, 626 (2005)
9) M. Ooe, R. Satoh, S. Naka, H. Okada and H. Onnagawa, *Jpn. J. Appl. Phys.*, **42**, 4529 (2003)
10) T. Shimizu, A. Nakamura, H. Komaki, T. Minato, H. Spreitzer and J. Kroeber, Proc. SID '03, 1290 (2003)
11) T. R. Hebner, C. C. Wu, D. Marcy, M. H. Lu and J. C. Strum, *Appl. Phys. Lett.*, **72**, 519 (1998)
12) T. R. Hebner and J. C. Strum, *Appl. Phys. Lett.*, **73**, 1775 (1998)
13) J. Bharathan and Y. Yang, *Appl. Phys. Lett.*, **72**, 2660 (1998)
14) K. Yoshimori, S. Naka, M. Shibata, H. Okada and H. Onnagawa, Proc. 18th. IDRC, 213 (1998)
15) T. Shimoda, M. Kimura, S. Miyashita, R. H. Friends, J. H. Burroughes, C. R. Towns, SID'99 Dig. Tech. Pap., 372 (1999)
16) M. Ooe, S. Naka, H. Okada and H. Onnagawa, *Jpn. J. Appl. Phys.*, **45**, 250 (2006)
17) T. Kitano, S. Naka, M. Shibata and H. Okada, SPIE Optics + Photonics, 6655-50 (2007)；北野，中，柴田，岡田，第54回春季応用物理学関係連合講演会，29p-P7-34 (2007)
18) W. A. MacDonald, *J. Mater. Chem.*, **14**, 4 (2004)
19) A. B. Chwang, M. A. Rothman, S. Y. Mao, R. H. Hewitt, M. S. Weaver, J. A. Silvernail, K. Rajan, M. Hack, J. J. Brown, X. Chu, L. Moro, T. Krajewski, N. Rutherford, SID'03 Tech. Dig., 868 (2003)
20) A. Heya, T. Niki1, Y. Yonezawa, T. Minamikawa, S. Muroi, A. Izumi, A. Masuda, H. Umemoto and H. Matsumura, *Jpn. J. Appl. Phys.*, **43**, L1362 (2004)
21) 山下，森，水谷，電子情報通信学会技術研究報告有機エレクトロニクス，**97**, 13 (1998)
22) A. Yoshida, S. Fujimura, T. Miyake, T. Yoshizawa, H. Ochi, A. Sugimoto, H. Kubota, T. Miyadera, S. Ishizuka, M. Tsuchida and H. Nakada, SID'03 Tech. Dig., 856 (2003)
23) I. Yagi, N. Hirai, M. Noda, A. Imaoka, Y. Miyamoto, N. Yoneya, K. Nomoto, J. Kasahara, A. Yumoto and T. Urabe, SID'06 Tech. Dig., 1753 (2007)
24) R. Sato, S. Naka, M. Shibata, H. Okada, H. Onnagawa and T. Miyabayashi, *Jpn. J. Appl. Phys.*, **43**, 7395 (2004)
25) R. Satoh, S. Naka, M. Shibata, H. Okada, H. Onnagawa, T. Miyabayashi and T. Inoue, *Jpn.*

J. Appl. Phys., **45**, 1829 (2006)
26) K. Matsui, J. Yanagi, M. Shibata, S. Naka, H. Okada, T. Miyabayashi and T. Inoue, Proc. KJF 2006, P44 (2006), *Mol. Cryst. Liq. Cryst.*, **471**, 261 (2007)
27) 高橋, 古川, 市川, 原野, 遠藤, 杉山, 日比野, 小山, 谷口, 平成16年秋季応用物理学会学術講演会, 3a-ZR-10 (2004)
28) 大森, 上野, 倉知, 澤村, 井上, 宮林, 高尾, 日比野, 土屋, 別所, 大原, 大濱, 星野, 鮎川, 宮里, 筒井, 三浦, 山仲, 中, 柴田, 岡田, 平成19年春季応用物理学会関係連合講演会, 29p-P7-36 (2007), 2007 Int'l. Symp.Organic and Inorganic Electronic Materials and Related Nanotechnologies (EM-NANO'07), P3-01 (2007)
29) 大原, 池田, 大濱, 星野, 大森, 上野, 倉知, 澤村, 井上, 宮林, 鮎川, 宮里, 筒井, 三浦, 高尾, 日比野, 土屋, 別所, 山仲, 中, 柴田, 岡田, 平成19年春季応用物理学会関係連合講演会, 29p-P7-37 (2007)

2 有機TFTの現状と塗布/印刷プロセスの可能性

笠原二郎*

2.1 はじめに

　近年の有機薄膜トランジスタ（有機TFT）の発展には，目覚しいものがある。Poly ICとかOrganicIDと言った会社が，13MHzのRF IDタグの実用化を着々と進めている。染谷等は，大面積応用を目指し，圧力センサ，イメージセンサ等を試作している[1]。ディスプレイへの応用では，筆者等は，有機TFTで有機ELを駆動し，フルカラー・フレキシブルの動画の画だしを報告した[2]。しかし，これらの進展も，塗布/印刷プロセスの可能性を標榜する有機TFTといえども，部分的には塗布/印刷技術が使われてはいるものの，多くを蒸着に頼っているのが現状である。とは言え，大面積，低コスト化へ向けては，塗布/印刷プロセスの重要性の認識が，何等変わるものではなく，プロセス個々においては，ここ数年，長足の進歩が見られている。Poly ICでは，全印刷プロセスで，13.56MHzの動作を報告している[3]。セイコーエプソンのT. Kuglerは，インクジェット方式での有機TFTを示した[4]。著者等も，フレキシブルディスプレイへの応用を目指した有機TFTの開発を進めているなかで，塗布/印刷プロセスへの挑戦も行っている。そこで，本稿では，塗布/印刷技術を用いての有機TFT作成に必要な，基本的なパーツ，つまり，有機半導体層，各誘電体膜，そして電極/配線における，いくつかの近年の事例を報告する。

2.2 塗布/印刷プロセスを目指す有機TFT

　一般に用いられる有機TFTの模式的構造を図1に示した。主要部分は，有機半導体，ゲート絶縁膜，そしてソース・ドレイン電極である。集積化する場合には，配線部分も重要となる。これら主要要素について，塗布/印刷プロセスに向けた，いくつかの取り組みについて紹介する。

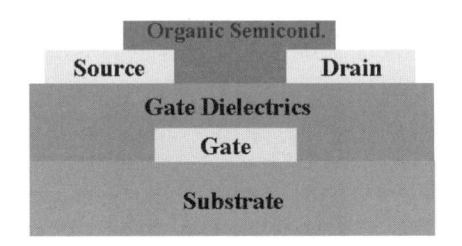

図1　有機TFTの模式断面図

---

*　Jiro Kasahara　元 ソニー㈱　先端マテリアル研究所　融合領域研究部
　　　R&Dダイレクター；統括部長

プリンタブル有機エレクトロニクスの最新技術

2.2.1 有機半導体

　溶液からの薄膜成膜が可能な有機半導体の代表は，立体規則性を有する，高分子系のP3HT（poly 3-hexylthiophene）であろう。p型の半導体であり，有機TFTのキャリア移動度として，$0.6cm^2/Vsec$ が報告されている[5]。移動度の測定は，窒素雰囲気中で行われている。P3HTの問題点は，大気中での安定性にある。移動度と大気安定性は，トレードオフの関係にあり，今後の更なる開発が待たれる。一方で，比較的高い移動度が得られる有機半導体として，アセン系材料，特にペンタセンが良く使われている。しかし，アセン化合物は一般的に溶液に溶け難く，塗布系材料としては不向きと言える。200℃に熱したトリクロルベンゼンにペンタセンを溶かして塗布した例があり，$0.39cm^2/Vsec$ のp型移動度が報告されている[6]。有機化合物の特徴を活かして，アセン系化合物の側鎖を置換し，室温近傍でも溶解性を確保しようとの試みもある。プラスチック基板上でのデバイス形成を目指す場合には，通常200℃以下でのプロセスが必須となり，できる限り室温近傍での成膜を図りたい。図2に示したのは，6員環が4個のナフタセンの側鎖をそれぞれ，(a)エチル基，(b)プロピル基，(c)ブチル基で置換した時の，成膜後の表面状態をAFMで観察した結果である[7]。エチル基の場合には，一様な膜を得る事ができず，従って，作成した有機TFTも，図3に示す如くトランジスタ特性を得る事はできなかった。ところが，置換基にプロピル基，ブチル基と大きなアルキル基を用いると，図2における成膜状況も良く，図3の様に正常なトランジスタ特性が得られる様になった。図3は，TFTのトランスファ特性を示すもので，図中，V_g はゲート電圧，I_d はドレイン電流，V_d はドレイン電圧，L，W はそれぞれゲート長，ゲート幅を示す。X線結晶解析の結果から，これら溶液からの成膜層は，ほぼアモルファスであるにも拘わらず，移動度として$0.01cm^2/Vsec$以上が得られており，ドレイン電流の，所謂on/off比も，10^6 以上と，そこそこの値を示した。ナフタセンでの検討の結果から，6員環が5個のペンタセンへの展開が，容易に発想される。Takahashi等[8]は，ペンタセンの側鎖

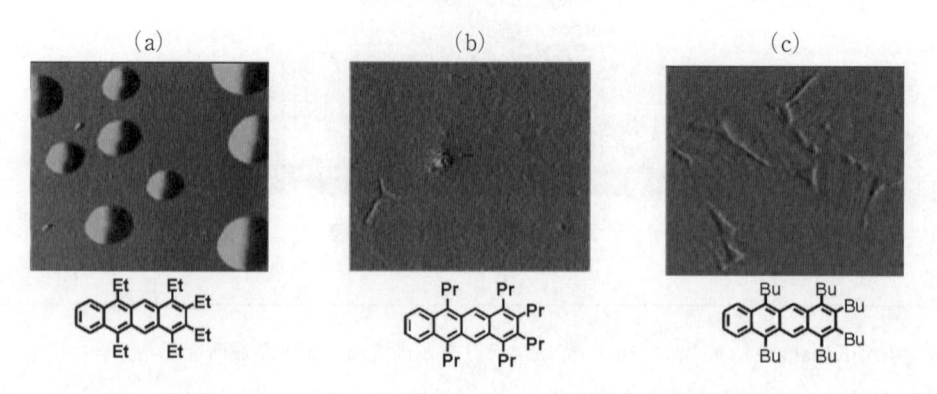

図2　ナフタセンの側鎖を (a)エチル基　(b)プロピル基　(c)ブチル基で置換した場合の，成膜表面状態

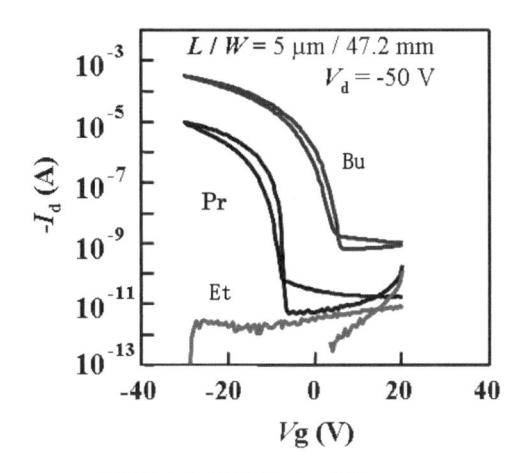

第7章 プリンタブルエレクトロニクスが期待される有機デバイスとその要素技術

図3 ナフタセン誘導体を半導体層とする有機TFTのトランスファ特性

をナフタセン同様に種々置換し、溶媒に可溶ないくつかのペンタセン誘導体の合成に成功している。その中で、ペンタセンの1,4,6,13位をプロピル基で置換したペンタセン誘導体が、結晶構造解析の結果、並行スタック構造を取っていると言う、興味ある報告をしている。通常、ペンタセンは、良く知られる様に、ヘリングボーン構造を取ることが知られている。可溶性ペンタセンでは、6,13位をTIPS（triisopropylsilylethynyl）で置換するTIPS-ペンタセンが、比較的良い移動度を示す事が知られているが、この場合も、結晶構造は並行スタック構造になっていると報告されている[9]。ペンタセン系の方が、前出のP3HT系よりは、大気安定性に現時点では優れており、蒸着法ペンタセンに匹敵する材料の開発にも期待したい。

2.2.2 ゲート絶縁膜

ゲート絶縁膜と、有機半導体との界面状態が、有機TFTの特性に影響することは言うまでもない。筆者等のグループでは、これまで液晶ディスプレイ[10]、有機ELディスプレイの[1]、アクティブマトリックス駆動を実現してきた。いずれの場合も、ゲート絶縁膜にはPVP（poly（4-vinylphenol））を用いている。しばしば用いられる無機系のSiO_2膜の場合より、有機系のPVPを用いる方が、安定にしかもより良好なトランジスタ特性が得られている。有機溶媒に可溶である事からも、塗布／印刷技術への展開を考えた場合には、有機系材料を用いる優位性は明らかであろう。電界効果トランジスタ（FET）における、ゲート絶縁膜と半導体層界面の重要性については既に触れたが、有機TFTでも例外ではない。有機半導体層が形成される直前のゲート絶縁膜の状態が、トランジスタ特性に影響する例を、よく用いられるSiO_2ゲート絶縁膜の場合で見てみる。図4(b)は、半導体層であるペンタセン蒸着前にSiO_2表面を、OTS（octadecyl-trichlorosilane）で処理した場合の、ペンタセン蒸着膜の表面AFM像である。蒸着前にOTS処理していない(a)

の場合と比較すると，多結晶ペンタセンのグレインが大きくなっているのが判る。同図4中に，ペンタセン蒸着前の絶縁膜表面の撥水性を，接触角法で調べた結果も併せて示してある。OTS撥水処理をしない場合には，接触角は62度であったものが，OTS処理により102度の接触角となった。ここで，グレインサイズよりも注目すべきは，蒸着されたペンタセンの結晶性が向上していることである。図5に，OTS処理した膜上に成膜されたペンタセンの，X線回折強度の結果を示した。5次の回折ピークまで，明確に観察されており，結晶性の良さを反映していると言える。ペンタセンを半導体層とする場合，ゲート絶縁膜表面を疎水性にする事の効果は，有機絶縁膜をゲートとする場合も同様に見ることができる。筆者等は，ゲート絶縁膜にPVP（poly（4-vinylphenol））をしばしば用いる。多くの場合，OTSを架橋剤と共にPVPへブレンドしてゲート絶縁膜を形成している。トランジスタのトランスファ特性の比較を，図6に示した。この時の表面撥水性は，接触角で80度以上になっている。PVP単独絶縁膜の有機TFTでは，移動度は

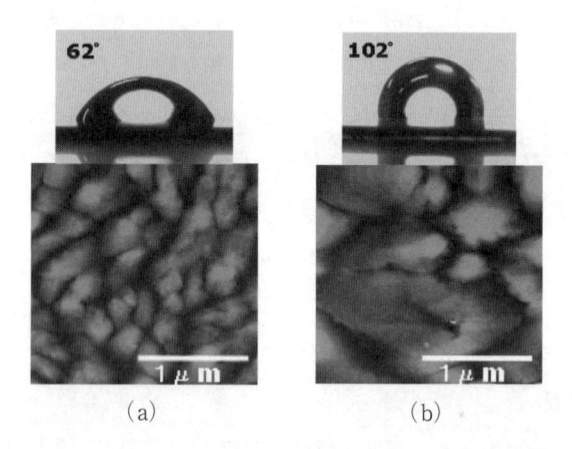

図4　SiO_2絶縁膜上へ蒸着されたペンタセンの表面AFM観察像
（a）OTSによる表面処理無し，（b）OTSにより表面処理ありの場合を示す。

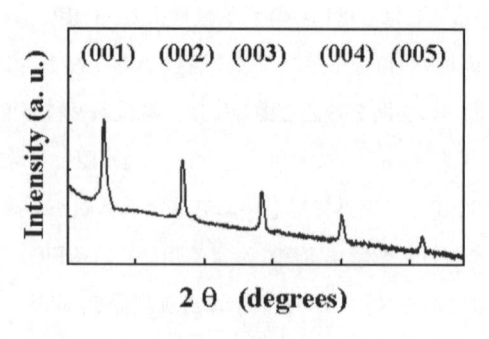

図5　OTSで表面処理したSiO_2上へ形成したペンタセン膜のX線回折強度

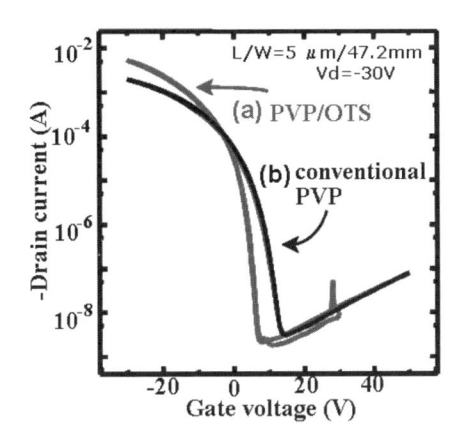

第7章 プリンタブルエレクトロニクスが期待される有機デバイスとその要素技術

図6 (a) PVP＋OTSのブレンド膜をゲート絶縁膜とした有機TFTのトランスファ特性，
(b) PVP単独の場合

0.038cm^2/Vsecであった。一方，PVP＋OTSブレンド膜をゲート絶縁膜とした場合には，0.12cm^2/Vsecと3倍以上，移動度が向上した。閾値がより0V側にシフトし，サブスレッショルド・スイング（S値）も，1.6V/decadeから0.96V/decadeに改善されている事から，有機半導体／ゲート絶縁膜界面の状態が良くなっている事が示唆される。一般に，S値と界面トラップ密度との間に，次式の様な関係が成立つ。

$$S = (k_B T/q) \ln 10 (1 + qD_{trap}/C_{gate}) \tag{1}$$

ここに，k_B，T，qは，通常用いられる物理定数。D_{trap}は界面トラップ密度，C_{gate}は，ゲート容量である。上式を用い，各々の界面密度を見積ってみると，PVP単独では，1.8×10^{12}/cm^{2}eV，PVP＋OTSブレンドゲート絶縁膜では，1.1×10^{12}/cm^{2}eVであった。疎水性表面への膜形成とトランジスタ特性向上のメカニズムは明らかではないが，疎水面上での蒸着ペンタセン分子のマイグレーションのし易さが関連しているものと示唆される。高分子系有機半導体であるP3HTの場合にも，界面制御がトランジスタ特性に影響することが，報告されている[11]。Nomoto等は，乾式スタンプ法を用いた塗布法による有機TFTを試作した。PDMS（polydimethylsiloxane）をスタンプ材とし，スタンプ法を用いず，直接P3HTをPVPゲート絶縁膜上へスピンコート法により成膜した場合と比較した。成膜方法を模式的に，図7に示す。図8に，夫々の有機TFTのトランスファー特性の比較を示した。図8より，ヒステリシスの大小，ドレイン電流値等より，その優劣は明らかである。この時，得られた移動度は，スピンコート法で，0.001cm^2/Vsec，乾式スタンプ法で0.03cm^2/Vsecであった。前述同様に，S値及び界面トラップ密度の比較もしてみると，スピンコート法，スタンプ法で夫々，8.3V/decade，4.5V/decade，1.4×10^{13}/cm^{2}eV，4.5×10^{12}/cm^{2}eVとなっており，半導体／絶縁膜界面の向上が見て取れる。PVPとPDMS表面の

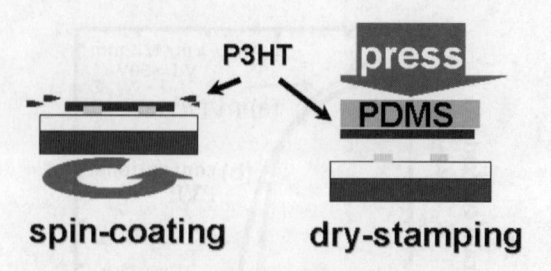

図7　塗布型P3HT有機TFTの模式的製造方法

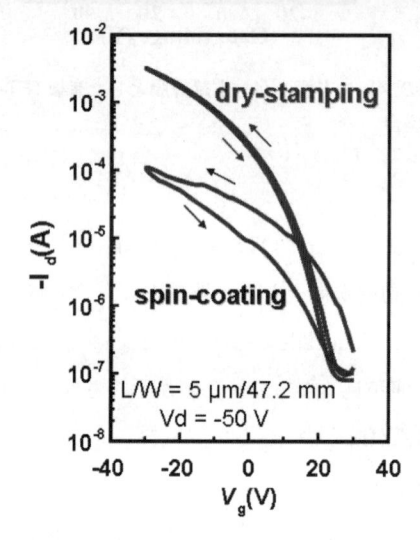

図8　スタンプ法を用いたP3HT有機TFTと，スピンコート法によるTFTのトランスファー特性の比較

疎水性を比べると，各々の接触角は，60度，117度であり，表面撥水性との相関が示唆されている。P3HTの有機TFTでは，ラメラ構造の立体規則性が，トランジスタの特性に大きく影響する。Nomoto等は，紫外光の吸収スペクトルにより，成膜されたP3HT層の膜質を評価した。その結果が，図9である。ラメラ構造に特徴的なzero-phonon吸収波長でのスペクトルを比較してみると，PDMS乾式スタンプ法によるスペクトル(b)の方が，スピンコート法によるスペクトル(a)よりも，より強い吸収が観測された。確かに，乾式スタンプ法による方が，P3HTの立体規則性がより強いと言える。因みに，ここに述べた乾式スタンプ法は，ナノインプリントの一つであり，有機エレクトロニクスの印刷法として，将来を期待されているテクノロジーである。図10に，インプリントした試料の表面AFM像を示す。表面ラフネスは0.5nm，パターンエッジもシャープに形成されている。

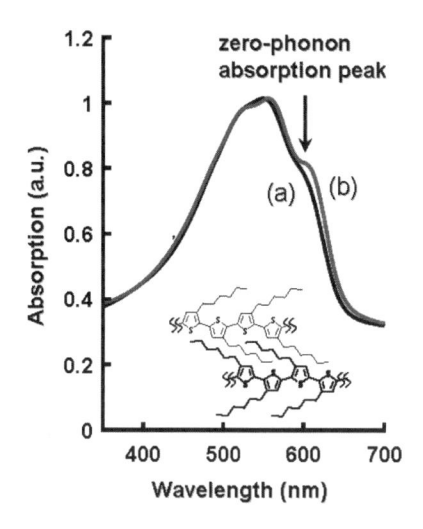

第7章　プリンタブルエレクトロニクスが期待される有機デバイスとその要素技術

図9　成膜したP3HTの紫外光吸収スペクトル
（a）PVP上にスピンコート法で成膜，（b）PDMS乾式スタンプ法で成膜。

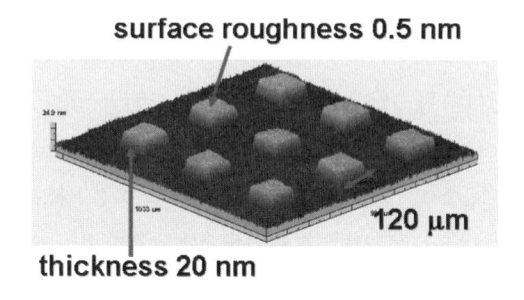

図10　乾式スタンプ法で形成したP3HT層の表面AFM像

2.2.3　電極と配線

ソース・ドレイン電極と有機半導体層との界面は，有機TFTの性能を支配する重要な要因である。見掛け上の（extrinsic）移動度が，電極／半導体層界面の接触抵抗に，大きく左右されるからである[10]。素子の微細化が進むと，一層接触抵抗の影響は大きい。また，ディスプレイのバックプレーンの様に，微細化，集積化が必須の応用においては，配線抵抗を十分に下げなければならない。従来，蒸着あるいはスパッタリング法等で形成されている金属電極，金属配線層を，塗布／印刷に置換えなければならない。良く知られた有機導電性材料，例えば，PEDOT/PSS（poly（3, 4-ethylenedioxythiophene）や，PANI（polyaniline）が，有機TFTの電極／配線材料として使用された報告があるが[12,13]，高性能，高機能な応用を考えた場合には，シート抵抗値が不十分である事は否めない。これに対し，Yoneya等[14]は，有機銀化合物を用いる事を提案し，

かなり良好な電極／配線材料となる事を報告している。図11は，有機銀溶液（Organo-Silver）のシート抵抗を評価，比較したものである。有機銀溶液そのものは，市販のもので，特に特別に合成等をしたものではない。スピンコート法で基板上へ塗布し，通常のフォトリソグラフィーでパターンを形成，150℃でアニールした。金，アルミは，共に通常の蒸着法による。膜の厚みは，全て約70nmとした。図11から明らかな様に，蒸着した金やアルミに比べ高めのシート抵抗ではあるものの，同じオーダーの抵抗値であり，現状の想定されたアプリケーションに対しては，十分に使える値であると判断できる。有機導電膜の代表として，PEDOT/PSSの値も示したが，これら従来の有機導電膜に比べると，6桁近くの差がありこれらに対する優位性は明らかである。銀配線が，エレクトロマイグレーションに問題がある事が知られているが，これは今後の課題として，しっかり受け止めておく必要はある。同時に，もう一つ大事な事は，塗布後のアニール温度である。有機半導体の特徴を活かすフレキシブルエレクトロニクスを目指す場合には，プラスチック基板上への回路形成が極めて重要な要素となる。プラスチックフィルムのガラス転移温度以下，十分な低温でのプロセス可能性は，避けて通れない。

次は，コンタクト抵抗である。半導体デバイスにおいて，例えば，有機TFTの様な電界効果形トランジスタでは，ソース電極やドレイン電極と半導体導電層との界面のコンタクトを，理想的なオーミック特性に近付ける努力が常になされている。その一例が，Nomoto等[10]により報告されている。特に，トランジスタの性能向上を図るため，ゲート長を短縮して行くと，チャンネル部の抵抗は相対的に小さくなり，電極との界面にあるコンタクト抵抗が寄生抵抗となり，設計通りの性能を得ることを妨げる。図12は，有機銀化合物溶液を用いて形成した有機TFTのソース・ドレインにおけるコンタクト抵抗を評価し，従来の蒸着金属電極との比較を行った結果である。良く用いられるAu/Ti，あるいはAu電極に比較し，有機銀溶液から形成された電極の方が

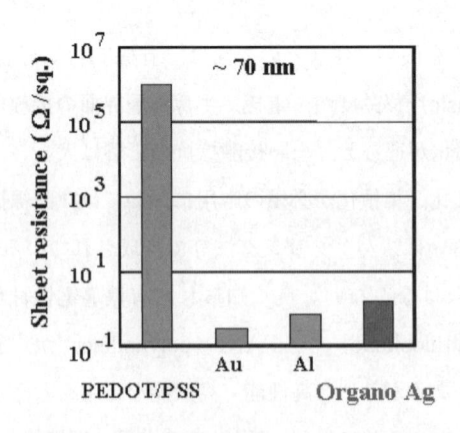

図11　有機銀を用いた薄膜と，従来の有機導電膜，蒸着による金属のシート抵抗値の比較

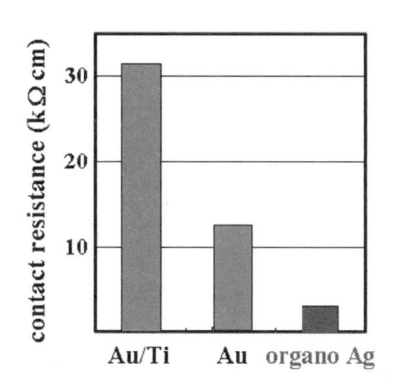

第7章　プリンタブルエレクトロニクスが期待される有機デバイスとその要素技術

図12　蒸着ペンタセンを半導体層とした時の，蒸着金属と有機銀を用いた電極のコンタクト抵抗を比較した

　良好な，低いコンタクト抵抗を示す結果となった。実際のTFT構造を用いたTLM（Transmission Line Method）法によるコンタクト抵抗は，3.4kΩcmであった。元来，有機半導体材料と金属のオーミックコンタクトは，仕事関数の観点から，良好なオーミック性接触は難しいと考えられている。そこで，実際に仕事関数を評価すべくUPS（Ultra-violet Photo Spectroscopy）を用い，解析を行った。その結果，まず，半導体層であるペンタセンの仕事関数は，5.1eVであった。また，蒸着された金，銀の仕事関数は，各々，4.8eV，4.5eVであった。これに対し，有機銀化合物溶液で形成した電極では，5.0eVであった。有機銀を用いた場合が，ペンタセンと最も相性が良く，実際に得られているコンタクト抵抗の傾向と，完全に一致するものであった。この結果は，金属電極表面に何等かの処理をする事で，仕事関数を変調できる可能性を示唆するものではあるが，詳細は，今後の更なる研究開発の成果を待ちたい。

2.3　全有機TFTの応用例

　TFTの構成部位を，全て有機材料を用いて作成した，有機TFTの応用例を示す。PD-LCD（Polymer Dispersed LCD）パネルの，Active-Matrix駆動回路の作成である。図13は，ペンタセンTFTのピクセルの顕微鏡写真である。1ピクセルの大きさは，320μm×320μm。この時用いた有機TFTは，Lg = 5μm，Wg = 400μmである。実際の回路上での有機TFTの特性は，移動度 ～0.04cm^2/Vsec，ドレイン電流のon/off比で10^{6}以上が得られており，LCDディスプレイパネル駆動には，十分な性能である。実際に駆動したパネルのチェッカーパターン像が，図14である。パネルサイズは，2.5インチ，120×160，79dpi，QQVGAクラスの精細度である。この試作例では半導体ペンタセンのみを真空蒸着により形成しており，その他のプロセスは，全て溶液からの塗布プロセスとなっている。電極，配線は，先述した有機銀化合物を用いている。電極形

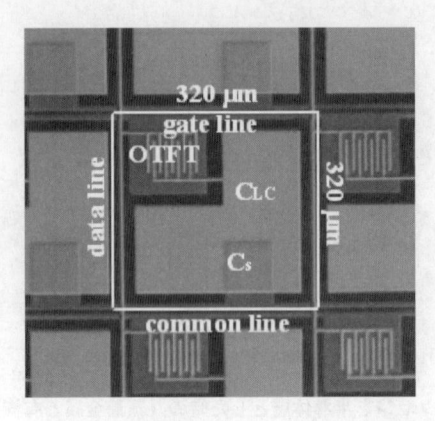

図13　LCDパネル駆動用有機TFTピクセルの顕微鏡写真

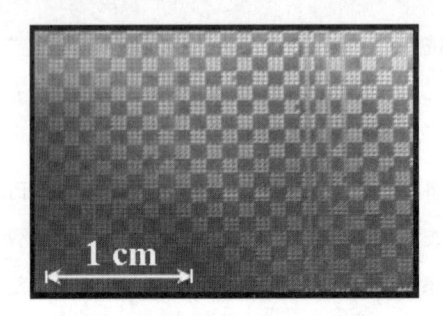

図14　全有機材料TFTによるLCDパネルの駆動例

成等の回路パターン形成には，フォトリソグラフィを使用し，印刷法は用いず，溶液プロセスとフォトリソグラフィプロセスのハイブリッドの構成となっている。

2.4　将来展望

ここまで述べて来た様に，溶液プロセスを用いた有機TFTの研究開発は，急速に進展してきている。しかしながら，本格的な実用化を目指すには，まだまだ不十分と言わざるを得ない。一般論的には，溶液プロセスによる有機半導体膜は，移動度の指標から見ると蒸着膜に比べ，約1桁性能が劣っている。室温での塗布可能な有機半導体材料の開発は大いに期待されるところである。電極／配線材料にしても，エレクトロマイグレーション等の信頼性の確認，更には，現状を大きく超える材料の開発も実用化の鍵となろう。一方で，本稿で述べてきたディスプレイ応用に向けては，既存の印刷技術では，到底追いつかない。相当のイノベーションが必要と考える。現

第 7 章　プリンタブルエレクトロニクスが期待される有機デバイスとその要素技術

行 5 μm のゲート長を，アクティブ・マトリックス回路の駆動トランジスタに用いているが，更なる高精細，輝度向上のための開口率アップには，解像度が 1 μm を超える様な，更なる微細加工可能な印刷技術の開発が必要となろう。究極のイノベーションとしては，全て印刷でできるエレクトロニクスは魅力的である。しかしながら，現実解としては，塗布プロセスとフォトリソグラフィを併用するハイブリッドプロセスの可能性も，無視することはできない。アプリケーションにより，また，製品サイズにより，全印刷による製品と，ハイブリッドプロセスによる製品とに，2 極分化すると予想している。ディスプレイ応用であれば，携帯電話や電子ブックの様な小型で高精細を要求される応用には，ハイブリッドプロセスを，一方，大型スクリーン TV や，電子サインボードの様な応用には，全印刷プロセスを，と言った具合である。また，Roll to Roll プロセスが，しばしば議論されるが，その有用性についても，十分に検証する必要がある。特に，フレキシブル・エレクトロニクスを謳った場合には，超えるべきハードルも高い様に思われる。

ここまで，塗布・印刷による有機 TFT について述べてきた。現状から将来展望，あるいは心配事まで大まかに述べてきた。しかし，確かに言える事は，ここ数年の当該分野のワールドワイドでの進展には，正に目を見張るものがある。この勢いを失う事無く，更なる発展を大いに期待して本稿を閉じたい。

文　　献

1) T. Someya et al., *IEEE Trans. Electron Devices*, **ED-52**, 2502 (2005)
2) I. Yagi et al., Technical Digest, SID 2007, Long Beach (2007)
3) W. Fix, Technical Digest, Organic Electronics Conference 2006, Frankfurt (2006)
4) T. Kuglar, Technical Digest, Organic Electronics Conference 2003, Cambridge (2003)
5) I. McCulloch et al., *Nature Mat.*, **5**, 328 (2006)
6) M. Kawasaki et al., Technical Digest, SID 2006, San Francisco (2006)
7) T. Ohe et al., Technical Digest, Organic Electronics Conference 2006, Frankfurt (2006)
8) T. Takahashi et al., *J. Org. Chem.*, **71**, 7967 (2006)
9) J. E. Anthony et al., *J. Am. Chem. Soc.*, **123**, 9482 (2001)
10) K. Nomoto et al., *IEEE Trans. Electron Devices*, **ED-52**, 1519 (2005)
11) A. Nomoto et al., Technical Digest, MRS Spring, San Francisco (2007)
12) M. Halik et al., *Appl. Phys. Lett.*, **81**, 289 (2002)
13) C. J. Drury et al., *Appl. Phys. Lett.*, **73**, 108 (1998)
14) N. Yoneya et al., Technical Digest, SID 2006, San Francisco (2006)

3 トナーディスプレイ

北村孝司*

3.1 はじめに

電子写真方式複写機やレーザープリンターでは感光体上に形成された静電潜像はトナーの付着により可視画像化され，さらに，このトナー像は紙に静電転写後，加熱定着されて文字や画像のハードコピーが作成される。これらのプロセスでは，帯電したトナーが現像ローラーから感光体へ，さらに感光体から紙へ電界中を飛翔することが利用されている。トナーは紙に定着されるのでトナーを除去して再び画像を書換えることはできない。一方，トナーディスプレイでは，帯電したトナーが2枚の電極間に形成された電界により気相中を移動し，透明電極面に付着することを利用して文字や画像の表示を行い，さらに電極に印加する電圧の極性を切り替えることによりトナーを電極面から引き剥がして書換えを行っている。トナーディスプレイは画像を保持するのに電力を必要としないメモリ性を有した反射型のディスプレイであり，構造が簡単であり，広視野角性，画像保持特性および省電力性などを持ち合わせていることから，新しい薄膜画像表示媒体である電子ペーパーへの応用が期待されている[1～6]。黒色粒子やカラー粒子としては電子写真用黒トナーやカラートナーを用いている。トナーは隠蔽率が高く画像表示材料としては優れた特性を示している。さらに，最近のトナーは帯電安定性に優れ，小粒径化が進むと同時に重合トナーなどに見られる球形トナーが用いられるようになり流動性が向上している。ここでは，このトナーを用いた表示デバイスの材料と表示特性について説明する。

表示方式は図1に示すように外部電圧印加により黒色トナーのみが移動して表示する1粒子移動型（電荷注入型）と黒色トナーおよび白色トナーが互いに反対方向に移動して白および黒を表示する2粒子移動型（摩擦帯電型）がある。両者ともトナーディスプレイセル内部に黒白2種類

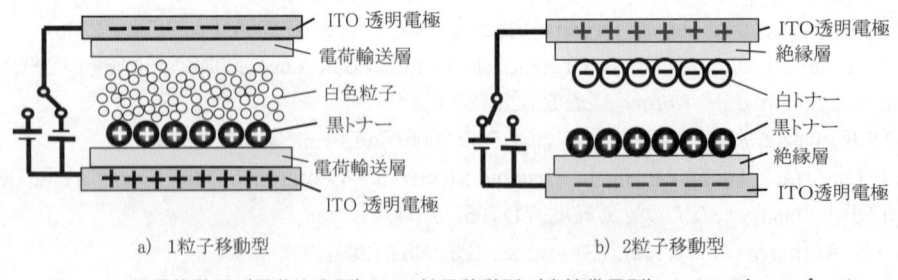

a) 1粒子移動型　　　　b) 2粒子移動型

図1　1粒子移動型（電荷注入型）と2粒子移動型（摩擦帯電型）トナーディスプレイ

*　Takashi Kitamura　千葉大学　大学院融合科学研究科　情報科学専攻　教授

第7章　プリンタブルエレクトロニクスが期待される有機デバイスとその要素技術

の粒子を封入するといった点では同じであるが，セル内部における粒子の帯電方法および挙動が異なっている。さらに，カラートナーディスプレイでは表示セル内に複数のカラートナーを封入してカラー画像を表示することが可能である。

3.2　1粒子移動型（電荷注入型）
3.2.1　表示原理

　図2に1粒子移動型ディスプレイセルの断面図と表示原理を示す。図に示すように，ITO透明電極をつけた2枚のガラス板の間に，黒トナーと白色粒子を挟み込んで電圧を印加すると，黒トナーが電極間を移動して黒と白を表示することができる。黒トナーには導電性トナーを用い，白色粒子にはフッ化炭素の滑りやすい微粒子を用いてある。ITO電極には電荷輸送層が塗布されており，電極から正電荷をトナーに注入する役目をする。まず下部電極に正の電圧を印加すると，電荷輸送層から正の電荷が注入され，導電性トナーは電気的に正に荷電して，クーロン引力により上部電極の負側に移動する。ITO電極は電荷輸送層に対して正孔注入が容易であり，電荷輸送層中を移動した正孔は接触している導電性トナーを荷電する。その時に電極とトナーは接触していることが必要となる。そして，導電性トナーは上部電極に向かって白色粒子の塊の中を電界移動する。この時は，トナーの移動が速やかに行えるように，白色粒子に摩擦係数の低い材料を選ぶ必要があり，幾分パッキング密度を下げてある。さらに，上部の電荷輸送層表面に達した導電性粒子は電荷輸送層を挟んで上部電極電荷とのクーロン力にて保持される。この時，電荷輸送層は電子を輸送しないので絶縁層の役割をする。正電荷を持つトナーは電荷輸送層を誘電体としてクーロン力によって付着保持されるので電源を切っても長時間保持できる。次に上部電極の極性を切り替えて正に印加すると，前述の動作が逆に起こり，導電性トナーは下部電極に向かって電界移動を始める。この動作を繰り返すことにより白と黒の表示を行うことができる。

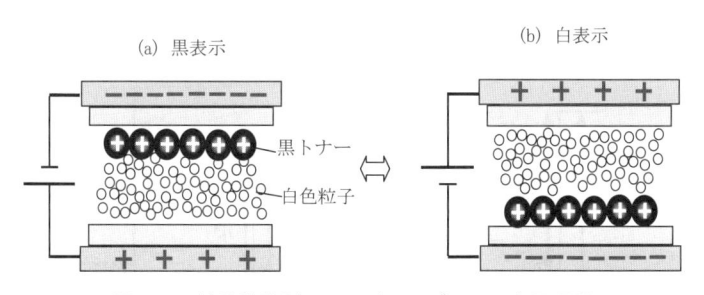

図2　1粒子移動型トナーディスプレイの表示原理

3.2.2 試料

実験に使用した試料は以下のようにして作成した。正孔電荷輸送分子であるp-diethylamino-benzaldehyde-(diphenyl hydrazone)とポリカーボネート樹脂（PC，帝人化成，Panlite K-1300）を1：1の重量比に混合溶解したのちITO透明電極上に厚さ約3ミクロンに塗布した。その後，100ミクロンのスペーサを挟んで2枚のITO電極で空間作成し，その中に粒子を封入した。導電性黒色トナー（日立金属製）と白色粒子（日本カーボン製，フッ化炭素）を重量比1：1になるように計り，薬包紙上で色のむらがなくなる程度に軽く混合する。そして，下部電極とスペーサによりできる空間に粒子を入れ，均一に分布させた後，上部透明電極をかぶせ，粒子を封入した。導電性黒色トナーは平均粒子直径が約15μmの球形で，フッ化炭素は約2μmである。

3.2.3 表示特性

導電性トナーと白色粉末の混合粒子をセルに封入した後，電圧を印加した。電圧0Vの時は，導電性トナーと白色粉末を混ぜた灰色表示を示す。そして，印加電圧の増加に従い，黒の表示濃度は増加を示し，白色の濃度は減少を示す。導電性トナーの移動は印加電圧80Vから始まり，200V以上で黒表示と白表示時の濃度差で示すコントラストは飽和を示す。ここで，黒表示および白表示の濃度は0.8および0.4であった。このように黒表示の濃度が低い理由は，黒粒子の上部電極への付着が不十分であるためであり，白表示の濃度が高い理由は，付着した導電性トナーのすべてが反対電極へ移動せず上部電極上に残留しているためである。

3.2.4 電荷輸送層[7,8]

図3は表示セルの電極，電荷輸送層およびトナーのエネルギーモデルを示す。トナーが正帯電するための条件は，ITO電極から電荷輸送層へ正孔注入が可能であり，さらに電荷輸送層中を正孔が移動できることが必要である。そのためには図中に示すようにITOの仕事関数が電荷輸送材料のイオン化ポテンシャルより大きいことが必要である。次にトナーが電極上に保持されるた

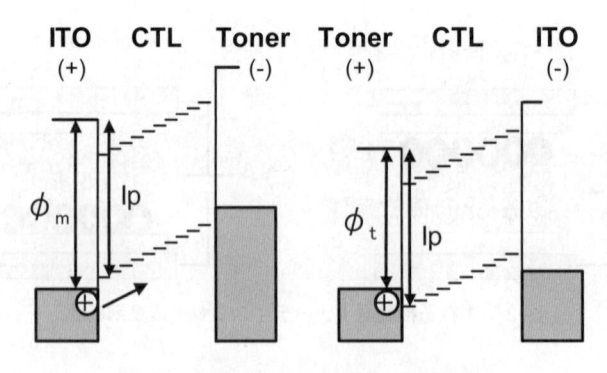

図3　表示セルのエネルギーモデル図

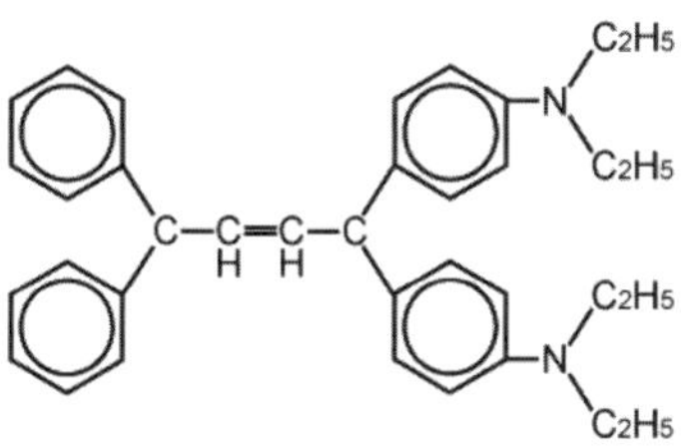

第7章 プリンタブルエレクトロニクスが期待される有機デバイスとその要素技術

CTM1
1,1-Bis(p-diethylamino-phenyl)-4,4-diphenyl-1,3-butadiene
ionization potential; 5.12 eV

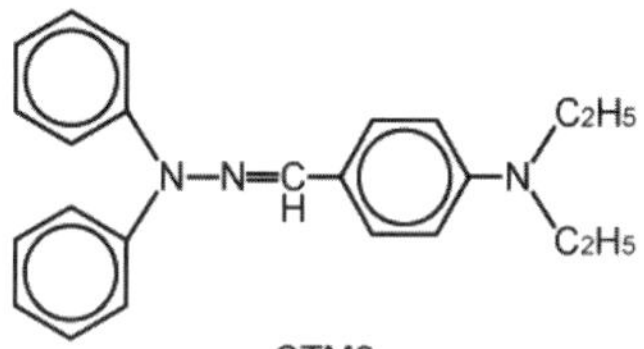

CTM2
p-Diethylamino-benzaldehyde-(diphenylhydrazone)
ionization potential; 5.36 eV

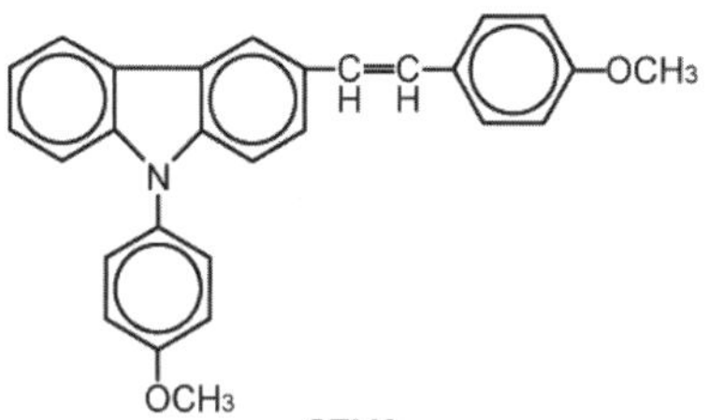

CTM3
3-[2-(4-Methoxyphenyl)ethenyl]-N-(4-methoxyphenyl)-carbazole
ionization potential; 5.72 eV

図4 ヒドラゾン誘導体電荷輸送分子のイオン化ポテンシャル

めの条件としては，図中に示すようにトナーの仕事関数が電荷輸送材料のイオン化ポテンシャルより小さいことが必要である。このように適切な電極材料，電荷輸送剤，トナーを用いることにより電極に整流性を持たせると，より良い表示特性を示すことができる。

このことを確認するために図4に示す3種類の電荷輸送剤について，界面での電荷注入効果について検討した。図4にヒドラゾン誘導体の電荷輸送分子構造およびイオン化ポテンシャルの値を示す。イオン化ポテンシャルの大小によりITO電極-トナー間の電流電圧特性に変化が現れ，トナーディスプレイにおいて適切な特性が得られるかを検討した。

図5はトナーを融解し，そのまま固化して電極とした試料の電流電圧特性を示す。(a)，(b)，(c)，はそれぞれCTM1，CTM2，CTM3，を使用した。(a)に示すITO/CTM1/トナー膜ではITO電極を正極性にするとCTLに正孔が注入される順方向電流と，逆極性ではトナーからの正孔注入が阻止されるかCTLからITOへの界面での障壁により逆方向電流となる整流性が認められた。(b)に示すITO/CTM2/トナー膜では電流値の単位がnAであり，極端に電流が流れなく

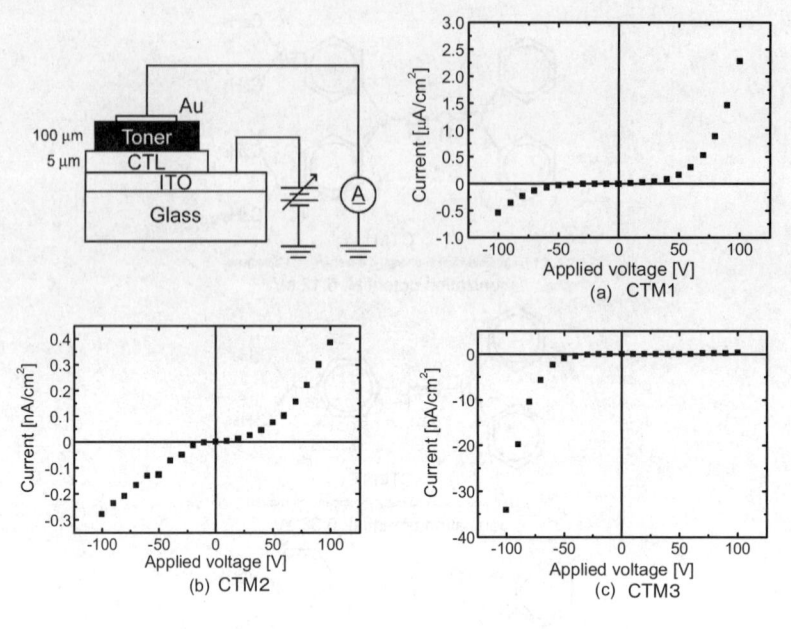

図5 トナー／電荷輸送層／ITO電極のV-I特性

なり，ITO電極から正孔の注入が阻止されていることがわかる。(c)に示すITO/CTM3/トナー膜ではITO電極が正の時にさらに電流は流れなくなっておりITO/CTL間に大きな障壁が存在していることがわかる。ITOが負の時には電流が増加を示しているがこの原因は不明である。

ITO電極の仕事関数ϕ_mは5.28eVであり，CTM1のIpが5.12eVへは正孔注入が可能であることが予想され，実験結果と一致する。また，トナーの仕事関数は不明であるがCTMのIpより低いことが予想される。イオン化ポテンシャルの大きなCTM2，CTM3ではITO/CTMの障壁がより高くなりトナーへの電荷注入が減少することがわかった。以上のことからITO電極，CTLからトナーへの電荷注入量が多く，かつトナーから正孔の注入が少ないCTM1がここで用いた3種類の中では最良の特性を示すことがわかった。またイオン化ポテンシャルの大きなCTM3ではトナーへの注入が少ないことから，トナー帯電量が低いためトナーの移動が少なく，かつトナーが上部電極に保持されにくいことが予想される。

トナーディスプレイに適する電流電圧特性の得られたCTM1の場合で最も良いコントラストが得られ，さらに，わずかではあるがより低電圧で動作するという結果が得られた。CTM2を用いた時は最もコントラストが低くなったが，これは膜の電気伝導度が低いことも考慮しなければならない。またCTM3を用いた時は黒から白への変化において150〜200V付近に明確な閾値が存在している。低電圧では電荷の注入が不安定であるためと考えられる。

第7章 プリンタブルエレクトロニクスが期待される有機デバイスとその要素技術

3.3 2粒子移動型（摩擦帯電型）
3.3.1 表示原理

図6に2粒子移動型トナーディスプレイの表示原理を示す。黒色トナーは正に，白色トナーは負に摩擦帯電しているため，電極に電圧を印加すると黒色トナーは負電極側へ，白色トナーは正電極側へ移動する。よって，セルを上部電極（負電極）側から観察すると黒表示となる。さらに，印加電圧の極性を反転すると黒色トナーは下部電極へ移動し，白色トナーは上部電極へ移動するため上部電極（正電極）側から観察すると白表示となって見える。

本方式の特徴としては高いコントラストと長時間の画像保持および閾値の存在が挙げられる。現在，外部電圧が数百ボルトと高いことが問題であり，電圧低減が課題である。

3.3.2 試料

図7に黒色トナーおよび白色トナーの光学顕微鏡写真を示す。黒色粒子として黒色重合トナ

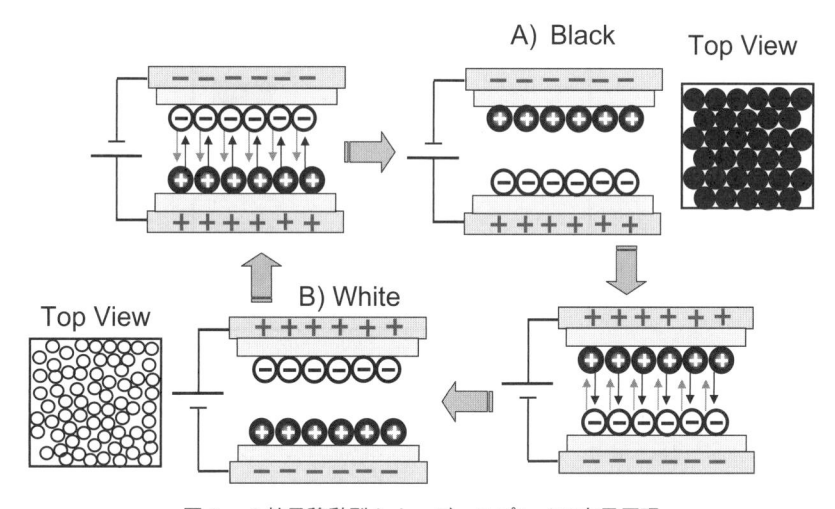

図6 2粒子移動型トナーディスプレイの表示原理

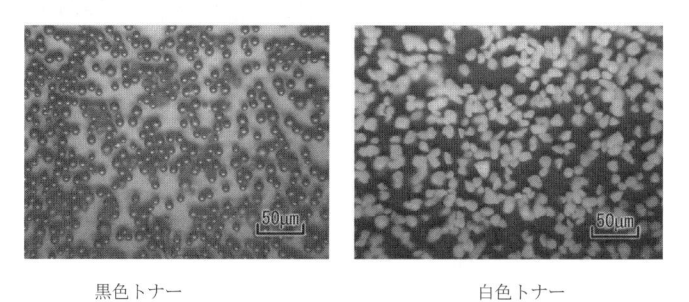

図7 黒色トナーおよび白色トナーの光学顕微鏡写真

ー，白色粒子として酸化チタン含有白色トナーを使用した。黒色トナーおよび白色トナーともに粒径は約10μmである。黒色トナーと白色トナーの混合重量比は5：4とし，絶縁層2μmを塗布した2枚のITO透明電極からなる空間に2粒子を封入した。なお，電極間距離は100μmとした。

3.3.3 表示特性

黒色トナーと白色トナーを用いた2粒子移動型トナーディスプレイの反射濃度-印加電圧特性を図8に示す。白色反射率47％，黒色反射率3.6％でコントラストは13である。2粒子は混合時に摩擦帯電により逆極性に帯電するため強く凝集している。この凝集を解くために高い印加電圧が必要で，閾値電圧として200Vが必要である。

粒子の流動性は表示特性に大きな影響を与える。図9に黒色トナーおよび白色トナーの安息角を示す。白色粒子の安息角と，黒白表示の反射濃度差の関係を測定すると安息角が小さい，つま

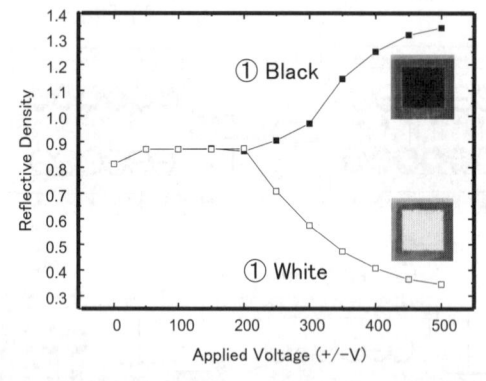

図8　2粒子移動型トナーディスプレイの表示特性
白色反射率；47％，黒色反射率；4％，コントラスト；13

黒色粒子：29度　　　　　白色粒子：38度
図9　黒色トナーと白色トナーの安息角

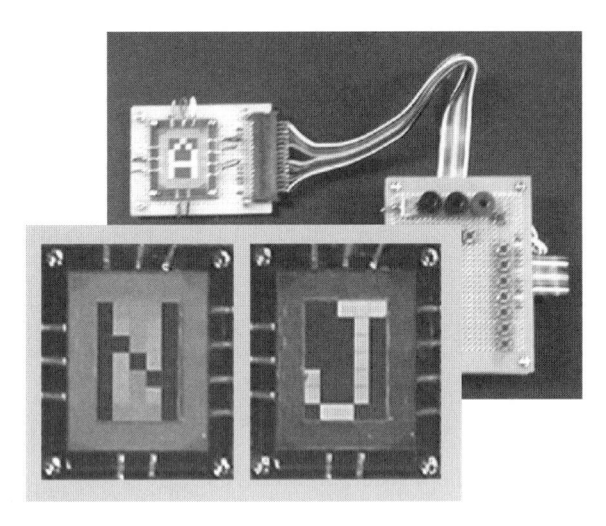

第7章　プリンタブルエレクトロニクスが期待される有機デバイスとその要素技術

図10　2粒子移動型トナーディスプレイによる単純マトリックス表示

り流動性が良い粒子を用いた場合ほど，黒表示，白表示ともに向上し，黒表示と白表示の反射濃度の差が大きくなった。反射濃度の差が大きくなっているというのは，粒子の移動がスムーズに行われ，黒表示側に混在していた白色粒子が白表示側へ移動するなどの，表示に適した粒子の電極への付着量が増大したためであると考えられる。よって流動性の良い粒子を用いたほうが白表示と黒表示の反射濃度差が大きくなり，表示コントラストが向上するという関係が得られた。

次に，最も流動性の良い白色粒子と悪い粒子を用いて，印加電圧と反射濃度差の関係を比較した結果，流動性の良い粒子のほうが閾値電圧が100V低いことがわかった。これは，粒子の流動性が良いと粒子移動が容易になるため電圧に対する応答性が向上したためであると考えられる。

2粒子移動型トナーディスプレイ方式を用いて，デモンストレーション用の表示サンプルセルを作製した。このサンプルは5×7の単純マトリックスで上下電極にそれぞれ＋／－200Vの電圧を印加した。明確な閾値が存在するために単純マトリックス表示が可能であることを確認した。図10に表示の様子を示す。

3.3.4　フォトリソグラフィーを用いた隔壁の作製

トナーディスプレイは粒子を表示媒体としているため大きな面積の表示を行うと粒子が対向させた電極に対して水平方向に飛散し偏ってしまうことがある。また，より紙に近い電子ペーパーを目指して曲げることができるトナーディスプレイを作製するためには，曲げた状態でも粒子に与える電界強度を一定にするため，電極間距離を一定に保つ必要がある。そこで，粒子の飛散の予防，および電極間距離の保持のためにディスプレイ内部を仕切る隔壁を設ける必要がある。

3.3.5 隔壁作製方法[9]

図11にフォトリソグラフィーを用いた隔壁作製プロセスの概略を示す。隔壁材料としてはネガ型フォトポリマー（SU-8 3050，化薬マイクロケム）を用いた。

フォトリソグラフィーを用いた具体的な隔壁作製は以下の手順によって行った。

①洗浄……基板となるITOガラスを，純水，エタノール，アセトンの順に20分ずつ超音波洗浄する。

②基板乾燥……基板を定温乾燥機にて80℃，20分温めることにより，基板に残存する洗浄液を除去し，レジストと密着性を向上させる。

③レジスト塗布……スピンコートによりITOガラス上にレジストを成膜する。回転数は600rpmで15秒間，続いて1800rpmで30秒行う。

④プリベイク……成膜したレジスト膜中に含まれる溶剤を除去し，熱を加えることによりレジスト膜の膜厚の均一性を向上させるため96℃のホットプレートで20分間行う。

⑤露光……紫外線露光機（365nm，29mW/cm^2）を用いてレジスト膜にパターン露光を行う。露光時間は60secで1.7J/cm^2の露光量となっている。マスクには銀塩ネガマスクを用いた。

⑥ポストベイク……現像処理の前にレジスト膜を加熱する。乾燥機で95℃，5分のベイクを行う。

⑦現像・リンス……現像処理によってレジストの不要部分を除去し，隔壁パターンを作製する。

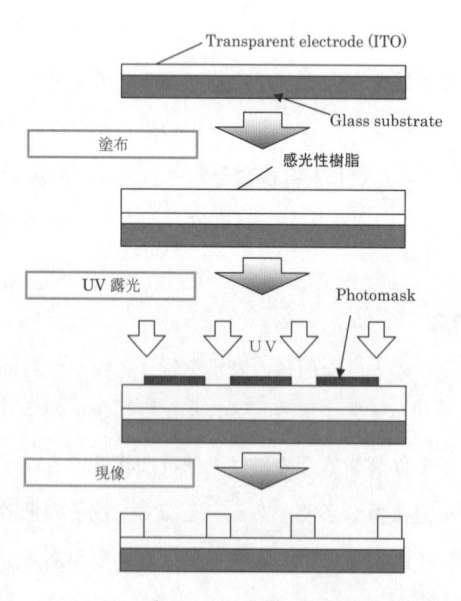

図11 フォトリソグラフィーを用いた隔壁作製プロセス

図12 ハニカム構造隔壁の観察写真

第7章　プリンタブルエレクトロニクスが期待される有機デバイスとその要素技術

⑧乾燥……ITOガラス表面上と隔壁上に残存する現像液，リンス液の除去をする。実験では乾燥機で80℃，5分の乾燥を行った。

　図12に作製した隔壁の光学顕微鏡写真および電子顕微鏡写真を示す。隔壁は高さ60μm，上部の幅は26μm，下部の幅は76μmであり，一辺が1mmのハニカム構造とした。この隔壁を設けた2粒子移動型トナーディスプレイデバイスは良好な表示特性を示した。

3.4　カラートナーディスプレイ

　2種類のカラー粒子と白色粒子を用いたトナーディスプレイの3粒子制御による表示原理[10]を図13に示す。図中ではシアン粒子，黄色粒子，白色粒子がトナーディスプレイセル内に封入されている。シアン粒子と黄色粒子は正に帯電し，帯電量が大きく異なる。また，白色粒子は負に帯電する粒子である。(A)から(E)は電圧の印加時の表示の状態を示している。白色粒子と黒色

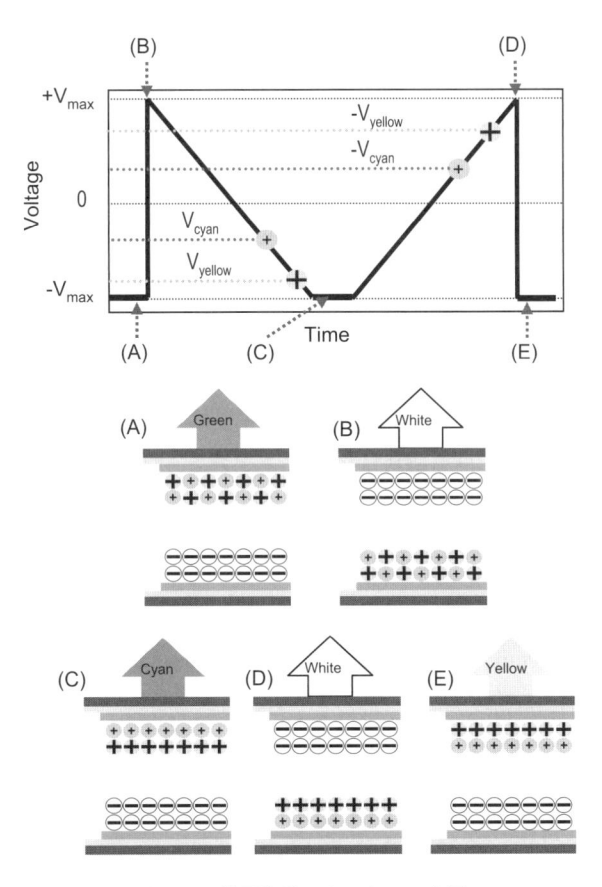

図13　3粒子移動によるカラー表示

粒子を用いたトナーディスプレイと同様に，正の電圧を印加することで負帯電の白色表示が得られ，負の電圧を印加することで緑色表示が得られる。ここで，緑色表示はシアン粒子と黄色粒子の混色である。トナーディスプレイは閾値電圧を持っており，これは正負に帯電する粒子間のクーロン力に起因するものであり，帯電量の小さな粒子は閾値電圧が低く，帯電量の高い粒子では閾値電圧は高くなると考察されている。電圧をマイナス側に徐々に上昇させると，帯電量の低いシアン粒子は低い電圧で移動して先に表示側の電極に付着する。その後，高い電圧で黄色粒子が表示側の電極へと移動する。この時，表示面はシアン粒子で覆われているため，シアン表示となる。次に電圧の極性を徐々に切り替えると，シアン粒子が先に下部電極に移動し，次に黄色粒子が下部電極に移動する。正の電圧が印加されているため，この時の表示は白色となる。この状態で急峻に電圧の極性を負に切り替えると，シアン，黄色の粒子は同時に動き出し，電圧を切り替える前に表示電極の近くに存在していた黄色粒子が表示電極に付着するため，黄色の表示を得ることができる。電圧の印加方法を工夫することで3種類の粒子を独立に表示することが可能であると考えられる。図に示したような鋸波電圧を用いることがこの表示には有効であると考えられる。

トナーディスプレイセルには正負に帯電する粒子を封入した。シアントナー（Toner-C）とイエロートナー（Toner-Y）は正帯電粒子として用いた。また，白色トナー（Toner-W）は負帯電粒子として用いた。Toner-C，Toner-Y，Toner-Wの平均粒径はそれぞれ9μm，8μm，7μmである。Toner-C，Toner-Y，Toner-Wを混合し，透明電極付きガラス基板を対向させ，その中に封入した。スペーサの厚さは100μmであり，セルのピクセルサイズは10mm×10mmとした。

トナーディスプレイセル内にToner-C，Toner-Y，Toner-Wを体積比1:1:2で混合し封入した。±400Vの電圧を印加することで，緑色と白色の表示を得られた。+400Vから−400Vに徐々に，−400Vから+400Vへは急峻に電圧が変化するように鋸波を印加することでToner-Cが独立に表示され，シアンの表示が得られた。また，+400Vから−400Vに急峻に，−400Vから+400Vへは徐々に電圧が変化するように鋸波を印加することでToner-Yが独立に表示され，黄色の表示が得られた。図14に反射スペクトルを示す。シアン表示，黄色表示，白色表示の反射率はそれぞれ450nm，550nm，650nmにおいて40%，6%，12%を示した。これは3種類の粒子が独立に表示電極面に移動し，付着したと考えられる。

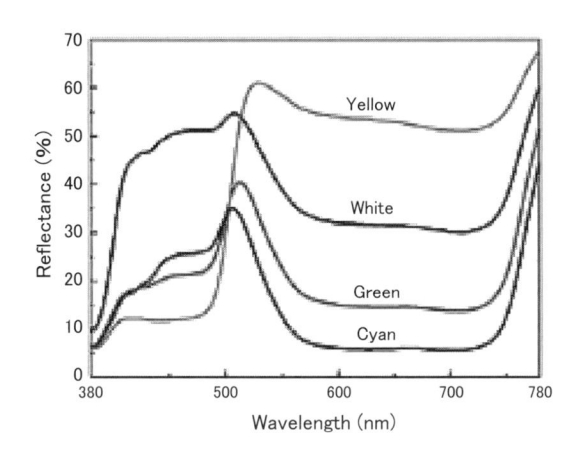

第7章　プリンタブルエレクトロニクスが期待される有機デバイスとその要素技術

図14　カラートナーディスプレイの反射スペクトル

3.5　まとめ

　21世紀のネットワーク時代には，紙と同様に軽量薄膜で柔軟性を有し，単純に文字や画像の表示を行う単機能電子ペーパーと無線で書き込みが可能でメモリー機能を有する高機能電子ペーパーの出現が期待されている。単機能電子ペーパーは紙とほぼ同じ質感を持ち，何回も書き換え可能である。現在のハードコピーと同じスタイルで用いることができるので利用者に受け入れられやすい。また，高機能電子ペーパーは，デジタルデータとのアクセスが可能であり，またメモリにより情報を蓄積しておくことが可能である。このような電子ペーパーの実現が期待されている。

文　　　献

1) 趙，菅原，星野，北村，"新しいトナーディスプレイ(1)"，日本画像学会 Japan Hardcopy，**99**，249（1999）
2) 趙国来，星野勝義，北村孝司，"電界中における粒子移動を利用した反射型電子ディスプレイ(1) 表示原理と表示特性"，日本画像学会誌，**39**(4)，408（2000）
3) Gug-Rae Jo, K. Hoshino, T. Kitamura, "Toner Display Based on Particle Movements", American Chemical Society, *Chemistry of Materials*, **14**(2), pp.664-669（2002）
4) 中山，水野，中村，星野，北村，"摩擦帯電型トナーディスプレイの表示特性と動作機構"，日本印刷学会　第110回春期研究発表会講演予稿集，pp.120-122（2003）

5) 水野,中村,星野,北村,"摩擦帯電型トナーディスプレイの表示特性と動作機構(2)",日本印刷学会 第112回春期研究発表会講演予稿集,pp.41-43（2004）
6) 竹内学,小口寿彦編,"電子写真現像剤の最新技術——トナー開発の最前線——",シーエムシー出版,pp.385-392（2005）
7) 安田理,趙国来,星野勝義,北村孝司,"トナーディスプレイの表示特性(Ⅳ)——電荷輸送層の役割——",日本画像学会 Japan Hardcopy 2001, pp.55-58（2001）
8) M. Yasuda, Gug-Rae Jo, K. Hoshino and T. Kitamura, "Role of Charge Transport Layer in Toner Display by Electrical Particle Movement", IS&T NIP17, pp.744-746（2001）
9) 清水宣暁,山本理樹,中村佐紀子,北村孝司,"隔壁を設けたトナーディスプレイの作製",日本印刷学会 第116回春期研究発表会予稿集,pp.54-57（2006）
10) 山本哲也,高橋大介,中村佐紀子,北村孝司,"トナーディスプレイのカラー表示の検討",日本画像学会 2005年度第4回技術研究会（電子ペーパー研究会）予稿集（2005）

4　ICタグ

後上昌夫*

4.1　ICタグの現状技術

　ICタグとは，専用の読取装置を使用して，無線で半導体チップと通信を行い，メモリ内部に格納された固有の識別コード（UID）により，対象を認証し識別する電子メディアである。通常半導体メモリを持つICチップと小型アンテナで構成される。薄く，様々な形状に加工することができ，人手を介さずに認識できることから，物流や流通の高度化，合理化に役立つものと期待されている。図1にICタグの概要を示した。

　現状技術として，現在日本で主流である，13.56MHz帯におけるICタグのアンテナ製造から実装までの技術動向について解説し，将来的に，プリンタブル有機エレクトロニクスを実用デバイスとして利用することを考えた場合の課題について，最後に述べる。

　図2に，実際に使われているICタグ「ACCUWAVE」の製品実例を示す。

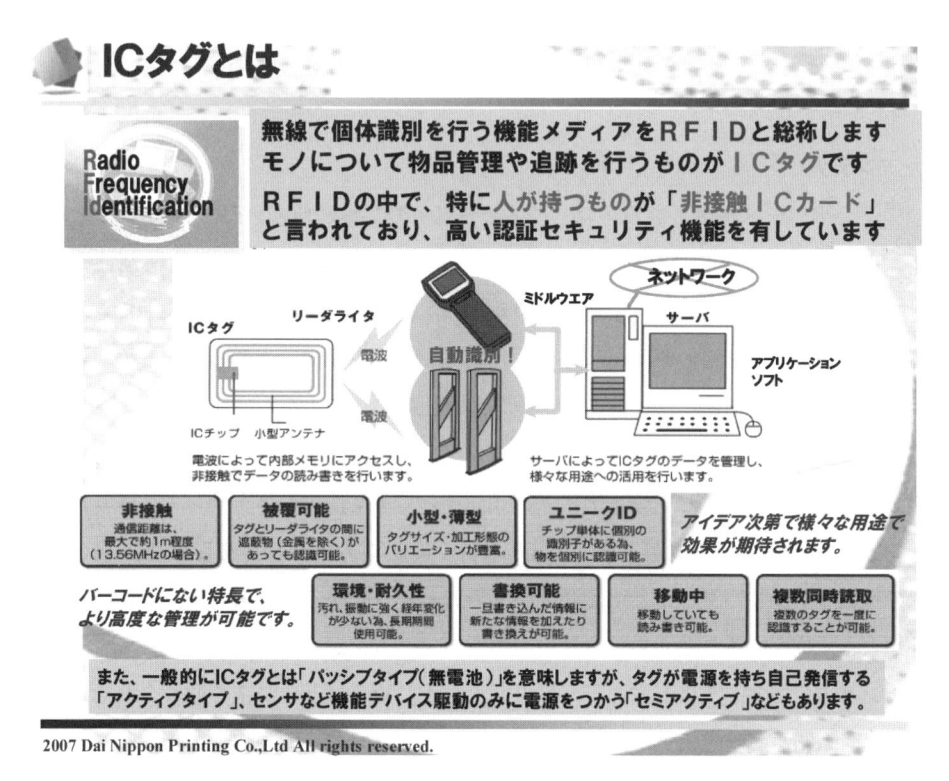

図1　ICタグの概要

＊　Masao Gogami　大日本印刷㈱　電子モジュール開発センター　RFID開発部　部長

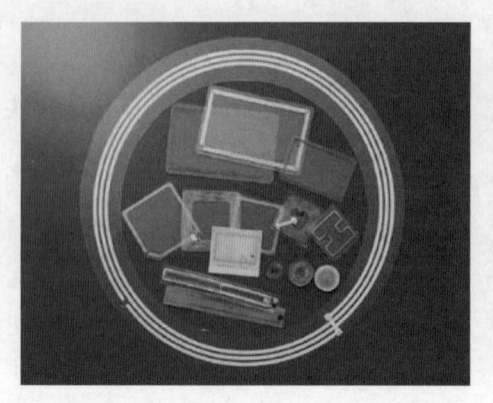

アンテナ							
寸法(mm)	76×45	45×45	32×18	28×12	φ32	φ22	φ14
材質	Al／PET	Al／PET	Cu／PET	Cu／PET	Cu／PET	Cu／PET	Cu／PET

ACCUWAVE ラインナップ

図2　ICタグの製品実例

4.2　アンテナ

　主にアンテナベース基材となるのは，厚み25〜50μの2軸延伸のPETフィルムである。PETフィルムは通常の電子部品の材料としては使用されるケースは少ないが，耐溶剤性や寸法安定性，耐熱性に優れ，工業用に広く流通しているため，安定した品質で安価に入手できる材料である。印刷やコーティング用の原反としても，包装材・住宅内装材，産業資材などの用途で非常に多く用いている材料である。次に，このベース基材上にアンテナを形成するが，大きく分けて金属の箔を貼り合わせてから不要な部分をエッチングにより除去するサブストラクト方式，必要な配線を金属メッキで形成するアディティブ方式，そして導電性の粉体をインキに練り込んで直接パターンを印刷する印刷方式がある。13.56MHzのICタグの場合は，電磁誘導方式を用いるため形状の複雑なコイルパターンとする必要があることと，配線の断面積（抵抗値）にその通信距離特性が大きく依存することから，金属箔のエッチング方式が主流となっている[1]。

　エッチング方式でアンテナ形成を行う場合，あらかじめ基材と金属箔を貼り合わせておく。箔はアルミニウム箔や銅箔を用いる。箔の貼り合わせ方法としては，硬化性の接着剤を用いたドライラミネート方式で，基材フィルムの片側もしくは両側に貼り合わせを行う。

　以上のように，各方式は求められるコイルの全体サイズや必要な通信特性により適宜選択されるが，方式ごとに配線形成ルール（コイルのライン巾やスペース巾）が変わってくるため，Cu

第7章 プリンタブルエレクトロニクスが期待される有機デバイスとその要素技術

表1 アンテナ配線プロセスによる特徴

アンテナ コイル種	製造方法		材料の比抵抗 [Ω・cm]	最小ライン幅 [μm]	最小スペース幅 [μm]
	製版方式	加工方式			
Cu箔	フォトレジスト	塩化第二鉄エッチング	2×10^{-6}	60	60
Al箔	グラビア印刷等	酸, アルカリエッチング	3×10^{-6}	300	300
Agインク	—	シルク印刷	3×10^{-5}	300	300
Cインク	—	シルク印刷	1×10^{-1}	300	300

アンテナ コイル種	特長比較			
	精度	少ロット対応	通信距離	コスト
Cu箔	◎	△	◎	△
Al箔	△	×	○	◎
Agインク	△	○	△	○
Cインク	△	○	×	○

※同一サイズアンテナの場合の目安。

配線のエッチング、Al配線のエッチング、導電印刷による直接配線とは使い分けられる。

要求事項による主な選定の目安は表1に示す通りで、各配線プロセスによる特徴を説明する。

Cu配線については、既存のフレキシブルプリント基板の製造プロセスが使用でき[2]、材質的にエッチングによる寸法再現性が良いので特にファインパターンに向く。製版方法としては、解像度と作業性が良いフォト製版でレジストパターンニングし、塩化第二鉄や塩化銅などの溶液中で不要な銅箔を腐食、溶解させる。パターンが形成された後、コイル表面に残ったレジスト層はアルカリ水溶液で剥離させる。

Al配線の場合、材料も安価に入手でき、盗難防止用の共振タグとして既に類似のパターンが大量に生産されているため、その応用製品として同様の製造ラインを使用し、安価・大量生産が可能である。ただし、Alはエッチング速度が早く腐食時の発熱量も多いため、エッチャント（腐食液）のコントロールが難しく寸法安定性にかけることや、不純物によりラインの直線性が得られにくいことから、ファインパターンには向かないとされる。さらにAlアンテナは、基材表裏のパターン（Al/PET/Al構成）の導通を「カシメ」により物理的な方法で簡便に行うことができる。この技術により、従来方法であるスルーホール／メッキや導電パターンの印刷など、複雑なプロセスを使用せず高速・安価に回路を形成することが可能となった。カシメを効率よく、信頼性よく加工するための冶具や加工条件は各アンテナメーカーが独自に開発しており、各社のノウハウとなっている。

導電印刷パターンはシルク印刷方式により小～中ロットの生産に向く。適するインキとしてはAgまたはAg/Cの粒子やフレークをビヒクルとし、エポキシ等の硬化性樹脂をバインダーとしたものが多く用いられている。欠点として、上記金属箔のコイルに比べ表面抵抗が数倍高いこ

と，印刷インキ層がもろくなりやすく屈曲に弱いこと，印刷条件によりコイルの寸法や抵抗値がばらつきやすく通信距離の安定性が損なわれやすいこと，などが上げられ，特に複雑で精密なパターンには向かない。ラフなパターンで，かつ通信距離が必要とされないケースには用いられる。メンブレンスイッチなどの電機配線形成技術の応用で，エッチング方式で製造されたコイルパターンの一部の導通線としてこの導電印刷方式を組み合わせるケースが多い。

今後，日本におけるUHF帯の見直しや新技術の登場により，ICタグを取り巻く環境はさらなる変化を迎えることが予想される。特にアンテナについては交信周波数によって形状や素材は大きく変ってくるため，設計技術，加工技術ともさらに巾広い展開が今後必要となってくると予想される。具体的には，HF帯のコイル形状に較べて，より高周波帯域のアンテナ形状は，単純化される傾向にあるので，従来のエッチングや，印刷などのプロセスに加えて，打ち抜きや，メッキなどのプロセスでの低コスト化が促進するものと思われる。

4.3　ICチップ実装

ICタグの製造においては，ラベルのような安価な製品コストを実現するため，先に述べたような薄いフィルム汎用基材に適する実装方法が必要とされる。通常のプリント基板のようなリジットな基板上への半導体実装と大きく異なる点は，「不安定な基材上」への実装という点である[3]。PETフィルムは通常100℃を超えると熱収縮率が大きくなり，はんだのような高温で処理するプロセスを用いることができない。また，Cu箔やAl箔が用いられるのも一般的な半導体実装とは異にするところである。フィルム（テープ）基板における実装方式一覧を図3に示す。

ICチップを例にとると，ICタグ用のICチップのほとんどのものは，単純にアンテナの両端と2点で接点をとる少数ピンである。そこで，フィルム基材のコイルアンテナへの直接実装は，低コストで大量にチップを搭載する手法であるベアチップのフリップチップ実装が用いられる。チ

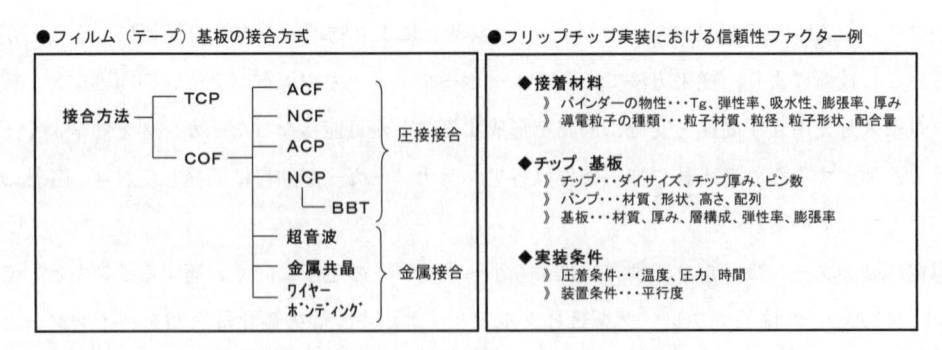

図3　フィルム基板における実装方式一覧

第7章 プリンタブルエレクトロニクスが期待される有機デバイスとその要素技術

ップの接続端子にバンプと呼ばれる突起を設け，半導体チップを基材に対し直接接続する手法で，非常にシンプルで高速処理できるのが特徴である。

フリップチップ実装には，大きく分けて金属接合方式と圧接接合方式がある。いずれもICチップ側の電極にAuなどの「バンプ」を形成し，アンテナ基材面に接続する方式である。バンプの材質として最も一般的なものは高純度Auである。昨今，アンテナ配線側に強く圧入させるために，硬度の高いパラジウムのバンプを用いているケースや，接点部分の歪みを解消し信頼性を確保する発想から，導電性のインキを用いた樹脂製のバンプも工法の一つとして登場している。

図4に，ICタグにおける各種実装方式を示した。圧接接合方式の中では，LCDのドライバーICで多く採用されてきた実績から，異方性導電フィルムを使用するACF (Anisotropic Conductive Film) 方式が主流である。最近のトレンドとしては，さらに製造コストを下げるため非導電性の材料を使用するNCP (Non Conductive Paste) や，超音波で金属結合を形成する超音波接合法の開発も行われている。

弊社独自の手法であるBBT (Bump Break Through) 実装は，PET基板／Al配線のアンテナに対して特に有効な圧接接合方式である。接続部の断面写真を写真1に示した。チップ端子側に

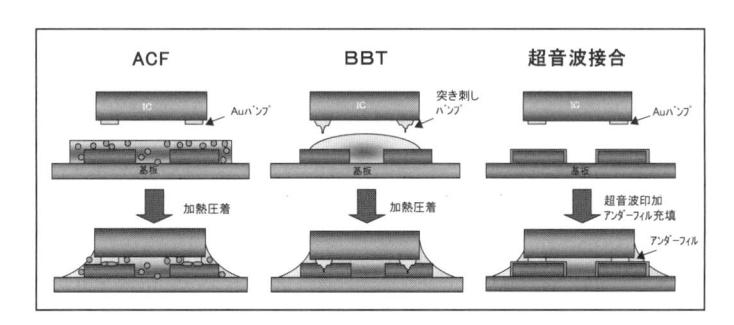

図4 ICタグにおける各種実装方式

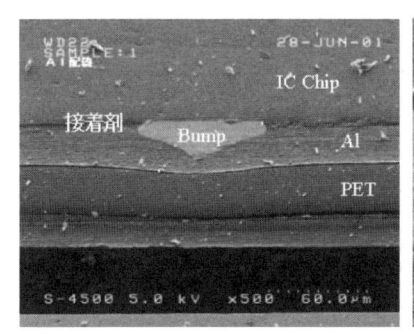

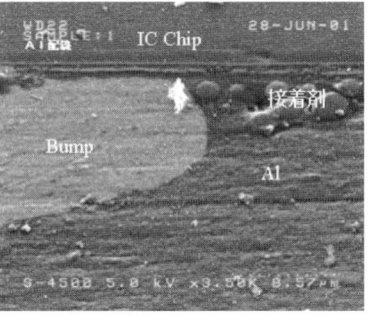

写真1 BBT実装におけるアンテナとバンプの接続部

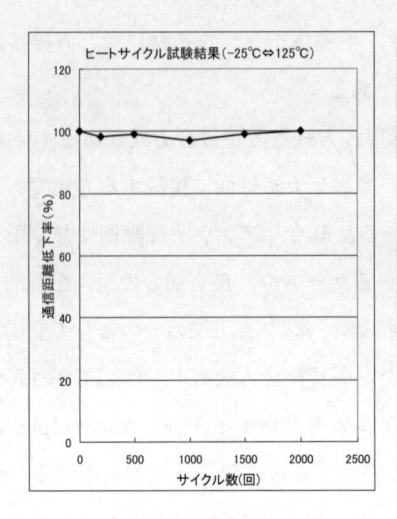

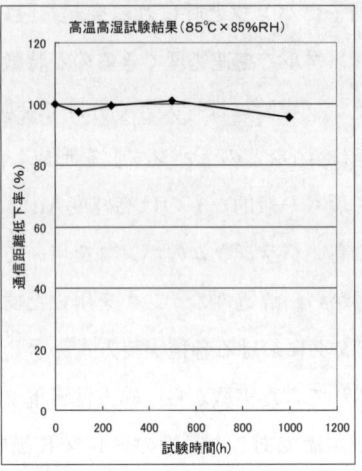

図5　BBT実装の信頼性評価結果

尖った先端を持つバンプを形成し，Alのような柔らかく表面に強固な酸化膜を有する配線に対して，バンプを直接突き刺すことで配線上の酸化膜を破壊し，くさび効果と金属共晶で電気的に接続する。さらに，あらかじめ基材側に塗布してある熱硬化性樹脂で，接続と同時にチップと接点部分を強固に固定できるというメリットもあわせ持つ。BBT実装の場合，接着剤は異方性導電性を有する必要はない。この手法により，ACFのような導電性粒子を含有する高価な材料を用いる必要がなく，さらに高速の処理を実現することが可能となった。この手法で製造したICタグの信頼性データの例を図5に示す。民生電子部品の信頼性評価基準における実用レベルを達成している。

　以上これらの実装ラインとしては，後工程での各種加工に適合しやすいように，Roll to Rollやテープ状の基材形態を採用し，スループット1秒／個以下という高速に処理できる能力を備えたものが主流となってきている。フィルム基板の実装は，リジット基板と比べ安定しない基材上にICチップを接続するため，品質・信頼性確保のためには，使用材料から実装条件まで様々なファクターが存在する。特に，チップサイズの大小に応じ，バンプの高さや圧着時の平行度などが大きく信頼性に依存することになる。実際の製造現場においては，製品原価の中でICチップコストが大きいウエイトを占めるため，ベアウエハを購入して使用する際の潜在不良チップをどう管理・排除するかという，KGD（known Good Die）の問題も大きな課題の一つとなっており，チップ状態での機能検査を低コストで行う手法も求められている。

第7章 プリンタブルエレクトロニクスが期待される有機デバイスとその要素技術

4.4 ICタグ実装技術動向

物流管理用途の本命として，その通信距離の長さから，UHF帯域（860〜960MHz）のICタグの実用化への期待が高まってきている。電子実装技術の観点からは，HF帯域のICタグと実装プロセスが大きく変わることはないと思われるが，より高周波帯域を使用することから，いくつかの注意点があげられる。すなわち，ICタグの性能を確保する上で，最も重要なインピーダンス整合において，より周波数依存成分の影響が顕著となってくるため，これを考慮する必要がある。

実装技術における，UHF帯ICタグの技術課題を以下に述べる。

当社BBT実装のようなフィリップチップ実装においては，以下の点に留意する必要があるものと思われる。

① チップのアンテナに対する搭載精度
② チップとアンテナとのギャップの制御

これらは，ともに，インピーダンス整合において，変動の要因となりうる，チップ搭載部分に発生する余分な容量成分（浮遊容量）の発生を抑制することが目的である。このためには，チップ搭載工程における装置的な条件を，より精密に制御する必要がある。

①に関しては，余分な容量成分を発生させないためにも，HF帯タグよりも，チップを精度よく搭載することが求められ，ボンダーの位置決め精度の向上を図る必要がある。

②に関しては，チップ表面とアンテナ配線層のギャップの距離をとったほうが余分な容量の発生が少なくなる。このため，HF帯域のICタグよりも，チップ実装時の押し付け圧力が，低圧力でのチップ実装になるものと予想される。これは，実装信頼性的には，悪くなる傾向であるので，信頼性の検証が不可欠である。

これらの要因は，スループットの低下，しいては，コストアップにつながりかねないので，装置設計面からの対応が不可欠であり，低コスト化の重要な課題と考える。

4.5 ICタグ実装技術の課題

ICタグは，来るべきユビキタス社会のねじ・釘として，大規模な市場性が期待されながらも，そのコストが普及のネックであると言われている。次に，コストダウンの観点から，実装技術を見直す場合，その課題と注意すべきポイントについて，述べていきたい。

ここで，製造能力の飛躍的な向上を目指しがちであるが，安心して市場で使えるものを製造するためには，品質保証，つまり，検査コストを充分考慮する必要がある。即ち，低コスト化は，品質設計が，プロセス開発と同じくらい重要になってくると認識すべきである。品質設計を考える上で，最初に考えなければならないことは，ICタグを，電子部品と捉えるべきかという点である。これは，要求コストや，用途に応じて，見直すべきであるが，電子部品であれば，製品信

頼性試験の長年の蓄積に基づく，製品基準があるので，（JIS C7022 半導体集積回路の環境試験方法 及び 耐久試験）これに基づいて，製品の品質を考えることができる。

ICタグを，電子部品以外の品質で設計する場合は，独自の品質基準を定める必要があり，その裏づけのためにも，実証実験が，今後，ますます重要なものになってくるものと思われる。

4.6 ICタグから見た実用デバイスへの課題──有機エレクトロニクスとICタグ

ICタグにプリンタブル有機エレクトロニクスを利用しようという研究が進んでいる。現状技術の紹介で述べたように，現在は，シリコンなどの無機材料が使われているが，有機エレクトロニクスを使えば，大幅なコストダウンが可能になり，普及の課題であるコストが解決されるとの期待からである。

これは，有機エレクトロニクスの特長である①大面積でフレキシブルなデバイスが製造可能，②製作プロセスに印刷を用いることが可能，といずれも，安価な機能デバイスの製造につながるものと期待されている。本節の最後に，ICタグから見た実用デバイスとして，有機エレクトロニクスを考えた場合，その課題について述べる。

4.6.1 チップ面積と集積度

ICタグに用いられるICチップは，トランジスタ10万素子程度の規模である。量産にあたっては，この素子ひとつひとつを均一な機能で，欠陥なく形成しなければならない。印刷をプロセスとして用いた場合，均一な膜形成の困難さとゴミ付の問題は常に内在する課題であると考えられる。

シリコンの場合，集積度を上げることで，コストダウンを進めてきた経緯がある。ウェハーの材料コストはほぼ決まっているので，チップサイズを小さくすることで，1ウェハーあたりの取り数が増え，1個あたりの単価を下げることができる。同時に，空気中に存在するゴミの数はほぼ一定と考えられるので，集積度を上げて，チップサイズを小さくすることで，ゴミを避けられる率が高くなり，良品率が改善される。この相乗効果で，シリコンデバイスのコスト競争力は改善されてきた。

印刷プロセスのコストは廉価であっても，有機エレクトロニクスがシリコンに対してコスト競争力を持ちうるかは面積比と良品率の検討が不可欠であると考える。

4.6.2 電荷の移動度

電荷の移動度が高いほどトランジスタ内のキャリアの速度は高く，スイッチ動作は高速化される。この電荷の移動度で比較した場合，シリコンを1とすると，印刷型の有機エレクトロニクスとは，現状1000倍程度の速度の開きがあるようである。

現状の汎用ICタグの通信周波数13.56MHzでクロックを動作させようとした場合，1クロッ

第7章　プリンタブルエレクトロニクスが期待される有機デバイスとその要素技術

クは，1/13.56MHz＝74ns（ナノ秒）となる。このクロック以外の回路は，μs（マイクロ秒）クラスでも動作することが可能であるが，特に，クロック信号の精度は，ICタグの通信性能上，極めて重要である。このクロックの矩形波がだれると，ビットずれが生じて，1，0の判定が困難になり，通信不能となってしまう。

　論理回路上は，1パルス内で様々な信号処理をする必要があり，トランジスタのスイッチング速度としては，最低でも1クロックの10倍程度の速度が必要だと思われる。

4.6.3　動作電圧

　現状の電磁誘導によるパッシブ型のICタグの場合，読取装置側から電磁誘導で供給される電力は，±5V，振幅で10V程度であり，実際，現状のICタグチップの動作電圧は，2.5-3V程度である。

　有機半導体の動作電圧は，現状数十Vのオーダーであるため，大きな課題であると考えられる。RFIDとして用いる場合，最低でも，この読取装置から供給される10V程度で動作することが必要である。

4.6.4　信頼性，耐久性

　プリンタブル有機エレクトロニクスの場合，そのフィルム材料特性からくる柔軟性は，硬質なシリコンと比較して，曲げやねじれなどの外部応力に対して有利である。シリコンのICチップの場合，そのサイズの縮小化を飛躍的に進めることで，外部応力に対して，その耐久性を向上させてきた。

　現状のICタグ用の汎用チップのサイズは，既に1mmを下回っており，チップクラックよりも，回路との接点剥離が主な故障モードになっている。これは，外部応力に加えて，外部環境変化，すなわち，外部温度変化による伸縮や，耐湿性などの故障要因に対する信頼性も同じく重要である。

　プリンタブル有機エレクトロニクスをICタグに利用する場合，現状のシリコンと同じ民生電子部品の信頼性レベルを市場から求められるものと覚悟すべきである。

文　　献

1)　荒木, 月刊機能材料, **23**(1), 30, ㈱シーエムシー出版（2003）
2)　前田, LSIパッケージ新技術シンポジウム2002論文集, p.24, 産業科学システムズ（2002）
3)　須賀, LSIパッケージ新技術シンポジウム2002論文集, p.98, 産業科学システムズ（2002）

5 有機強誘電体メモリ

柄澤潤一*

5.1 はじめに

近年，機能性有機材料を用いた有機薄膜デバイスに関わる研究が目覚しい進展をみせている。有機デバイスの特徴を活かした商品ターゲットの一つとして，表示機能，メモリ機能，RF通信機能などを備えるSmart-Label，Smart-Cardなどが挙げられるが，これらのアプリケーションを実現するためには，プラスチック基板上に直接形成可能な"柔らかい不揮発性メモリ"が必要となる。我々は全有機材料で構成されたフレキシブル不揮発性メモリ（Flexible Non-Volatile Memory）である有機強誘電体メモリ（Organic FeRAM: Organic Ferroelectric Random Access Memory）の開発を進めており[1~9]，ここではトランジスタ型の有機強誘電体メモリ（1T型有機FeRAM）について述べる。

5.2 有機FeRAM

FeRAMは強誘電体の双安定な自発分極を利用した新規不揮発性メモリであり，現在，松下電器，富士通が，酸化物強誘電体であるSBTN（$SrBi_2(Ta, Nb)_2O_9$），PZT（$Pb(Zr, Ti)O_3$）を用いたFeRAMの製品化にそれぞれ成功している。FeRAMには様々な方式がある。例えば2T2C型，1T1C型，クロスポイント型，1T型などであるが（T=Transistor，C=Capacitor），既に市場投入に成功しているのは2T2C型，1T1C型のみである。これらの内，最もシンプルな構造であり，且つ，非破壊読出し（NDRO: Non-Destructive Readout）が可能な究極たるFeARMの姿が1T型である。1T型FeRAMは，MOS-FET（Metal-Oxide-Semiconductor Field Effect Transistor）の"O（Oxide：酸化物ゲート絶縁膜）"を"F（Ferroelectrics：強誘電体ゲート絶縁膜）"に置き換えたものである。強誘電体ゲートの双安定な分極状態をゲート電圧により制御し（書込み），その分極状態に応じた双安定なソース・ドレイン間の電流を検出（読出し）することで，不揮発性メモリとして動作する。ゲート絶縁体として強誘電体を使用していること以外，通常のMOS-FETと基本構造は同じである。

従来の1T型FeRAMでは，Si-FETのチャネル領域の直上に酸化物強誘電体層およびゲート電極を形成しMFS（Metal-Ferroelectrics-Semiconductor）構造を形成するが，酸化物強誘電体を結晶化させ強誘電性を引き出すためには，酸素雰囲気下において高温（600~800℃）の結晶化プロセスが不可避となる。従って結晶化アニール中，酸化物強誘電体／Si界面において互いの元素が相互拡散し，トランジスタ動作にとって最も重要である良好なチャネル界面を形成するこ

---

* Junichi Karasawa　セイコーエプソン㈱ 新完成品企画推進部　主事

第7章 プリンタブルエレクトロニクスが期待される有機デバイスとその要素技術

とができない。これがSiと酸化物強誘電体を用いた1T型FeRAMの実用化を困難にしている最大の理由である。この問題を回避するために，敢えて理想的なMFS構造を離れ，絶縁体（Insulator）バッファ層を挟むMFIS構造，あるいはMFISのFI間にメタル層を挟むMFMIS構造などが試みられているが，未だ実用レベルには達していない。

一方，有機強誘電体の場合は，酸化物強誘電体のような超高温アニールの必要性が全く無い。例えば代表的な有機強誘電体であるP(VDF/TrFE)(Poly(vinylidene/fluoride-trifluoroethylene))の場合，結晶化アニールは高々140℃程度であり，アニール後においても良好なチャネル界面状態を維持することが可能である。また，超低温プロセスで強誘電体層が形成可能であるが故，何れの半導体材料を用いたトランジスタの強誘電体ゲート層として用いても，1T型FeRAMが実現できる。従来の単結晶Siトランジスタのみならず，例えば，poly-Siあるいはa-Si薄膜トランジスタ，酸化物半導体を用いた酸化物薄膜トランジスタ，有機半導体を用いた有機薄膜トランジスタなどである。理想的なMFS構造を形成することこそ1T型FeRAMの成功の鍵を握ると言え，様々な1T型FeRAMを実現する上で有機強誘電体は正に理想的な強誘電体材料である。これらを冒頭で述べたような"柔らかいメモリ素子"の実現，即ち，不揮発性メモリのフレキシブル化，プラスチック基板上への直接形成，という観点から眺めると，有機半導体と有機強誘電体を組み合わせた1T型有機FeRAMが最も好適な形態であることは明らかである。近年，有機薄膜トランジスタに関わる研究開発が目覚しい発展を遂げる中にあって，このような有機半導体と有機強誘電体を用いた全有機材料により構成される1T型有機FeRAMの研究が盛んに行われており[10～13]，Philipsやセイコーエプソンなどが開発を進めている。

5.3　強誘電体高分子P(VDF/TrFE)

フッ素系ポリマであるフッ化ビニリデンの重合体：ポリフッ化ビニリデン（PVDF：Poly vinylidene fluoride），並びにフッ化ビニリデンとトリフルオロエチレンの共重合体：ポリ（フッ化ビニリデン／トリフルオロエチレン）(P(VDF/TrFE)：Poly(vinylidene fluoride-trifluoroethylene))は最も良く知られた強誘電体高分子であり，過去，多くの研究者によりその物理的および化学的性質，並びに強誘電体物性が丹念に調べられている。これら2つのフッ素系ポリマが強誘電性を発現するのはAll-transのコンフォメーションを持つ場合（β-phase）に限り，フッ素原子から水素原子へと向う方向の自発分極は外部から印加される電界により反転可能であり双安定である。しかしながら，PVDFの場合，非強誘電性のα-phaseが最も安定な構造であり，フィルム作製時において延伸処理を施さない限りβ-phaseにはならず，強誘電性を発現しない。延伸処理はフィルムシートに対しては有効であるが，基板上に形成される薄膜に対しては困難であり，現実的に不可能と言っても過言ではない。一方，P(VDF/TrFE)の場合，強誘電性を有するβ-

phaseが最も安定な構造になるため,基板上に薄膜を形成し,結晶化処理を施しさえすれば,延伸処理を施さなくとも強誘電性を有するβ-phaseのP(VDF/TrFE)薄膜が得られる。図1にP(VDF/TrFE)の分子構造を示した。P(VDF/TrFE)はケトン系溶媒をはじめとする幾つかの有機溶媒に可溶であり,印刷法,スピンコート法,インクジェット法などによる成膜が可能である。現時点において有機強誘電体薄膜を作製するには最も適した材料であると言える。P(VDF/TrFE)に関しては数多くの論文が報告されているが,古川らのレビュー論文[14],大東らによる報告書[15,16],あるいはH.S. Nalawaらの成書[17]に詳しく記載されているので参照されたい。

一般にP(VDF/TrFE)では,VDFとTrFEの共重合比が70/30～80/20の間を好んで用いる場合が多い。P(VDF/TrFE)薄膜は,例えばケトン系有機溶媒に溶かしたP(VDF/TrFE)を基板上へ塗布し,次いで結晶化アニールすることにより作製される。基板上に塗布されたP(VDF/TrFE)薄膜は,Curie温度以上(常誘電体相),且つ,融点(Melting point)以下の温度領域で結晶化させる。図2に結晶化温度およびアニール時間を変えたP(VDF/TrFE)薄膜の二次元X線回折

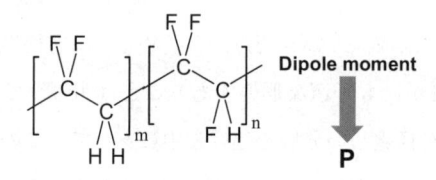

図1　P(VDF/TrFE)の分子構造

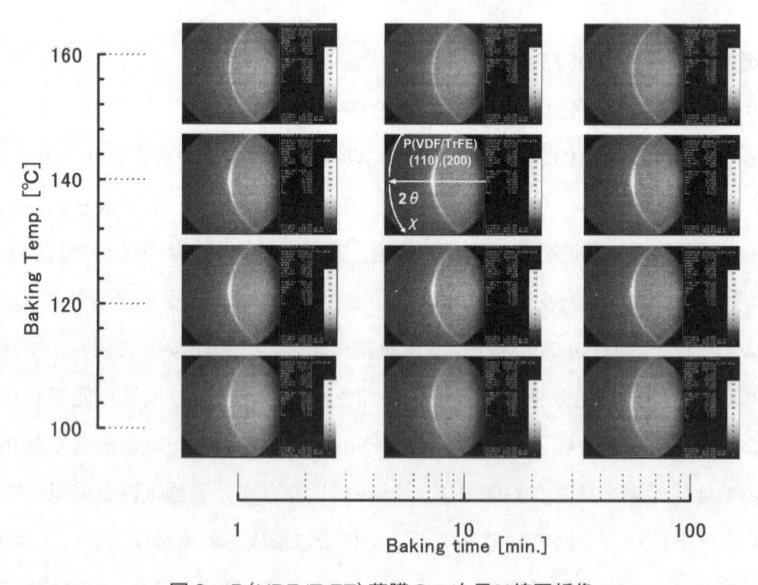

図2　P(VDF/TrFE)薄膜の二次元X線回折像

第7章 プリンタブルエレクトロニクスが期待される有機デバイスとその要素技術

像を示す。P(VDF/TrFE)の(110)面あるいは(200)面に対応する回折しか現れず,また,回折強度は均一ではなく中心軸上に片寄っている。P(VDF/TrFE)の(110)面および(100)面は表面自由エネルギーが最小となる面であり[18],成膜開始から結晶化プロセスの中で,(110)面あるいは(100)面が基板と平行になるように優先配向していくと考えられる。P(VDF/TrFE)の配向の様子を図3に示した。また図2から120〜140℃のアニール温度において回折強度が最も強くなることが分かるが,これをさらに詳細に検討した結果が図4であり,結晶化温度条件をさらに細かく振った場合の二次元X線回折像を煽り角χ方向に積分した結果である。(110)面および(200)面の回折強度は,結晶化温度を上げるに伴い強くなり140℃近傍で最大になる。しかしながら140℃を越えた途端に回折強度が一気に減少する。P(VDF/TrFE)の結晶化度を最大にするような厳密な結晶化温度のコントロールが必要である。また,図5に結晶化温度およびアニール時間を変えたP(VDF/TrFE)薄膜のAFM像を示すが,最適結晶化条件においてはおよそ50[nm]×100[nm]程度の大きさの米粒状矩形結晶粒が成長している様子が良く分かる。図6に膜厚を変えたP(VDF/TrFE)膜のD-Eヒステリシス曲線を示す。抗電界Ec（Coercive field）はおよそ0.5[MV/cm],残留分極値Pr（Remanent polarization）はおよそ8[$\mu C/cm^2$]である。

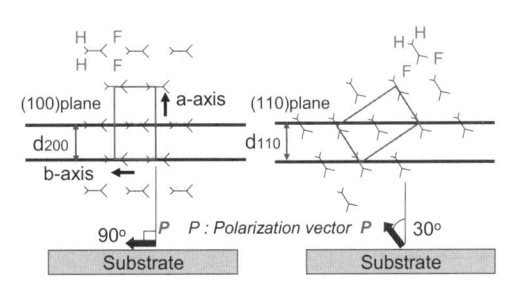

図3 P(VDF/TrFE)の配向性

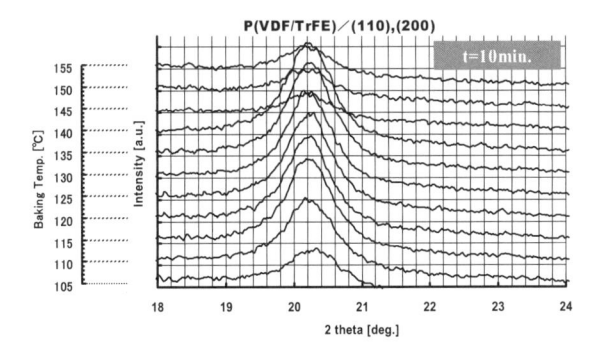

図4 P(VDF/TrFE)薄膜のX線回折結果

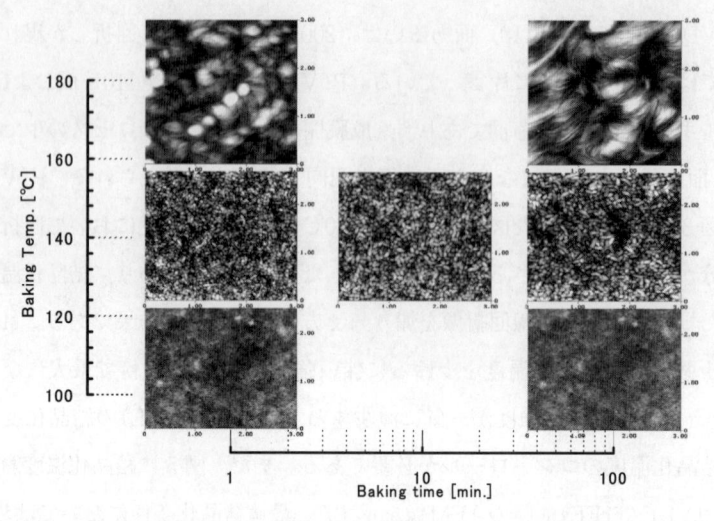

図5　P(VDF/TrFE)薄膜の表面モフォロジ（AFM）

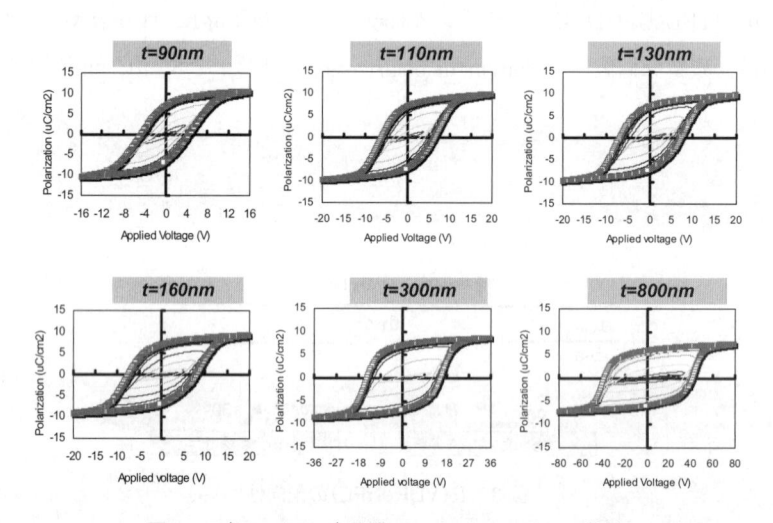

図6　P(VDF/TrFE)薄膜のD-Eヒステリシス曲線

5.4　フレキシブル1T型有機FeRAM

　我々が開発を進めている1T型有機FeRAMの素子構造を図7に示す。基本的にはトップゲート・ボトムコンタクト型の有機薄膜トランジスタと同様の構造である。1T型有機FeRAMの基本動作コンセプトは，ゲート絶縁膜として用いている有機強誘電体自身の双安定な分極により，ゲート電圧を印加しない状態でもトランジスタのOn（"1"）状態あるいはOff（"0"）状態を維持することにある。ゲート電極に電圧を印加することが書込み動作（Write）にあたり，ソース・ドレイン間の電流を検出することが読出し動作（Readout）にあたる。

第7章　プリンタブルエレクトロニクスが期待される有機デバイスとその要素技術

　1T型有機FeRAM素子の作製手順は以下の通りである。先ずプラスチックフィルム基板上にAu/Cr薄膜を作製し，フォトリソグラフィーによりソース電極およびドレイン電極のパターンを形成する。次いでフルオレンとビチオフェンの共重合体であるF8T2を有機溶媒に溶かし，スピンコート法により基板上へ塗布，アニール処理を経て有機半導体層を形成する。次にケトン系有機溶媒に溶かしたP(VDF/TrFE)をスピンコート法により前記有機半導体層上に形成，結晶化アニール処理を施し，ゲート有機強誘電体層を形成する。ここでのP(VDF/TrFE)の膜厚は130〜780［nm］である。最後にAgナノ粒子分散液をインクジェット法によりソース・ドレイン間のチャネル領域上方に形成し，アニール処理，ゲート電極を形成する。以上のようにして得られた有機FeRAM-TEGを図8に示す。

　1T型有機FeRAM（p型有機半導体を用いた場合）の動作原理を以下に簡単に説明する。"1"を書込む場合，先ずソース・ドレイン電極を同電位としてソース（ドレイン）電極に対し強誘電体の抗電圧（-Vc）以下の負電圧をゲート電極に印加し，強誘電体ゲートの分極を上向きとする。この時，有機薄膜トランジスタはOn（"1"）状態である。ここでゲート電圧を0にした時，もしゲート絶縁体が常誘電体であるならトランジスタはOff状態になる（V_{th}シフトを考慮しない場合）。ところがゲート絶縁体が強誘電体であるため，たとえゲート電圧を0にした場合でも上向きの分極は維持されたままであり，有機半導体層のチャネル領域にキャリアとして存在している

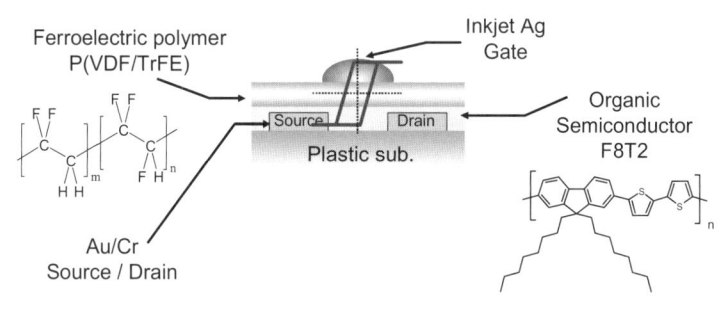

図7　F8T2とP(VDF/TrFE)を用いたフレキシブル1T型有機FeRAM構造

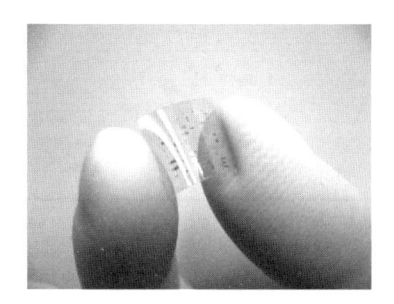

図8　1T型有機FeRAM試作素子

ホールは強誘電体ゲートの自発分極に束縛され消えることは無い。即ち，ゲート電圧を切った状態でも有機薄膜トランジスタとしてはOn（"1"）状態を維持する。一方，"0"を書込む場合，ソース・ドレイン電極を同電位としてソース（ドレイン）電極に対しゲート電極に抗電圧（Vc）以上の正電圧を印加し，強誘電体ゲートの分極を下向きとする。この時，有機薄膜トランジスタはOff（"0"）状態である。ところがゲート絶縁体が強誘電体であるため，たとえゲート電圧を0にした場合でも下向きの分極は維持されたままであり，有機半導体チャネル領域にホールは存在し得ない。即ち，ゲート電圧を切った状態でも有機薄膜トランジスタとしてはOff（"0"）状態を維持する。只，この場合p型有機半導体自身は空乏化し，（半）絶縁体として振舞うため，ゲート有機強誘電体キャパシタと（半）絶縁化した有機半導体キャパシタが直列に接続された形になる。このためソース・ドレイン電極とゲート電極との間に印加した電圧は，双方の容量比に応じて分配されることに注意が必要である。以上のように，ゲート有機強誘電体の持つ双安定な分極により有機薄膜トランジスタのOn（"1"）状態およびOff（"0"）状態が維持されるため，1T型有機FeRAMを通常の有機TFTと見立てその伝達特性を測定すると，矩形型ヒステリシス特性を描く筈である。伝達特性は横軸がゲート電圧Vg，縦軸がソース・ドレイン間の電流Idsであるが，メモリ動作的な視点から見た場合，横軸が書込み電圧Vwrite（Write voltage），縦軸が読出し電流Iread（Readout current）であると見れば理解し易い。

　ここで前述の手法により作製された1T型有機FeRAMの伝達特性を図9に示す。なお，特に断りの無い限り，チャネル長Lは35［μm］，チャネル幅Wは300［μm］，測定はグローブボックス内のN$_2$雰囲気下で行っている。これから明らかなように1T型有機FeRAMの伝達特性は明瞭な時計回りの矩形型ヒステリシス特性を有し，Vwrite（Vg）＝0［V］の時，前に印加したゲ

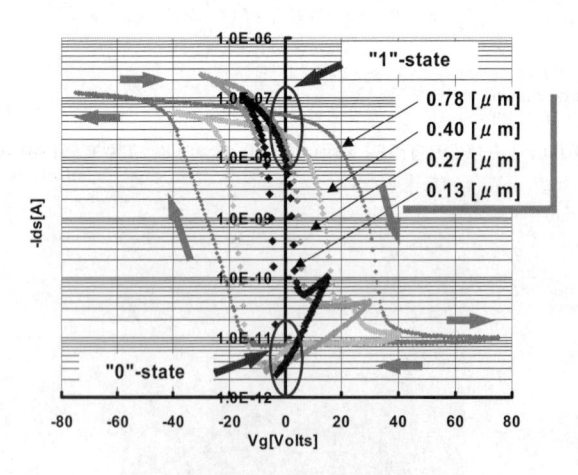

図9　1T型有機FeRAMの書込み特性
（Ids-Vgs特性）

第7章 プリンタブルエレクトロニクスが期待される有機デバイスとその要素技術

ート電圧の値によって双安定な電流値をとる。即ちメモリとして動作していることが分かる。Vwrite（Vg）＝0［V］におけるソース・ドレイン間の電流の比はおよそ$3\times10^3\sim5\times10^3$である。また，この矩形ヒステリシスが十分に開き飽和に達する電圧，即ち，書込み電圧はP（VDF/TrFE）の膜厚に依存し，膜厚が780［nm］では±75［V］，400［nm］では±40［V］，270［nm］では±25［V］，そして130［nm］では±15［V］で書込み動作が可能であることが分かる。

　実際の読出し／書込み動作は以下の様に行う。先ずソース・ドレイン電極を同電位とし，ソース（ドレイン）電極に対し前述の負あるいは正の電圧Vwrite（Vg）を印加して情報を書込む。読出しは，ゲート電極をハイインピーダンス状態に保ち，ソース・ドレイン間に電圧Vread（Vds）を印加しIread（Ids）検出する。ここで，ゲートP（VDF/TrFE）膜厚が130［nm］の1T型有機FeRAM素子の読出し特性を図10に示す。Vread（Vds）の増加に伴いIread（Ids）は粗リニアに増加するが，Vread（Vds）＝1［V］でも十分に読出し動作が可能であることが分かる。最後にデータ保持特性（Data retention）を図11に示す。1ヶ月データ保持後の"1／0比"は

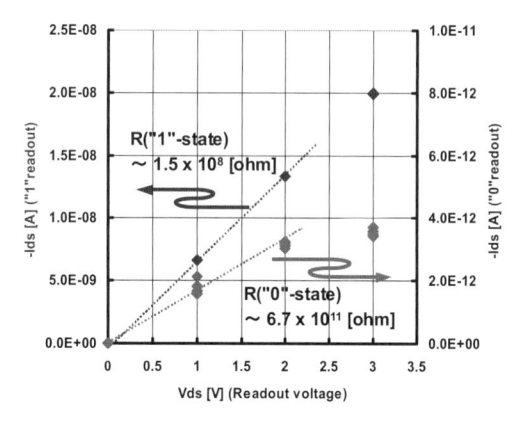

図10　1T型有機FeRAMの読出し特性
（Ids-Vgs特性＠Vgs開放）

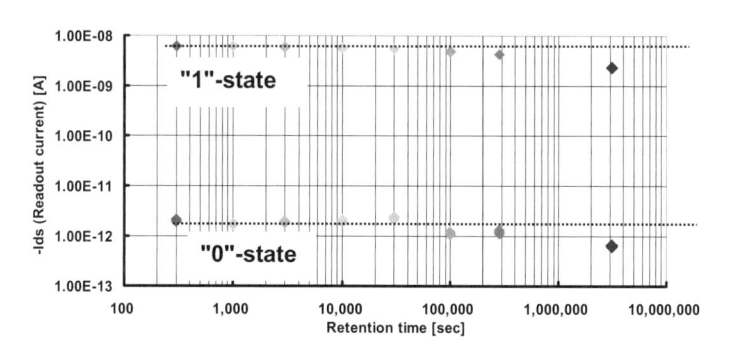

図11　1T型有機FeRAMのデータ保持特性

$3.6×10^3$であり,データを長期間に渡り保持していることが確認できる。

5.5 課題

P(VDF/TrFE)を用いた有機FeRAMが抱える課題は,①書込み電圧の低電圧化,②書込み速度(分極反転スピード)の高速化,③電気的疲労(Fatigue)の改善などである。

低電圧化に関しては,近年,著しい進展が見られている。前述したようにP(VDF/TrFE)の抗電界Ecは酸化物強誘電体のそれと比べて大変高く,約0.5[MV/cm]である。例えば,抗電圧Vcの2倍程度が適当な駆動電圧であるとすれば,膜厚50[nm]の場合±5[V],30[nm]の場合±3[V]が駆動電圧になる。例えば±1[V]駆動を視野に入れた場合,10[nm]のP(VDF/TrFE)薄膜を形成しなければならない。これまでP(VDF/TrFE)の超低電圧駆動化は非常に困難であるとされてきたが,電極材料あるいはP(VDF/TrFE)成膜プロセスの改善により,古川らのグループによる最新のデータでは3[V]で分極反転を確認したとの報告がなされている[19]。前述のAFM像で示したようにP(VDF/TrFE)薄膜の低電圧化を阻害している主たる要因は,P(VDF/TrFE)が顕著な結晶粒構造をとることであると考えている。粒界においては,実効的な膜厚が薄くなり非常に強い電界が印加されるため,強誘電性D-Eヒステリシスが得られる前に容易に絶縁破壊する。平滑な表面モフォロジを保ちつつ,且つ,良好な結晶性を有する極薄のP(VDF/TrFE)薄膜を得ることが超低電圧化へ向けた鍵である。

P(VDF/TrFE)薄膜に両極性パルス電圧を繰り返し印加しFatigueデータを測定すると,およそ10^{5-6}回で残留分極値Prがほぼ半減していることが分かる。強誘電体のFatigue現象は,両電極から強誘電体膜内に注入されたキャリアが強誘電性ドメイン界面において自発分極を終端化し分極を固定化するという,所謂,ピニングが主たる原因であると言われている。ピニングサイトとしては分子中の欠陥や薄膜中の不純物などが深く関与するが,有機強誘電体の場合,未だSiデバイスに使用される材料ほど十分に純度(材料自身あるいは溶媒)が制御できていないこともあり,そのメカニズムの解明には至っていない。なお,現在量産されている酸化物強誘電体を用いたFeRAMの場合,強誘電体材料,電極材料,界面,製造プロセス,その他様々な改良によりもはやFatigue-freeとも言って差し支え無いレベルにまで達している。ただFatigueの原因については,ドメインピニングの他にも諸説様々に言われており,未だ決定的な結論には至っていないのが現状である。なおFlashメモリの書換え回数が10^5回程度であることを考えるとP(VDF/TrFE)のそれは現状でもさほど憂慮すべきような数字では決してない。

また,P(VDF/TrFE)材料供給にも課題がある。P(VDF/TrFE)の研究が盛んに行われていた過去とは異なり,P(VDF/TrFE)を提供できる化学メーカは大変に少ないのが現状である。一方,VDFのホモポリマであるPVDFは,エンジニアリングプラスチックとしての需要もあり容

第7章 プリンタブルエレクトロニクスが期待される有機デバイスとその要素技術

易に手に入れることができる。しかし前述したように，PVDFを強誘電体として用いようとした場合は延伸処理が必須であるため，基板上に形成する薄膜メモリ用途としてはP(VDF/TrFE)を使わざるを得ない。PVDFをベースとした材料で，延伸処理をせずとも強誘電性を発現するようなブレンド材料，あるいはプロセス手法が見出されれば，材料供給の面からは大きなメリットがある。石田らのグループは真空蒸着法によるVDFオリゴマを用いた強誘電体薄膜に関する論文を数多く報告している[20]。また池田らのグループはクレイをブレンドしたPVDFにおいて強誘電性が発現することを報告している[21]。誰もが安く簡単に作製できるという有機FeRAMの特徴を活かすために，入手しやすいPVDF材料を用いた薄膜で安定的に強誘電性を引き出す手法を見出すことも重要な課題である。

さらに，これまで強誘電性の有無という観点から様々な機能性有機材料を注意深く考察した例は少ない。強誘電性の発現という視点から分子設計／合成を行い，P(VDF/TrFE)より優れた特性を有する新規な強誘電体材料を研究開発することも重要であると考えている。例えば，十倉らのグループによる酸と塩基二成分を水素結合させた分子化合物における強誘電性の報告[22,23]，あるいは鎌田，植村らのグループによる生体系材料を用いた強誘電性メモリの報告[24]にもあるように，新規な強誘電性材料の報告がされ始めている。有機FeRAM用の強誘電体としては，高Curie点，高分極値，低抗電界，有機溶媒への可溶性，成膜容易性，化学的／機械的安定性などが求められる。強誘電体は，メモリ性のみならず，圧電性，焦電性，非線形光学効果などを有しその応用範囲は非常に幅広い[25]。新世代の有機強誘電体材料の出現が待たれる。

そして最後にメモリ周辺回路の問題がある。世の中で言われているフレキシブルデバイスは様々な形態が在るが，フレキシブルデバイスを駆動する集積回路はメモリを含めSiデバイスで構成せざるを得ないのが現状である。ここではSiデバイスにFlashなどの不揮発性メモリ機能を組み込むことができるため，現状では有機メモリが活きてこない。最終ターゲットたるアプリケーションを構成する各素子が，全て，プリンタブルな有機素子で実現できてこそ，初めて有機メモリが活きてくる。メモリ素子とは，メモリ周辺回路も含め全てが同一基板上へ集積化された上で機能するものであり，メモリセルアレイのみならず，カラムデコーダ，ローデコーダ，センスアンプ，I/O回路，制御回路等々，実に様々な周辺回路が必要になる。無論，これらはデジタル回路のみで構成されている訳ではなくアナログ回路も含まれている。例えば1,024bit（1 kbit）のFeRAMを創り上げるためには，周辺回路におよそ5,000～10,000以上のトランジスタが要求される。真にフレキシブルで印刷可能な"柔らかい不揮発性メモリ"を実現するためには，これらの周辺回路を全て有機薄膜トランジスタで実現せねばならない。現状の有機薄膜トランジスタの実力，さらに将来達成されるであろう有機薄膜トランジスタの性能／信頼性を見極め，有機薄膜トランジスタ回路の開発をさらに加速していかなければならない。

5.6 おわりに

　Si素子に酸化物強誘電体を組み合わせたFeRAMの開発が本格的に始まってから市場に製品が投入されるまでにおよそ10年余りの歳月を要している。しかもこれは既に確立されたSi技術を前提にした上での話である。有機薄膜トランジスタを基幹素子としたフレキシブルエレクトロニクスは未だ黎明期にあるが，しかし，一歩一歩着実な進展を見せている。フレキシブル有機FeRAMはSmart-Label，Smart-Cardなど応用範囲は幅広い。本稿が有機メモリ研究開発に携わる研究者の一助となれば幸いである。

謝辞

　本研究を進めるにあたり様々な技術的サポート並びに御助言を頂いた安田拓朗氏，青木敬氏，守谷壮一氏，増田貴史氏，佐伯勇久氏，金田敏彦氏，平井栄樹氏，瀧口宏志氏（工学博士），川瀬健夫氏（理学博士），井上聡氏（工学博士），下田達也氏（工学博士）に感謝申し上げる。

文　　献

1) J. Karasawa *et al*., "Fabrication and Characterization of 1T-type Organic Ferroelectric Random Access Memory Fabricated on Flexible Plastic Substrate using Inkjet Printing Tequnique", 18th ISIF (Intrernational Symposium on Integrated Ferroelectrics), 10-374-C, Honolulu, USA (2006)
2) D.P. Chu, C.J. Newsome, S.W.B. Tam, J. Karasawa *et al*., "Inkjet Printed Organic Ferroelectric Passive Matrix Memory", 18th ISIF (Intrernational Symposium on Integrated Ferroelectrics), 10-237-I, Honolulu, USA (2006)
3) J. Karasawa, "1T-type Organic Ferroelectric Random Access Memory", KINKEN Workshop on Organic Field Effect Transistor, Tohoku University, Sendai, JAPAN (2006)
4) 柄澤ほか，"プラスチックフィルム基板上へのトランジスタ型有機強誘電体メモリの作製および評価"，第53回応用物理学関係連合講演会，24a-ZG-2，東京 (2006)
5) 柄澤，"VDF/TrFE共重合体を用いた強誘電体不揮発性メモリの開発"，日本学術振興会情報科学用有機材料第142委員会「有機・分子メモリー研究開発の最前線」，東京 (2006)
6) 川瀬，柄澤，"インクジェット法による有機デバイスの作製"，高分子学会第21回高分子エレクトロニクス研究会講座，東京 (2006)
7) 柄澤，"VDF/TrFE共重合体を用いたフレキシブル有機トランジスタメモリ"，応用物理学会応用電子物性分科会誌，**12**(5)，187-194 (2006)
8) 古川，古郡，"カムバックした強誘電性高分子"，高分子，**54**(638)，144-145 (2005)
9) 木村，"有機強誘電性メモリの可能性"，高分子学会東北支部講演会，強誘電性高分子シン

ポジウム，3-7，米沢（2001）
10) K.N. Narayanan *et al.*, "A nonvolatile memory element based on an organic field-effect transistor", *Appl. Phys. Lett.*, **85**(10), 1823-25 (2004)
11) R. Schroeder *et al.*, "All-Organic Permanent Memory Transistor Using an Amorphous Spin-Cast Ferroelectric-like Gate Insulator", *Adv. Mater.*, **16**(7), 633-36 (2004)
12) R.C.G. Naber *et al.*, "High-performance solution-processed polymer ferroelectric field-effect transistors", *Nature Materials*, **4**, 243-48 (2005)
13) G.H. Gelinck *et al.*, "All-polymer ferroelectric transistors", *Appl. Phys. Lett.*, **87**, 092903 (2005)
14) T. Furukawa, "Ferroelectric Properties of Vinylidene Fluoride Copolymer", *Phase Transition*, **18**, 143-211 (1989)
15) 大東ほか，"強誘電性高分子結晶の高次構造の制御とその応用に関する研究"，平成7年度科学研究費補助金（一般研究(B)）研究成果報告書
16) 大東ほか，"単結晶状強誘電性高分子膜における分子鎖運動，秩序形成過程および機能発現機構の研究"，平成12年度科学研究費補助金（基盤研究(B)）研究成果報告書
17) H.S. Nalwa, Ed., "Ferroelectric Polymer", Marcel Dekker, Inc, New York (1995)
18) M.A. Barique, M. Sato and H. Ohigashi, "Thickness Dependence of Orientation Factors of Crystal Axes in Poly (vinylidene fluoride/trifluoroethylene) Single Crystalline Films", *Polymer Journal*, **33**(1), 69-74 (2001)
19) T. Nakajima, T. Furukawa *et al.*, "Intrinsic Switching Characteristics of Ferroelectric Ultrathin Vinylidene Fluoride/Trifluoroethylene Copolymer Films Revealed Using Au Electrode", *Jpn. J. Appl. Phys.*, **44**(45), L1385-L1388 (2005)
20) K. Noda, K. Ishida, H. Yamada, K. Matsushige *et al.*, "Remanent polarization of evaporated films of vinylidene fluoride oligomers", *J. Appl. Phys.*, **93**(5), 2866-70 (2003)
21) 山田，池田ほか，"PVDF/有機化クレイナノコンポジットの結晶化挙動と強誘電性"，第55回高分子学会年次大会，1Pe083，名古屋（2006）
22) S. Horiuchi, Y. Tokura *et al.*, "Ferroelectricity near room temperature in co-crystals of nonpolar organic molecules", *Nature Materials*, **4**, 163-166 (2005)
23) 堀内，熊井，十倉，"水素結合型超分子を用いた有機強誘電体"，固体物理，**42**(5), 1-14 (2007)
24) 植村，鎌田ほか，"ポリペプチド有機TFTメモリ素子の低電圧駆動化及びそのアレイ動作検証"，第53回応用物理学関係連合講演会，23p-S-15，東京（2006）
25) 高分子学会編，宮田，古川，"強誘電ポリマー"，共立出版（1988）

6 有機太陽電池

平本昌宏[*]

6.1 はじめに

固体型有機太陽電池の歴史は古く（図1），1958年のM. Calvinの研究までさかのぼるが，大きなブレイクスルーは，86年にC. W. Tangが，フタロシアニンとペリレン顔料の有機半導体2層セルにおいて1％の変換効率を報告したことである[1]。その後，有機半導体分野の研究者が有機電界発光（EL）ディスプレイの研究に集中したために顧みられなかった時期が続いた。しかし，2000年以降，変換効率の向上が著しく[2~4]，低コスト，軽量，フレキシブル，塗布可能性，資源的制約なし，などの特徴をあわせ持つため，シリコン系セルの次にくる，より安価な次世代太陽電池の最も有力な候補となりつつある。2006年度から，固体型有機太陽電池が新エネルギー・産業技術総合開発機構（NEDO）国家プロジェクトとして初めて取り上げられ，数年内に変換効率7％，セル面積1 cm^2，長期動作100時間以上の目標値が設定されている。有機太陽電池には，有機ELと同じく，低分子蒸着薄膜系とポリマー系[2~4]があるが，本稿では前者を例に解説する。

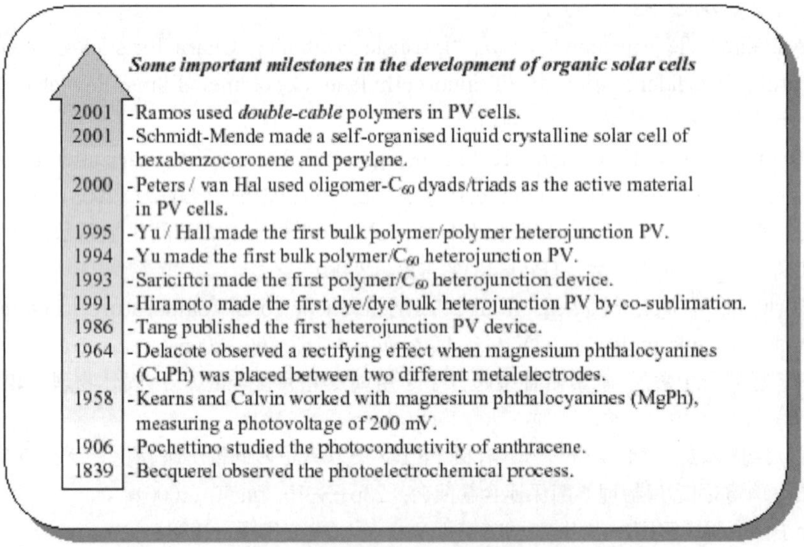

図1 有機固体太陽電池研究の歴史
総説［"A brief history of the development of organic and polymeric photovoltaics", H. Spanggaard, F. C. Krebs, *Sol. Energy Mater. Sol. Cells*, **83**, 125（2004）］に掲載。

---

[*] Masahiro Hiramoto　自然科学研究機構　分子科学研究所
　　分子スケールナノサイエンスセンター　ナノ分子科学研究部門　教授

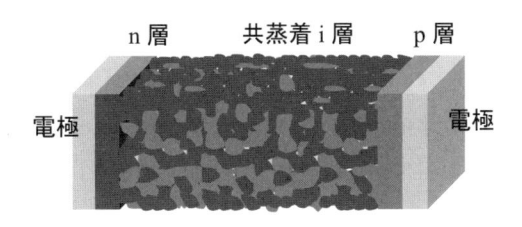

第7章 プリンタブルエレクトロニクスが期待される有機デバイスとその要素技術

図2 p-i-n接合セルの概念

p型とn型の有機半導体を共蒸着によって混合したi層が，p型，n型層でサンドイッチされた構造を持つ。i層バルク全体に光キャリア生成の活性サイトとなるpn異種分子接触が存在するため，非常に大きな光電流を発生できる。

6.2　p-i-n接合型有機固体太陽電池

　有機半導体を用いたpn接合型太陽電池[1]では，p型有機半導体（ドナー性分子）とn型有機半導体（アクセプター性分子）の，異種分子接触における電荷移動を利用して，pn接合界面で，励起子（光によって生成した電子とホールが強く結びついた状態）を自由な電子とホールに分離して，光キャリア生成，すなわち，光電流を発生している。ところが，励起子の移動可能距離が数十nm以下と非常に短いため，この距離内にpn接合界面がないと，光電流が生じない。そのため，光電流を発生できる活性層の幅がpn接合近傍のわずか数十nm以下しかなく，その厚さでは光をほとんど吸収できないため，太陽光の利用効率は極めて低く，そのため低い効率にとどまっていた。

　91年に，平本は，p型とn型の有機半導体を共蒸着等によって混合することで，膜全体にpn異種分子接触が存在するようにして，全体が活性層で，かつ，太陽光全てを吸収できる数百nmの厚い膜を作製するという，p-i-n接合セルという概念を提出した（図2）[5,6]。この有機版p-i-n接合は，混合接合層を持つという観点から，世界初のバルクヘテロ接合型電池であるとの位置づけがなされており（図1），現在の有機固体太陽電池の最も基礎的な構造となっている[2~4]。現在，有機p-i-n接合構造とすることによって，無機系太陽電池に比べても遜色の無い10mA/cm^2以上の短絡光電流密度，再現可能な値としては3～4％の変換効率が報告されている[2~4]。共蒸着i層は，湿式の色素増感太陽電池（DSC）における多孔質層と本質的に同じで，その固体版と見なすことができる。近い将来，湿式系を越える10％以上の変換効率が達成されると考えている。

6.3　ナノ構造制御技術

　現在，最も大きな光電流を発生できる有機半導体の組み合わせには，アクセプター分子としてフラーレン（C_{60}），ドナー性分子としてフタロシアニン（Pc）が使用されている。ここでは，C_{60}:H_2Pc共蒸着膜を例にとって，共蒸着膜のナノ構造制御について考える。C_{60}:H_2Pc膜を共蒸

着する時の基板温度を+80℃に加熱すると,共蒸着膜中に,約20nm程度の大きさのH_2Pc微結晶がアモルファスC_{60}に取り囲まれた,結晶－アモルファスナノ複合構造(図3(a))が形成され,発生できる光電流が大きく増大する。この構造では,異種分子接触が膜全体に存在し,かつ,電子とホールを輸送するためのルートが形成されている。このように,光キャリアの生成と輸送の両方を高効率で実現して初めて大きな光電流を発生できる。

この結晶－アモルファス共蒸着膜をi層として組み込んだp-i-nセルにおいて,非常に高い変換効率を実現できた(図4)[7]。短絡光電流(J_{sc})は10mAcm^{-2}に達し,変換効率として,2.5%が得られた。シリコン太陽電池の示すJ_{sc}が太陽光照射下20mAcm^{-2}程度であるから,このJ_{sc}の値は,無機系太陽電池に2分の1程度まで肉薄している。

図3(a)を理想化したナノ構造は,直立超格子構造(図3(b))である。最近,直立超格子をミクロトームを用いて作製し,意図的に2nm程度までの理想ナノ構造を自在に設計する方法が

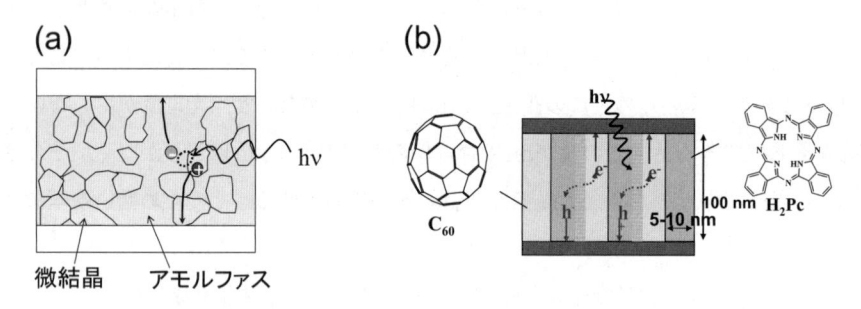

図3 (a) 結晶－アモルファス極微細構造における光電流発生メカニズム
    (b) 理想的ナノ構造－直立超格子構造
(a) 微結晶の大きさは20nm程度。(b) 2つの有機半導体界面での高効率の電荷分離,および,電子とホールの空間的に分離された輸送を両立できる。

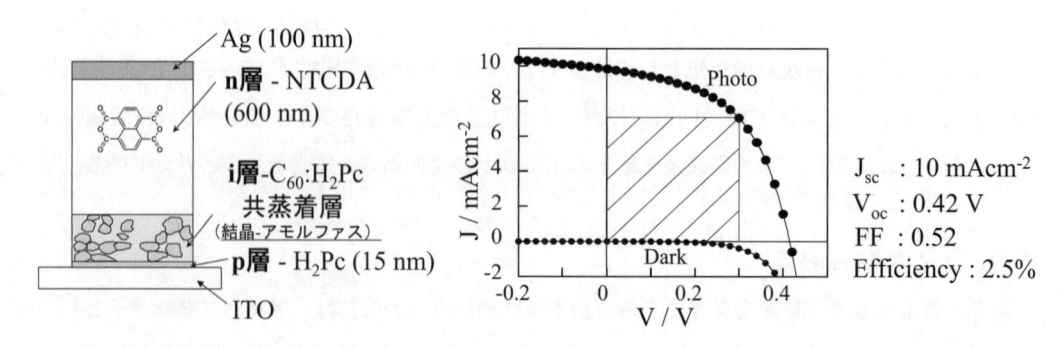

図4 結晶－アモルファス共蒸着層をi層として組み込んだp-i-nセルの構造と電流－電圧特性
i層膜厚は180nm。

第7章 プリンタブルエレクトロニクスが期待される有機デバイスとその要素技術

開発された[8]。この理想ナノ構造は，結晶－アモルファス構造より光電流発生能力が格段に大きい。ただ，作製を多層薄膜断面を露出させる方法で行っているため，非常に微小な面積しか作製できない。図3(b)のような理想ナノ構造を，パーコレーションのような偶然に頼らず，大規模（大面積）に設計・製作する技術を確立できれば，本質的なブレイクスルーとなり，効率10%も視野に入ってくると考えられる。

6.4 大面積セル作製技術

有機太陽電池は，100nm以下の非常に薄い有機薄膜を2枚の金属電極でサンドイッチした構造を持つ。このように薄い有機膜に金属電極を蒸着すると，金属微粒子が有機薄膜中に侵入し，電極間が電気的にショートする現象が多発する[9]。そのため，100nm以下の非常に薄い有機蒸着膜セルで大面積セルを作製するのは，これまで不可能であった。実際，ほとんどの研究はmm角の微小セルで測定されている。図4のセルには，非常に厚く透明で低抵抗の有機半導体層（ナフタレン誘導体，NTCDA）が金属電極の下に組み込まれており，2ミクロン挿入してもセル性能をおとすことなく，ショートを完全防止でき，10cm^{2}の大きさのセルも作製できる（図5）[10, 11]。これは，大面積セル製作の基本となる技術である。

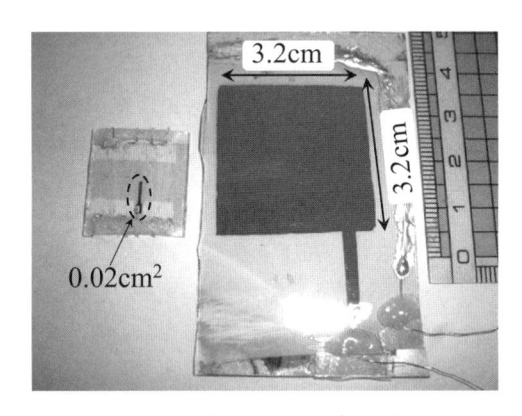

図5 大面積セル（10cm^2）の写真

これまで低分子蒸着薄膜系では左の微小なセルしか作製できなかったが，透明低抵抗保護層（ナフタレン誘導体，NTCDA）挿入によって右の大面積セルも作製できるようになった。

6.5 有機半導体の超高純度化技術と厚いi層を持つ高効率p-i-nセルの作製

有機半導体もシリコンと同じ半導体であるので，その真の性質，機能を見いだして実用デバイスに利用するには，精製によって高純度化する技術が欠かせない。通常，有機半導体の精製は，

温度勾配電気炉を用いたトレインサブリメーション法[12]によって行われる（図6）。複数の電気炉が一体となって組み込まれており，温度はそれぞれ独立にコントロールできる多点制御式のため，電気炉中に温度勾配を設けることができる。また，石英炉心管は1気圧の窒素，水素等のガスを流すことができ，また，ターボ分子ポンプによって高真空にもできるように設計されている。精製したい有機半導体粉末を高温部分にセットし適切な温度勾配下で昇華させると，材料によって決まった温度部分に精製された有機半導体が析出し，軽い不純物は低温側に，重い不純物は高温部分に分離して析出するので，これを繰り返せば，有機半導体をどんどん高純度化することができる。通常，トレインサブリメーションは減圧下で行われ，有機半導体は粉末の状態で析出する。それに対して，1気圧のガスを流しながら同様の操作を行うと，炉心管内に対流が発生するために，有機半導体を数mmから1cm角の大きさに達する単結晶（分子結晶）の形で析出させることができる[13]。ここでは，フラーレン（C_{60}）を1気圧のN_2気流下で結晶析出昇華精製した結果を述べる。分子結晶として析出させることで，精製効率が格段に向上し，変換効率の大幅な向上を観測できた。

図7（a）に，C_{60}（Aldrich, 99.5%）サンプルを，N_2気流（1atm）中で結晶析出昇華精製することによって析出した単結晶の写真を示す。また，図7（b）に，結晶析出昇華精製の回数とpn接合太陽電池［ITO/H_2Pc（30nm）/C_{60}（20nm）/NTCDA（600nm）/Ag（100nm）］の変換効率の関係を示す。結晶析出昇華精製を繰り返すと変換効率は急激に向上し，3回繰り返してもまだ向上し続けていることが分かる。このように，結晶析出昇華精製法による高純度化がセル性能向上に非常に有効であることが分かった。そこで，3回結晶析出精製したC_{60}を，p-i-n接合セル（図4）に組み込んだ。図8に，単結晶析出昇華精製を行った場合と，これまでの減圧下での昇華精製を行った場合の，p-i-n接合セルの短絡光電流（J_{sc}）と曲線因子（FF）のC_{60}:H_2Pc共蒸着i層膜厚依存性を示す。非常に興味深いことに，減圧下昇華精製法では，共蒸着層の膜厚の増大に伴って，FFが単調に低下していたが，結晶析出昇華精製ではそれが低下せず，一定値を示すように

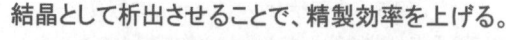

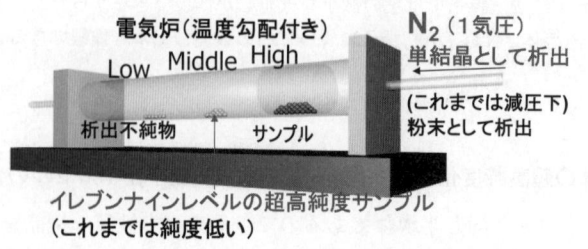

図6　温度勾配電気炉による有機半導体の超高純度化

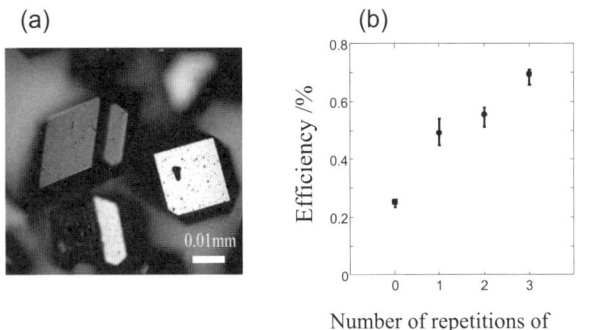

第7章　プリンタブルエレクトロニクスが期待される有機デバイスとその要素技術

図7　（a）結晶析出昇華精製によって得られたC_{60}単結晶
　　　（b）結晶析出昇華精製の回数とpn接合セルの変換効率

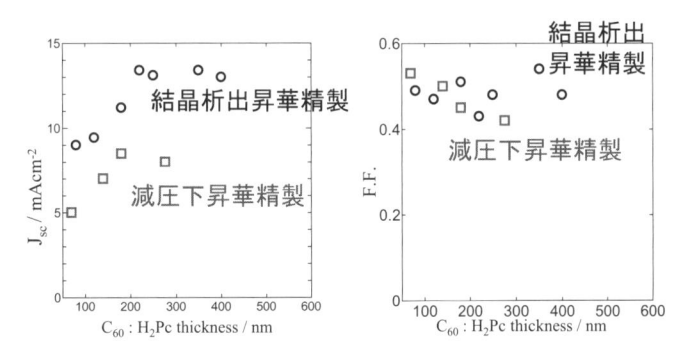

図8　p-i-n接合セルの短絡光電流（J_{sc}）と曲線因子（FF）の，C_{60}：H_2Pc共蒸着層膜厚依存性
減圧下におけるこれまでの昇華精製法と1気圧における結晶析出昇華精製の結果を比較している。

なった。また，減圧下昇華精製法では，180nmが最大値であったJ_{sc}の値も，結晶析出昇華精製では，350nmとなっても減少すること無く，増大し続けることが分かった。これまでの有機固体太陽電池では，共蒸着i層をあまり厚くすると，セルの内部抵抗が増大し，FF，J_{sc}を低下させるために，100nmを越えて厚くすることが困難であった。その結果，セルに入射した太陽光のかなりの部分を吸収できずに捨ててしまっていた。今回の結果は，C_{60}：H_2Pc共蒸着層膜厚を350nmまで厚くできたために，より多くの太陽光を吸収できるようになり，その分効率が向上したと説明できる。今回の結晶析出昇華精製法による超高純度化によって，共蒸着層の電荷輸送能がかなり向上したのではないかと考えている。共蒸着層膜厚を1ミクロンまで厚くできれば，可視領域の太陽光をほぼ100％吸収できるセルの作製が可能となる。

図9に，C_{60}：H_2Pc共蒸着層350nmのセルの特性を示す。これまでの最高効率である効率4.04

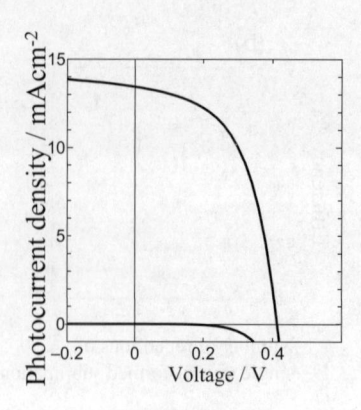

J_{sc} : 13.4 mAcm^{-2}
V_{oc} : 0.41 V
FF : 0.54
Efficiency : 4.04%

図9 C_{60}:H_2Pc共蒸着層厚が350nmのp-i-nセル（図4）の電流－電圧特性
結晶析出昇華精製によって高純度化したC_{60}を用いている。短絡光電流（J_{sc}）：13.4mAcm^{-2}，
開放端電圧（V_{oc}）：0.41V，曲線因子（FF）：0.54，変換効率：4.04％。

％を観測した。これは，シングルセルの値としては，世界的に見てもトップクラスである。短絡光電流（J_{sc}）も13.4mA/cm^{2}に達し，有機固体太陽電池として，最高レベルの値が得られた。本セルの示す短絡光電流の内部量子収率は，可視域を平均すると約50％であり，かなり大きな値であるが，まだ改善の余地がある。また，吸収率は500nm付近に大きな穴を持っており，500nm付近に吸収を有する有機半導体を組み合わせて使用することを考えている。

以上の結果は，有機半導体の高純度化が，セル特性の本質的な向上にいかに重要であるかを示している。なお，C_{60}等の有機半導体の絶対純度の決定が，非常に重要であるにもかかわらず，適切な方法が皆無で，SIMS（secondary ion mass spectroscopy）を用いた，純度絶対値の決定法の開発を急いでいる。

6.6　長期動作テスト

有機固体太陽電池の長期動作テストはほとんど行われておらず，その信頼性は明らかではない。今後の実用化のためには，長期動作を実証する必要がある。ここでは，著者らが行った，1000時間（42日）までの長期動作テストの結果について述べる[14]。

図10に，pn接合セル［ITO/H_2Pc(30nm)/C_{60}(20nm)/NTCDA(600nm)/Ag(100nm)］のJ_{sc}の変化を50時間までの短い範囲で示す。ロータリーポンプ（RP）排気下ではJ_{sc}の低下はほとんど観測されなかった。しかし，空気中では1時間以内に急激な減少が起こり，初期値の90％程度まで減少した。再排気すると，ある程度の回復が見られた。そのため，この初期劣化は空気中の酸素または水の有機薄膜への侵入によって引き起こされていると推定した。そこで，純酸素ガス中で同様の動作試験を行ったところ，空気中と同じ激しい減少が観測された。以上のことから，

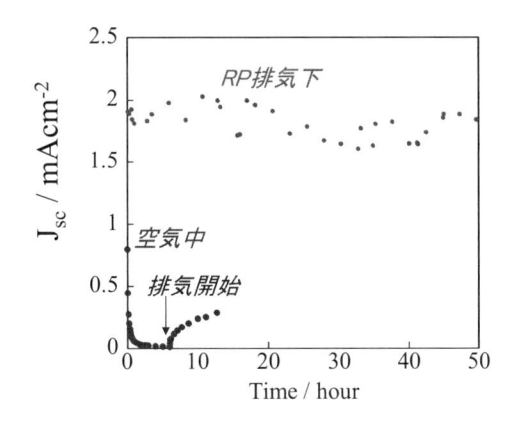

第7章　プリンタブルエレクトロニクスが期待される有機デバイスとその要素技術

図10　pn接合セルのJ$_{sc}$の光照射時間依存性
空気中とロータリーポンプ排気下。白色光（メタルハライドランプ；100mWcm^{-2}）を照射し続け，J$_{sc}$の変化をモニターした。

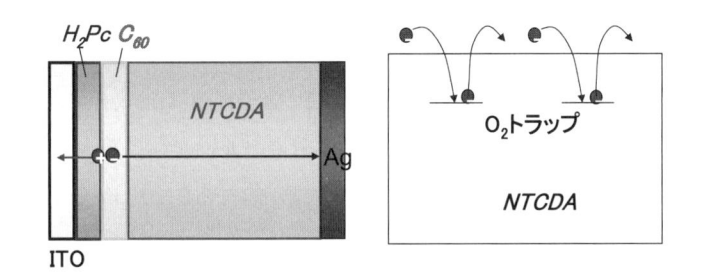

図11　酸素による初期劣化機構
電子を輸送する有機半導体（NTCDA）中にO$_2$分子が侵入し，電子トラップとして働く。

　大気中での初期劣化は主に酸素ガスによると結論した。図11に，酸素による初期劣化の機構を示す。透明保護層として働く，ナフタレン誘導体（NTCDA）膜は，pn接合界面に生じた電子をAg電極まで輸送している。酸素分子が侵入すると，輸送されている電子が酸素分子にトラップされる。その結果，電子輸送が著しく妨げられ，セル内部抵抗が高くなり，J$_{sc}$の急激な減少が引き起こされたと考えている。
　この酸素による初期劣化は，空気を排気することにより効果的に抑制できる。図12に，ターボ分子ポンプ排気による高真空下（＜10^{-7} Torr）における，より長期間（500時間）のJ$_{sc}$の時間変化を示す。まず，pn接合セルは，300時間後もほとんどJ$_{sc}$の減少は見られず，ほぼ安定に動作させることに成功した。なお，N$_2$雰囲気中でも同様の安定動作を確認し，封止を行うことで，有機固体太陽電池を長期間安定に動作させることができることを示唆するデータが得られた。

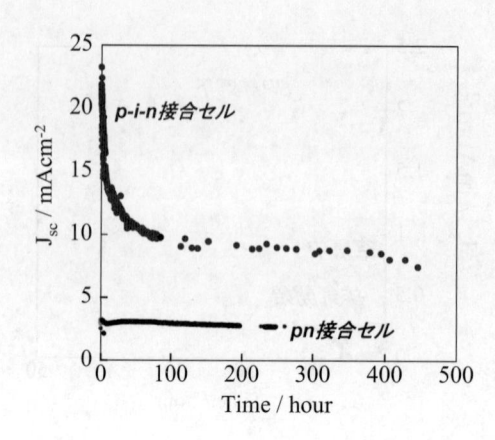

図12 高真空下（＜10^{-7} Torr）におけるJ_{sc}の光照射時間依存性
pn接合セルとp-i-n接合セルの結果を示している。

次に，C_{60}:H_2Pc共蒸着i層を含むp-i-n接合セルの長期テストを同条件で行った（図12）。C_{60}:H_2Pc共蒸着i層を導入することで，光電流量は大きく増大するが，初期の50時間において，J_{sc}の顕著な減少が観測された。pn接合セルでは，C_{60}/H_2Pc分子接触はpn接合界面のみに限られているのに対して，p-i-n接合セルでは，C_{60}:H_2Pc共蒸着層バルク全体に莫大な数のC_{60}/H_2Pc分子接触サイトが存在する。今回の結果は，キャリア生成が起こるC_{60}/H_2Pc分子接触サイトそのものの劣化があることを示唆している。なお，紫外光をカットした光を照射すれば，このJ_{sc}減少をかなり抑制できる結果を得ている。今後，p-i-n接合セルにおいても，安定動作の実証が必要である。

6.7 開放端電圧の増大

有機固体太陽電池は，開放端電圧（V_{oc}）を，p型，n型有機半導体分子のHOMO-LUMOエネルギー位置関係で制御できるという大きな利点を持つ。図13に，n型有機半導体であるC_{60}のLUMOレベルと種々のp型有機半導体のHOMOレベルのエネルギー差と，それらを組み合わせたpn接合セルにおいて観測されたV_{oc}との関係を示す[15]。両者の関係は，おおよそ，傾き1の直線となる。この結果は，pn接合界面で光生成した自由な電子とホールは，C_{60}のLUMOとp型有機半導体のHOMOのエネルギー位置までそれぞれ安定化するのであるから，それらのHOMO-LUMOエネルギー差よりも大きなV_{oc}は発生し得ない，すなわち，それがV_{oc}の上限を決めていると考えれば理解できる（図14）。このことは，HOMO-LUMOエネルギー差の大きな組み合わせを使用すれば，V_{oc}の上限値が大きくなることを意味している。実際，ルブレンとC_{60}の組み合わせでは，0.9Vという非常に大きなV_{oc}が観測された（図15）。以上の考え方は，p型とn型有機

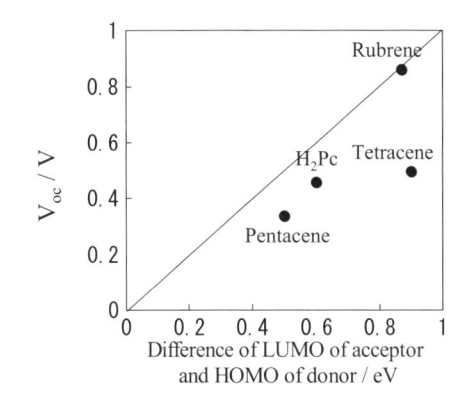

図13 n型有機半導体であるC$_{60}$のLUMOレベルと種々のp型有機半導体のHOMOレベルのエネルギー差と，それらを組み合わせたpn接合セルにおいて観測されたV$_{oc}$との関係
ほぼ傾き1の関係が成り立っている。

図14 C$_{60}$，ペンタセン，H$_2$Pc，ルブレン，テトラセンのエネルギーダイアグラム
C$_{60}$のLUMOとルブレンのHOMOのエネルギー差は約0.9Vで，ほぼ同じ大きさのV$_{oc}$が観測された。

半導体を混合した共蒸着膜でも同様であり，本質的に同じ結果が得られている。

本稿で述べた，C$_{60}$とフタロシアニンの組み合わせでは，V$_{oc}$は0.5V程度が上限であり，これが最終的な変換効率の限界となると予想される。しかし，多種多様なn型とp型の有機半導体の組み合わせの中から，1V程度のV$_{oc}$を示す組み合わせを探索し，その系において，J$_{sc}$を無機半導体程度に向上できれば，無機半導体系太陽電池の変換効率を越える可能性も開けると考えている。

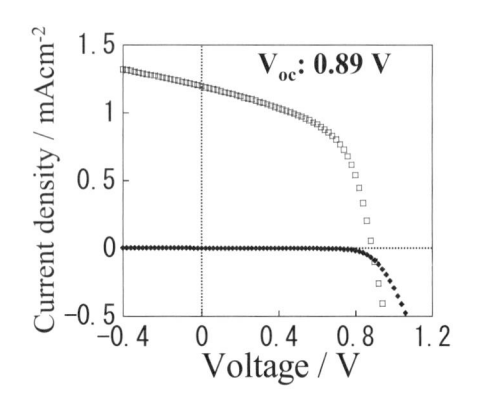

図15 C$_{60}$／ルブレンpn接合セル[ITO/rubrene(60nm)／C$_{60}$(20nm)／NTCDA(600nm)／Ag(100nm)]の特性
V$_{oc}$＝0.9Vが得られた。

6.8 まとめ

C$_{60}$:H$_2$Pc共蒸着層を有するp-i-n接合有機固体太陽電池において，世界のトップレベルに達する変換効率4.04％を観測した。長期動作テストを行い，pn接合セルについては数百時間以上の安定動作に成功した。開放端電圧を0.9Vまで増大させることに成功した。

有機太陽電池において効率5〜7％を達成するには，有機薄膜への酸素，水の侵入を阻止することも含めた，有機半導体の超高純度化技術の確立が必要である。また，現在の有機太陽電池は

赤外光を利用できておらず，赤外に感度を持つ有機半導体の開発も必要となる。

　有機固体太陽電池の変換効率は，5年で10%程度に達する可能性がある。10%を越えると住宅設置の可能性が開ける。有機固体太陽電池は，シート状で軽く，数ミリの薄さでフレキシブル，多くの色彩で用途によってはステンドグラスのように透明な，有機太陽電池シートの形で使用できる。これまでのシリコン太陽電池のような架台等が不必要で，屋根，窓等に簡便に貼付けて使用できるため，非常に低価格で，これまでのシリコン系太陽電池の概念を根本から変えて，広範に普及できると考えている。

文　献

1) C. W. Tang, *Appl. Phys. Lett.*, **48**, 183 (1986)
2) "Organic Photovoltaics: Mechanisms, Materials and Devices", a book edited by S. -S. Sun and N. S. Sariciftci published by CRC Press, March 15 (2005)
3) H. Spanggaard, F. C. Krebs, *Sol. Energy Mater. Sol. Cells*, **83**, 125 (2004)
4) H. Hoppe, N. S. Sariciftci, *J. Mater. Res.*, **19**, 1924 (2004)
5) M. Hiramoto, H. Fujiwara, M. Yokoyama, *J. Appl. Phys.*, **72**, 3781 (1992)
6) M. Hiramoto, H. Fujiwara, M. Yokoyama, *Appl. Phys. Lett.*, **58**, 1062 (1991)
7) K. Suemori, T. Miyata, M. Yokoyama, M. Hiramoto, *Appl. Phys. Lett.*, **86**, 063509 (2005)
8) M. Hiramoto, T. Yamaga, M. Danno, K. Suemori, Y. Matsumura, M. Yokoyama, *Appl. Phys. Lett.*, **88**, 213105 (2006)
9) K. Suemori, M. Yokoyama, M. Hiramoto, *J. Appl. Phys.*, **99**, 036109 (2006)
10) K. Suemori, Y. Matsumura, M. Yokoyama, M. Hiramoto, *Jpn. J. Appl. Phys.*, **45**, L472 (2006)
11) K. Suemori, T. Miyata, M. Yokoyama, M. Hiramoto, *Appl. Phys. Lett.*, **85**, 6269 (2004)
12) H. J. Wagner, R. O. Loutfy, C. Hsiao, *J. Mater. Sci.*, **17**, 2781 (1982)
13) R. A. Laudise, Ch. Kloc, P. G. Simpkins and T. Siegrist, *J. Crystal Growth*, **187**, 449 (1998)
14) H. Shiokawa, M. Yokoyama, M. Hiramoto, *Surface Review and Letters*, **14**(4), 539 (2007)
15) Y. Matsumura, M. Yokoyama and M. Hiramoto, *Jpn. J. Appl. Phys.*, submitted (2007)

7 色素増感太陽電池

北村隆之[*1], 松井浩志[*2], 岡田顕一[*3]

7.1 はじめに

遠い将来にわたってわれわれ人類がこれまでと同様,あるいはそれ以上の文明生活を営み続けるためには,環境保全とエネルギー源の確保は,相変わらず科学技術の大きな課題である。石炭,石油に代わる代替エネルギーの開発は,二酸化炭素,窒素酸化物,硫黄酸化物など大気汚染物質の排出削減の効果も大きく,環境とエネルギーの問題を同時に解決へと導く研究となる。わが国での代替エネルギー開発は,オイルショック以降のサンシャイン計画,ニューサンシャイン計画と,25年以上にわたる超長期的な研究開発プロジェクトの中で,原子力関係を除く,地熱,石炭のガス化・液化,太陽エネルギー,水素エネルギー技術の開発という4つのテーマが取り上げられた。太陽光発電に関する研究はその中で本格化したが,数ある太陽光発電技術の中で先行して実用化された単結晶・多結晶シリコン(sc-Si, pc-Si: c-Si),アモルファスシリコン(a-Si)太陽電池の導入は,1990年代中ごろ以降急激に増加した。現在わが国の生産量は全世界の半分以上を占め,累積設置容量でもドイツに次いで第2位である。2007年には,化合物半導体と分類される銅-インジウム-セレン(CIS)系の太陽電池も家庭用として販売開始された。

太陽電池の基本機能は単純な発電なので,競争相手は電灯電源であり,価格は従来型の発電所での発電コストと比較される。㈱新エネルギー・産業技術総合開発機構(NEDO)が2004年度に策定した太陽電池開発のロードマップ(PV2030)[1]では,2010年までに家庭向け従量電灯電力料金並みの¥23/kWh,2020年には業務用並みの¥14/kWh,2030年には¥7/kWhの達成を目標としている。シリコンや化合物半導体の薄膜化,タンデム化や多接合化などで,低価格化は徐々に進んでいくと思われるが,¥7/kWhの目標を達成するには,新材料の登場も期待している。

低価格太陽電池の候補となるのが有機材料を用いた太陽電池である。代表的なものが,前節の有機薄膜系の太陽電池と,本節で解説する色素増感型の太陽電池(DSC)である。有機薄膜太陽電池は,従来の太陽電池のpn接合を形成する無機半導体材料を有機材料で代替し,基本的に同じ機構で発電するのに対して,DSCは銀塩写真の撮像の原理である色素増感現象を利用して発電する。DSCの幾何構造とエネルギー構造を,図1を元に説明する。耐熱性の透明導電性酸化物(TCO)であるフッ素ドープ酸化スズ(FTO)を成膜したガラス基板(OTE)に,ナノサイズの粒径の酸化チタンを代表とするワイドバンドギャップ半導体微結晶を焼結させて多孔質電

[*1] Takayuki Kitamura ㈱フジクラ 材料技術研究所 太陽光発電研究室 主席研究員
[*2] Hiroshi Matsui ㈱フジクラ 材料技術研究所 太陽光発電研究室 主査
[*3] Kenichi Okada ㈱フジクラ 材料技術研究所 太陽光発電研究室 係長

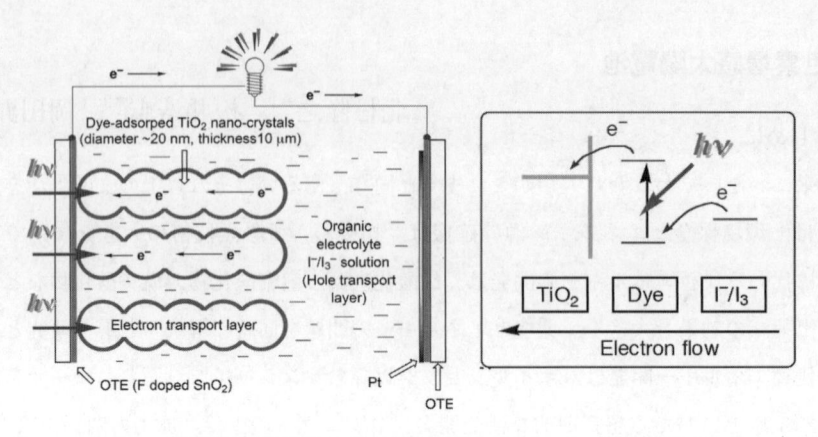

図1　色素増感太陽電池の断面幾何構造とエネルギー構造の模式図

極とし，次いでその表面に単分子層の増感色素を塗布して光作用極とする。一方の対極には白金や黒鉛を塗布したTCOガラス基板を用意し，両極の間にヨウ素レドックスを含む電解質溶液を満たすだけで，太陽電池が構成される。素子に入射した太陽光は増感色素に吸収され，励起状態から半導体の伝導帯に電子注入され，カチオンラジカルとなった増感色素は，ヨウ素レドックスから電子を受け取る。これが触媒的に繰り返されることで，光電流が発生する。詳細については，すでに優れた総説集[2~8]が数多く出版されているので，そちらも参考にされたい。

7.2　太陽電池の大面積化

　地球に降り注ぐ太陽エネルギーの総量は膨大だが，中緯度地方の地表面での密度は$1\,kW/m^2$とそれほど大きくない。1m角で変換効率10%の太陽電池の出力は100Wとなり，電圧1Vだと100Aもの電流が発生することになるが，このように大きな電流が発生すると，素子自身の抵抗によって電圧降下が生じてしまう。そのため大面積の太陽電池を構築するには，電流値は数A程度に小さく，逆に電圧を大きくとるようなモジュール化を行う必要がある。c-Si系の太陽電池では，シリコンインゴットをスライスして製造するため，スライスサイズから一つのセルで得られる電流量が決定される。実際は，15から20cm角程度の単セルが発生する電流量を元にグリッド状の集電配線を設け，これらを直列接続してモジュールとする。a-Si系やCIS系では，真空蒸着の手法を用いるので，大面積のモジュールを一度に構築する方がプロセス的に有利となる。そのため後から配線をするのではなく，構成材料を全面に成膜した後に，単セルが細長いストライプ状になるようレーザースクライブし，長辺部分で隣接するセルと直列接続する，モノリス型のモジュール構造としている。この構造は，配線の投影面による光吸収ロスが少なくなることも特徴の一つとなっている。

第7章　プリンタブルエレクトロニクスが期待される有機デバイスとその要素技術

屋上設置型を目指したメートルサイズのDSCを構築することを想定すると，いずれかの手法を手本にしたモジュール構造を適用する必要があるが，印刷法を適用すればいずれの設計も容易である。これまでに，図2に示したようないくつかの大面積DSCモジュールが様々な機関から提案されており，それぞれに材料や工程において様々な工夫が凝らされている。a)は電流の流れる経路のようすからW型モジュールと呼ばれ，短冊状の単位セルが裏表交互に並んだ構造を持っている。TCO以外に配線不要の点がメリットだが，セルの半数は裏面から対極，電解液を通した光を受けるため光吸収ロスが大きくなり，単位セルごとに電流値を一致させる必要がある。b)はZ型モジュールと呼ばれ，色素坦持電極を片面に設けてある点ではW型より性能的に有利な構造だが，隣接する単位セルごとに両極間の配線が必要で，モジュール構築はより煩雑になる。c)はb)の発展形でS型，あるいはモノリス型と呼ばれ，a-SiやCIS系の太陽電池の構造に最も近い。一般に対極として用いられる白金ではなく，例えばカーボン材料をペースト化して印刷により塗布し，対極の構築と同時に両極間の配線を行う。この構造の最大の特徴は，高価なTCO基板を1枚しか用いないため，モジュールの大幅な低価格化が期待できることである。こ

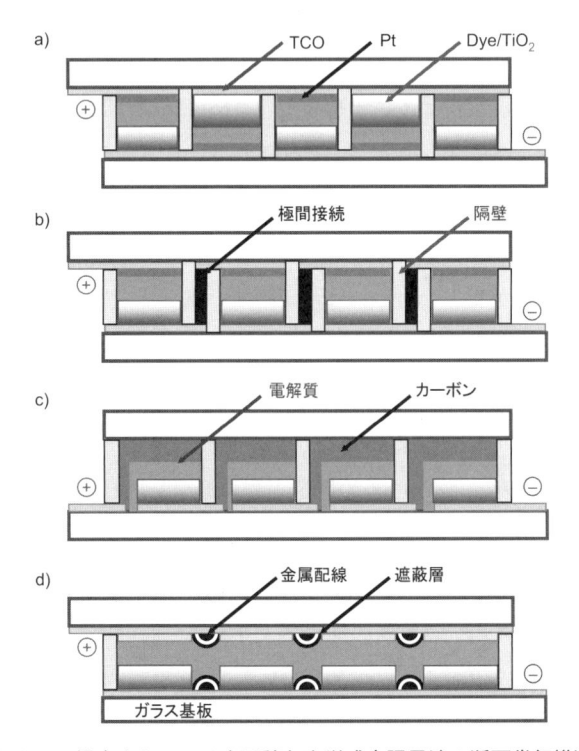

図2　これまでに提案されている大面積色素増感太陽電池の断面幾何構造の模式図
　　　a) W-型モジュール構造，b) Z-型モジュール構造，
　　　c) モノリス型モジュール構造，d) グリッド配線型モジュール構造

のような直列型モジュールに対し並列型モジュールでは，d)のようにTCO面に低抵抗の金属配線を施して集電機能を持たせたグリッド配線型セルとなり，単純にTCOの抵抗が低下したのと同じ効果が得られる。モジュールというよりはc-Siと同じように中面積セルとした方が相応しい。

モジュールには，小型のセル作製では必要ない新たな材料を組み込まなければならない。例えばa)，b)，c)ではセル間を隔てるセパレータが，b)，d)では配線材料と，それが腐蝕性のヨウ素電解質と接触しないための遮蔽材料が，c)ではペースト状で印刷可能な対極材料が必要である。また a)，b)，c)では，単位セル間のTCOを切断（断線）して独立させる工程も増える。このような部分は発電に全く寄与せず，受光面積が減少して電流密度を低下させるため，限りなく微細化することが要求される。配線の微細化という点では，並列接続型ではなく直列接続型の方が一般的に有利であるといわれているが，DSSCでは配線を電解質との接触から遮蔽しなければならず，遮蔽層の覆う面積を含めて考えるとその差は大きくないと思われる。

7.3　プリンタブルDSC

他の太陽電池とは異なり，DSC製造には高温，高真空の環境は必要なく，開発当初から印刷法による製造が可能といわれ，低価格太陽電池の有力候補と目されてきた。例えば，酸化チタンのナノ微結晶を増粘剤と共にテルピネオールなどの有機溶媒に分散したペーストや，銀微粒子とガラスフリットを分散したペーストなどが，それぞれ多孔質電極や導電配線の構築に用いられている。これらのペーストをスクリーン印刷，ドクターブレード（スキージ）法，スプレー塗布，インクジェット印刷，グラビア印刷，ディスペンス塗布など，それぞれの材料特性に合わせた塗布方法を適宜選択することができる。それほど高精細で細かなパターンを印刷するわけではないが，光受光面積の増減に直接かかわるため，相応の精度が必要である。集電配線などは比較的厚膜に成膜するために重ね塗りが必要な場合もあり，繰り返し印刷精度は要求される。

図2に示したDSCモジュールの中から，シリコン系の太陽電池と比較しやすいグリッド配線型とモノリス型を例に，DSCモジュールの製造工程の概略を図3に示した。グリッド配線型では，導電性ガラス表面に銀ペーストを塗布，焼結した後，ヨウ素を含む電解質溶液との接触を避けるフリットガラスなどの遮蔽層を構築し，酸化チタンペーストも印刷，焼結して多孔質化する。これらの塗布の順序は，用いる材料の性質により不同である。この電極を増感色素の溶液に浸漬するだけで，光作用極が完成する。一方の対極も同様に，導電性ガラス基板に銀配線，遮蔽層を構築する。白金の塗布はスパッタ法を用いることが多かったが，スクリーン印刷で構築可能な白金ペーストも開発されている。白金の代替としては，カーボンペーストや導電性高分子も適用可能である。両電極を重ね合わせて貼り付け，電解質溶液を注入して封止すればグリッド配線

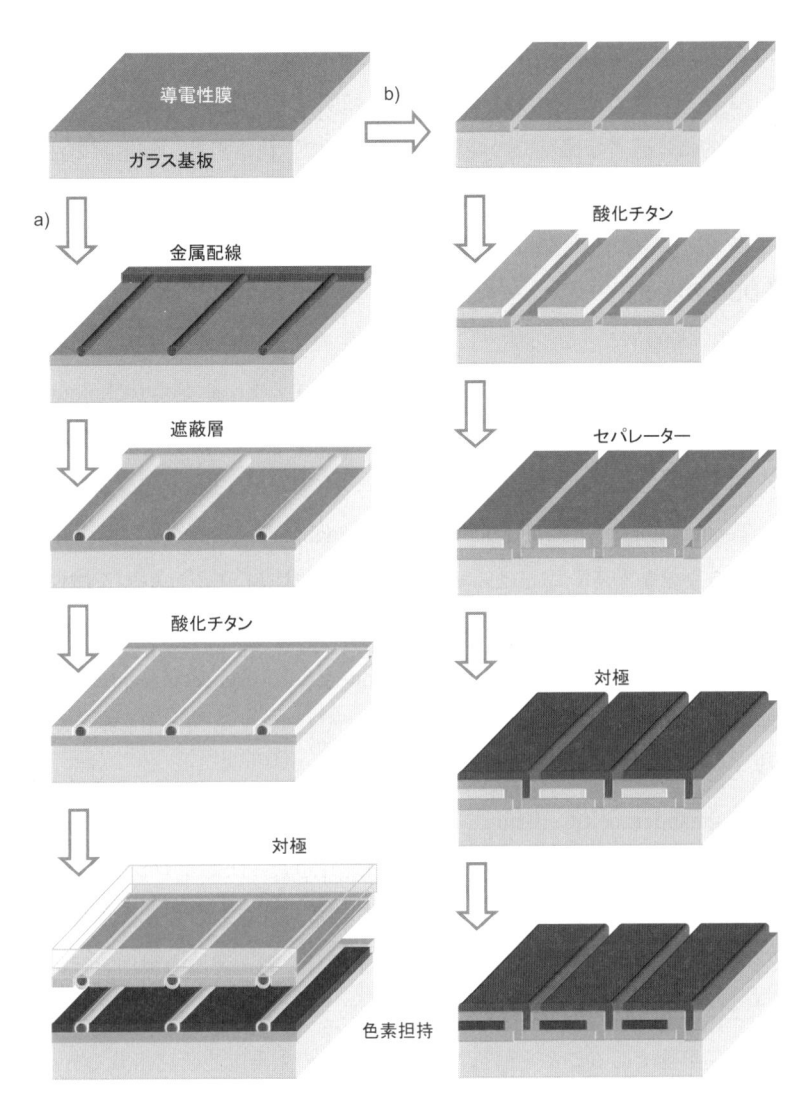

第7章 プリンタブルエレクトロニクスが期待される有機デバイスとその要素技術

図3 大面積色素増感太陽電池の製造工程の概略図
a) グリッド配線型モジュール構造, b) モノリス型モジュール構造

セルが完成し,さらに複数のセルを外部直列配線すればモジュールとなる。

　モノリス型では,最初にガラス基板の導電膜をレーザースクライブして,短冊状に切り分ける。個々の電極に酸化チタンペーストを塗布,焼結して多孔質電極を構築した後,続けて対極材料を重ね塗りすることになる。対極として機能する材料としては炭素系のものがあるが,上記の多孔質電極に入り込んで短絡を起こさないよう,適当なセパレータを介して塗布される。このとき,対極材料は隣接する一方のセルの導電性ガラス基板と接するように塗布され,直列接続を確

立する。またセパレータとしては，サブミクロンサイズのワイドバンドギャップ半導体（rutaile -TiO_2, ZrO, Al_2O_3など）などが用いられている。このような電極構造を，印刷法を駆使して積層した後，一般的には適当な温度での焼結が必要なので，色素担持，電解質の注入は，対極の構築の後に行われるのが普通である。最後にモジュール全体を封止して完成する。

7.4　大面積DSCの実際

　大面積のDSCは，2000年ごろから徐々に報告され始め，その性能も確実に改善している。図4にその代表例を示した。開発者であるGrätzelの所属するÉcole Polytechnique Fédérale de Lausanne（EPFL：ローザンヌ工科大学，スイス）が所有する，DSCに関する基本特許の実施権を得ている，スイスのSolaronix SAやオーストラリアのDyesol Limited（前身や関連会社としてSustainable Technologies Australia（STA），Sustainable Technologies International（STI），Greatcell Solar AGなどがある）などは，早くから大面積のDSCモジュールを試作している。特にDyesol（当時STA）は，いち早くDSCの可能性に着目し，2003年3月には，オーストラリアの国立研究所であるCommonwealth Scientific and Industrial Research Organization（CSIRO）に，面積200m^2の世界最大のDSC設備を納入しており，すでに数100m^2（数10kW）規模の製造が可能になっていると思われる。

　オランダのEnergieonderzoek Centrum Nederland（ECN），Solaronix，およびドイツのInstitute für Angewandte Photovoltaik（INAP）のグループは，LOTS-DSCプロジェクト（1998/7/1～2001/6/30）において，酸化チタンペーストの塗布，焼結，対極との張り合わせ，色素担持と電解質溶液注入，注入口の封止など，一連の製造工程を設計，製造装置の製作を行い，製造ロット間のばらつきなどまで評価している。また，製造コストの試算も行っており，当時の技術でも240円/W程度で製造可能であることを示している。ドイツの太陽電池研究組織であるFraunhofer-Institut für Solare Energiesysteme（Fh-ISE）でも，スクリーン印刷による製法や色素による多色性を前面に押出したモジュールを公開している。中国科学院プラズマ物理研究所はDyesol（当時STI）の全面的な協力で500Wの発電設備を2004年10月に設置している。EPFLの特許実施権を得ているアメリカのベンチャー企業Konarka Technologies, Inc.は，フレキシブル軽量型のDSCモジュールの製造販売を目指し，他社とは異なる戦略をとっている。

　国内では，アイシン精機と豊田中央研究所のグループが先行しており，2005年の愛知万博の開催に合わせて公開した，トヨタ夢の住宅PAPIに見られるように，非常に完成度の高い大面積モジュールを作製している。NEDOの委託研究に参画しているシャープ，フジクラ，新日本石油も展示会などではある程度の大きさのモジュールを出展しているが，いずれも導電性ガラス基板を用いており，屋根上など屋外への設置を念頭においているようだ。

第7章 プリンタブルエレクトロニクスが期待される有機デバイスとその要素技術

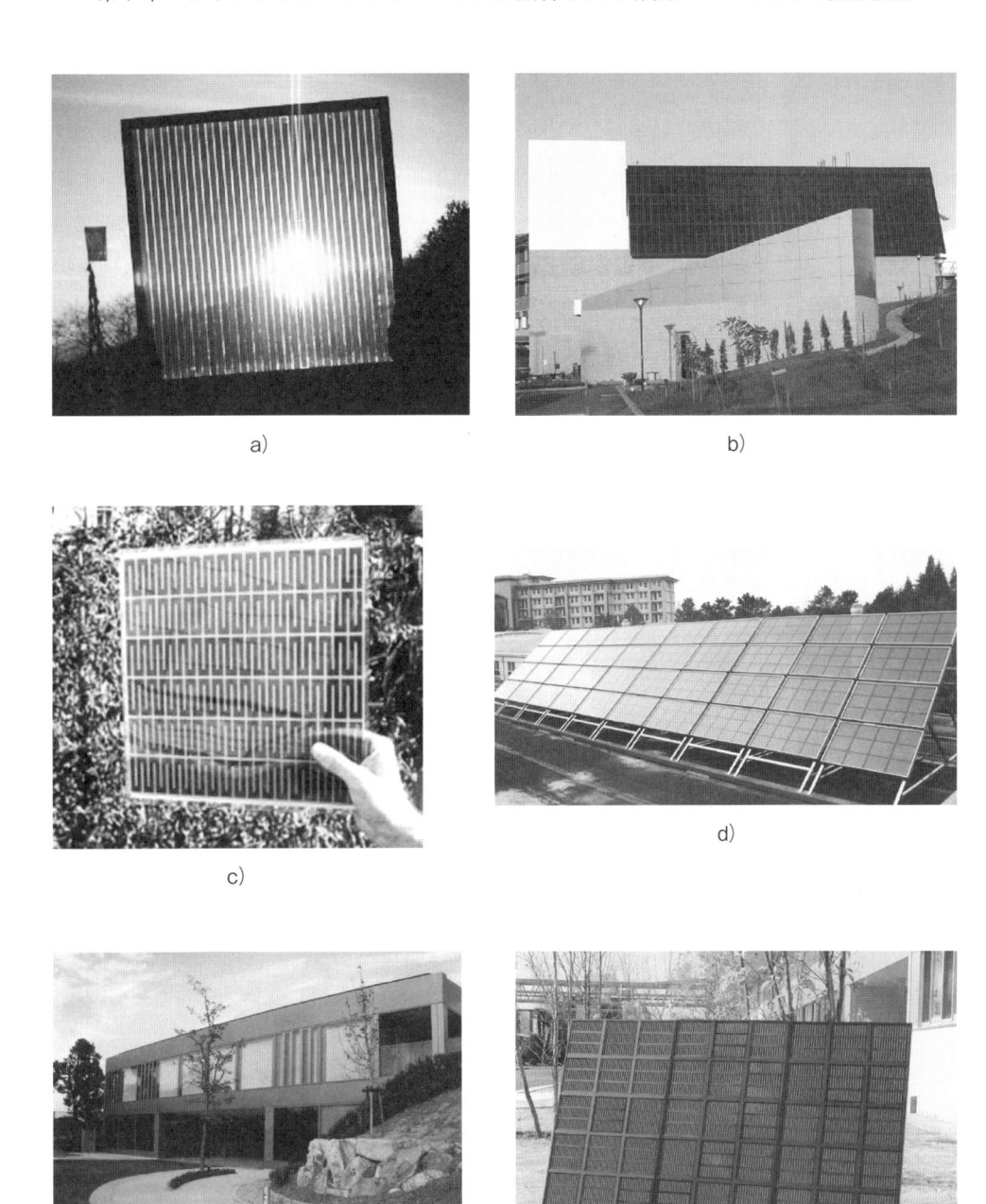

図4 大面積色素増感太陽電池の実際の製作例
a) Solaronix[9], b) CISRO[10], c) Fh-ISE[11], d) プラズマ物理研究所[12],
e) トヨタ夢の住宅"PAPI"[13], f) フジクラ[14]

7.5 おわりに

2006年度から4年間の期限で始まったNEDOの「太陽光発電システム未来技術研究開発」では，DSCの開発目標として小型の「1cm角セルで変換効率15％以上を達成すること」，より大きなサブモジュールでは「30cm角程度の大きさで変換効率8％以上を達成し，かつa-Si太陽電池向けにJIS規格C8938に規定されている各種の環境試験・耐久性試験において十分な耐久性を担保すること」を明確に掲げている。セルの変換効率15％，あるいはそれ以上を目指した基礎研究の継続は，発電コスト低減の面からも魅力的だが，セルの性能を低下させずにいかに大面積化，モジュール化するか，言い換えると，ほとんどの工程を印刷法で行う製造工程と整合性ある材料選択を含めた，プロセス開発の格段の進展が企業研究者に課された課題である。シリコン太陽電池で培われた様々なモジュール化技術をDSCモジュールに適用するのはもちろんのこと，電解質を封止せねばならないというDSCに特有の困難な問題には液晶ディスプレーや二次電池の製造技術などを応用して，耐久性を確保するための研究開発が活発になるだろう。

文献

1) http://www.nedo.go.jp/
2) 荒川裕則監修，「色素増感太陽電池の最新技術」，シーエムシー出版（2001）
3) 柳田祥三監修，「色素増感型太陽電池（Grätzel型）の基礎と応用」，技術教育出版（2001）
4) 「実用化に向けた色素増感太陽電池」，エヌ・ティー・エス（2003）
5) 早瀬修二，藤島昭編，「──プラスチック化，大面積化，耐久性・変換効率向上──色素増感太陽電池の開発技術」，エヌ・ティー・エス（2003）
6) 「薄膜太陽電池の開発最前線～高効率化・量産化・普及促進に向けて～」，エヌ・ティー・エス（2005）
7) 早瀬修二編，「色素増感太陽電池の研究開発と最新技術」，技術教育出版（2005）
8) 荒川裕則監修，「色素増感太陽電池の最新技術II」，シーエムシー出版（2007）
9) http://www.solaronix.com/
10) http://www.sta.com.au/, http://www.dyesol.com.au/, http://www.csiro.au/, http://www.det.csiro.au/energycentre/index.htm
11) http://www.ecn.nl/en/
12) http://www.ipp.ac.cn/ENGLISH/index.htm
13) http://www.toyotahome.co.jp/papi/index.html
14) http://www.fujikura.co.jp/

8 回路配線形成技術

小口寿彦*

8.1 はじめに

　本節で扱うプリンタブル回路配線はプリント技術を使って絶縁性基板上の所望の場所に配線材料を付加し，配設した回路配線である。基板上の必要な部分のみに配線材料を付加して配設するには，①インクジェットのように配線材料を直接基板上に印刷する，②凸版・凹版・平版などに配線材料を塗布してこれを基板上に印刷する，③スクリーン状のステンシルを使って配線材料を印刷する，④電子写真プロセスや光照射などによって基板表面にほどこされた電気的性質（静電荷），物理的性質（凹凸），化学的性質（酸性・塩基性，親水性・疎水性）の異なるパターンを作製し，パターンに応じて配線材料を付加する，など多様である。現在電子工業界で用いられているプリント回路配線のほとんどは，フォトレジストとエッチングにより，基板上に一様に貼り付けた銅箔の必要部分を残して形成されるもので，①～④の範疇には入らない。しかし，Additiveプロセスによる多層回路配線は④の範疇に属し，本節と領域を接している。

　本節の回路配線は金属による回路配線に絞り，印刷が可能な配線材料としては金属コロイドインク（主に銀コロイドインク）を出発材料とするもので話を進める。初めに金属コロイドインクの性状が微細配線材料に適していることを説明し，実際に用いる際の適応性と問題点を考える。次いでこれらを上記①～④のプロセスに適用してプリンタブル回路配線を作製したときの現状と問題点および今後の展望について述べる。

8.2 金属コロイドインクと回路配線

　最近粒径が白金，金，銀，パラジウムなどの金属コロイド液が30～60wt％の高い濃度で工業的に製造され，供給されるようになってきている。金属コロイドの粒径は1～100nmの範囲にあり，水から有機溶剤にいたる多様な溶媒中に分散されている。金属コロイド液は分散媒の種類を適当に選択すると，金属含有率が20～30wt％と高いものであっても10mPa·s以下の粘度を示すので，これに適当な界面活性剤を加えてインクジェット描画や印刷に適した金属コロイドインクを作製することができる。金属コロイドインクの特徴は，印刷により絶縁性基板上に形成されたコロイド膜がその融点よりはるかに低いベーキング温度で焼成しても，導電性を示すことである。たとえばポリイミドフィルム上に塗布された銀コロイド層は150℃で30分程度オーブン中に静置するだけでμΩ·cmオーダの固有抵抗値を示すようになる。印刷された金属コロイド層はまた，めっき触媒としても使用できることが大きな特徴である。たとえば銀コロイド液中に銀コロ

---

*　Toshihiko Oguchi　森村ケミカル㈱　技術部　技術本部長

イドに対して数wt％のパラジウムコロイドを混合した金属コロイドをわずか1wt％含有するインクジェットインクを用い，絶縁性基板上に回路配線パターンを形成してベーキングし，これを銅めっき浴に浸漬すると銅の回路配線が得られる。金属コロイド液の持つ上記の諸特性は各種の微細パターン形成プロセスに適用して，微細回路配線形成プロセスに変えることができる。

8.3 金属コロイド液

　粒径1～100nmの金，銀，銅，ニッケル，パラジウムなどの超微粒金属粒子の作製は，1857年にファラデーが炭酸カリウムで中和した塩化金酸の水溶液に黄りんを飽和させたエーテルを加えてワインレッド色の金コロイド液を得たことに始まる。このコロイド液は金ゾルとも呼ばれ，その後塩化金酸溶液にクエン酸やホルマリンなどの還元剤を添加しても容易に作製できるようになった[1,2]。最近，回路配線の形成に適した高濃度で低粘度の金属コロイド液の製造法に関して多くの方法が提案されている。小林らは，高分子分散剤を含む白金，金，銀，パラジウム，ニッケル，ビスマスなどの貴な金属塩水溶液にアミン系の弱い還元剤を添加すると，還元されて析出した金属コロイドの表面には高分子分散剤が吸着して保護コロイド層が形成される結果，図1に示すような粒径1～75nmの安定な金属コロイド液が得られる事を発見している。各種コロイド液の性状を表1に示す[2~5]。木下は，硝酸銀17g，分散樹脂34g，水260gからなるA液と，アルカノールアミン43g，分散樹脂44g，水206gからなるB液を，マイクロミキサー混合システムで混合し，粒径4～15nmの粒度の揃った同様なコロイド液を作製している[6]。これらの金属コロイドはまた，複数種の金属塩溶液を混合することにより複合金属コロイド溶液の作製に応用されている[7]。還元剤としてはアミン系薬剤の他，ヒドラジン，ヒドロキシルアミン，タンニン酸，アルコールあるいはポリオール類が提案されている[8~10]。また，保護コロイド剤としては，脂肪酸やアミノ化合物あるいは各種酸チオール類，脂肪族チオール類あるいは芳香族チオール類を用い

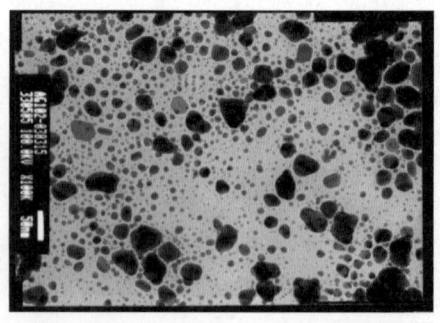

図1　銀コロイド粒子のTEM写真

第7章 プリンタブルエレクトロニクスが期待される有機デバイスとその要素技術

表1 各種金属コロイド液の性状例

金属	Au	Ag	Pt	Pd	Ni	Bi	Au/Ag
粒子径nm	15-45	10-75	1-3	5	30-40	20-30	20-30
溶剤*	W, A, S	W, A, S	W, A	S	S	W, S	W, A
最大金属含有率(%)**	30	30	5	5	5	5	5
最大金属固形分(%)***	90	96	50	40	50	70	90

* W：水，A：アルコール，S：アルコール以外の有機溶剤
** 金属コロイド液中に含まれる金属の最大濃度
***金属コロイド/金属コロイド＋保護ポリマーの最大値

ることが提案されている。

有機溶媒に分散させた金属コロイドとしては，柿原が有機溶媒中で金属塩とアスコルビン酸およびその誘導体と，アルキルアミンとを混合して作製する金属コロイドを[11]，また，中許らは，金属錯体をアミンで還元しつつ熱分解する金属コロイドを提案している他[12]，Suzukiらは減圧下で種々の金属と，これらの金属の表面に吸着しやすい界面活性剤を同時に蒸発させて，表面に界面活性剤を吸着した保護コロイド層を有する超微粒金属粒子を作製し，得られた粒子を保護コロイド層となじみの良い有機溶媒中に分散せしめた金属コロイドを提案している[13]。これらの金属コロイド液は，分散媒の種類を適当に調節すると，金属粒子の含有率が20〜30wt％と高いものであっても10mPa・s以下の粘度を示すので，これに適当な界面活性剤を添加して，インクジェットや印刷に適したインクを調整することができる。

8.4 インクジェットを利用した回路配線

Oguchiらは，高分子界面活性剤を保護コロイド層として作製した銀コロイド液[4]を用いてインクジェットインクを調製し，ポリイミドフィルムやガラスなどの絶縁性基板に印字して直接導電性パターンを得るプロセスを検討している[14,15]。印字した基板を150℃のオーブン中に約30分間静置すると，印字部は固有抵抗値10$\mu\Omega$・cm程度の導電性を示す。この結果は，インクジェットプリンタを用いて微細配線パターンを絶縁性基板上に印字したのち，基板の耐熱性が許す150〜300℃でベーキングすれば，回路配線が直接形成できることを示す。このプロセスによる配線パターンの形成に関しては，その後多くの発表がなされている[16〜18]。

高導電度（低固有抵抗値）の確保に関してはKimらがポリイミドフィルム上に印字した銀コロイドインク層を100〜300℃で30分間ベーキングした詳細な実験を行っている[17]。この結果によると，印字層が銀の固有抵抗（1.6$\mu\Omega$・cm）を得るには300℃の温度が必要であることがわかる。ベーキングした膜をSEM観察した結果を図2に示す。ベーキング温度を高めるにつれて銀コロ

イド粒子が成長して粒界に隙間がなくなることが固有抵抗値を低くするものと考えられる。150℃のベーキングでも$\mu\Omega\cdot cm$オーダの固有抵抗値を得ることが可能であるが，ポリエステルフィルム上に回路配線を形成する場合にはさらに低いベーキング温度が望まれる。ベーキング温度と固有抵抗値との同様な結果はKowalskiらによっても確認されている[18]。

金属コロイド膜と絶縁性基板との間の接着性確保に関しては，今のところ信頼性の高い方法が見つかっていない。金属コロイド液中に有機絶縁基板表面との接着性を強めるための接着剤などを添加すると，形成された回路配線の導電性が阻害されるからである。有機絶縁性基板に形成した回路配線の導電性と基板への接着性の双方を確保する方法として，Oguchiらは図3に示すPIJ（Plating on Ink Jet Pattern）法を提案している[19]。この方法に用いる基板には，ポリエステル基板の表面にインクを保持できる多孔質層を設けたものが用いられる。回路配線は通常のインクジェットプロセスにより金属コロイドインクを用いて印字したのち，ベーキングして形成される。ベーキング後金属コロイド粒子は相互に結合して細孔壁に固着するので，描画パターンを銅

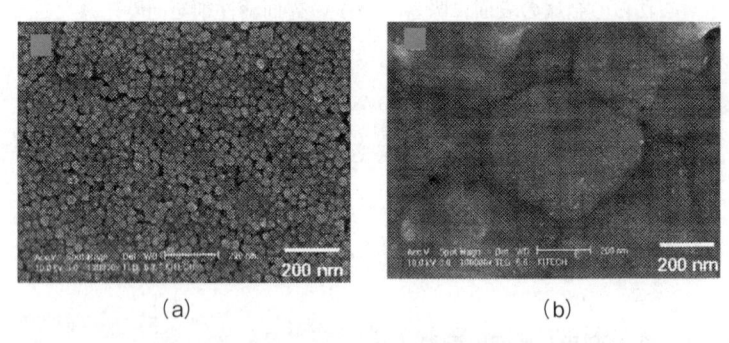

図2　印字した銀コロイド粒子層のベーキングによる変化[17]
　　（a）：100℃　30分ベーキング後
　　（b）：300℃　30分ベーキング後

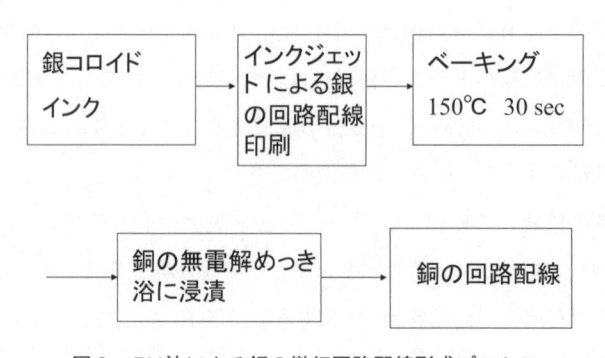

図3　PIJ法による銅の微細回路配線形成プロセス

第 7 章　プリンタブルエレクトロニクスが期待される有機デバイスとその要素技術

の無電解めっき浴中に浸漬しても金属コロイド粒子がめっき液中に溶出することはない。この際，固着した金属コロイド粒子はめっき核としてはたらき，最終的には図4(a) に示すような銅のめっき層が形成される。めっき層の厚みが2〜5μmに達すると，金属コロイドを印字した部分が銅そのものの固有抵抗値を示す回路配線が得られる。厚み40μmのポリエステルフィルムの両面に厚さ35μmの多孔質ポリスチレン層を施し，この上に図4(b) に示すようなPIJ回路配線を形成してプリント基板として使用すると，実際に動作するモジュールを作製できることが確認されている[19]。

インクジェット法による高精細度の確保はノズルから吐出されるインク滴の径，インク滴の基板表面への供給速度，供給されたインク滴の重なり度合い，インク滴の乾燥速度（基板表面の温度），インク滴と基板表面との接触角，などに依存する。吐出インク滴のサイズが2plの市販インクジェットプリンタを用いた場合，シングルドットを重ね打ちして印字した理想状態での細線は，線幅約25〜30μmとなる[15]。しかしながら，最近インクジェットヘッドの研究が急速に進み，インク滴のサイズが0.1plのものが開発され，線幅約10μmの微細回路配線が印字できる可能性が出てきている[20, 21]。また，高精細度パターンの描画で問題となっていたサテライト粒子の除去についても研究が進んでいる。インク滴が小さくなるとインクの体積に対する表面積の割合が増すので，インクの乾燥速度が速くなる。また銀コロイドインクでは銀の含有率を50wt％以上にしてもある程度の低粘度が保てる。Murataらはこの現象を利用してSuper Inkjet Systemと呼ばれるプロセスを提案しており[22]，銀コロイドインクを使用して図5に示すような線幅1〜数μmのパターンが形成できることを示している。このシステムは基質にインク滴が着地する際に広がらないで高さ方向に積み上げることもできるので，線幅に対する高さ比が大きな回路パターンを作製できる利点がある。

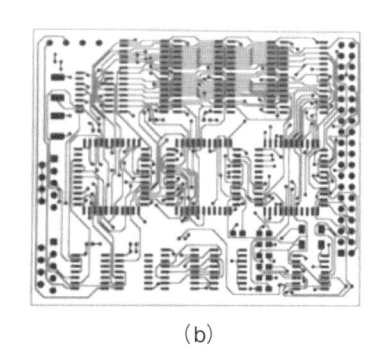

(a)　　　　　　　　(b)

図4　(a) PIJ法によって得られた銅配線膜の断面図
　　　(b) PIJ法によって作製したプリント回路配線

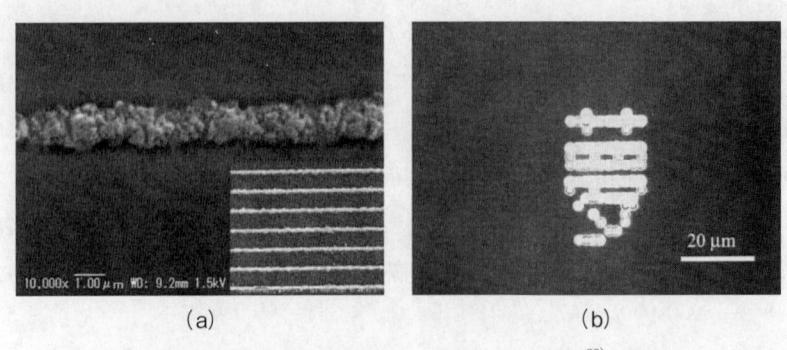

図5　(a) Super Inkjet Systemで描画した銀コロイド細線[22]（線幅:約1μm）
　　　(b) Super Inkjet Systemで印字した銀コロイドパターン[22]

8.5　レーザー刻印を利用した回路配線

　Oguchiらはポリエステルフィルムのような有機フィルム基板上に塗布した厚さ6～9μmの紫外線吸収樹脂膜にUVレーザービームを照射して溝パターンを刻印し，これを用いた回路配線形成法（PFS法：Plating on Fill and Squeeze法）を提案している[23,24]。紫外線吸収樹脂膜の表面には非常に薄い撥水膜が塗布されているので刻印パターンに水性の銀コロイドインクを塗布してSqueezeすると銀コロイド液は溝内のみに充填されて銀コロイド層による回路配線が形成される。この回路配線はベーキングしただけの状態でも，μΩ·cmオーダの固有抵抗値を示す。次いでベーキングした基板を無電解銅めっき浴に浸漬すると，溝内の銀コロイド粒子がめっき触媒としてはたらくので，刻印溝内が銅のめっき層で充填される。得られた有機フィルム表面には銅の回路配線が埋め込まれた形の極めて信頼性の高い微細回路配線が形成される。図6にはポリエステルフィルムの表面に，幅10μm，深さ5μm，線間300μmで刻印された溝パターンを銀コロイド液と銅めっきによるPSF法で処理した回路配線を示す。この回路配線が形成されたポリエス

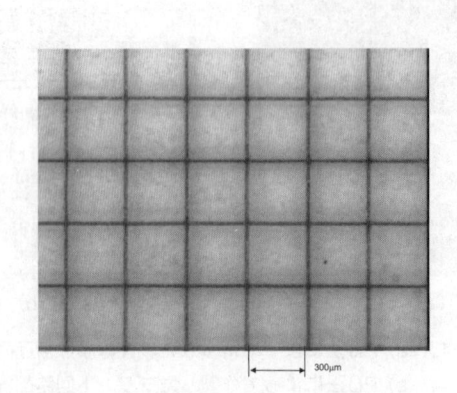

図6　UVレーザー刻印パターンにPFS法を適用して作製した微細回路配線

テルフィルムは表面の抵抗値が極めて低く，導電性膜として機能する。また，配線部に対して非配線部の面積が93％と大きいので優れた透明導電膜が得られ，透明な電磁波シールド膜として最適である。

レーザー刻印パターンにPFS法を用いると，絶縁性基板上に線幅1～10μmの高精細な回路配線が容易に作製できる。また，その信頼性も極めて高い。しかし，精細度が高くなるにつれてスループットが問題になり，現在のUVレーザー照射装置では刻印工程に時間とコストがかかりすぎる難点がある。また，UVレーザーで任意のパターンを刻印するためにはソフトの開発も必要で，今後UVレーザーによる回路配線作製技術の実用化にあたってはハード・ソフトの両面での改善が望まれる。

8.6 ナノインプリントによる回路配線

金属コロイドは1～100nmの粒径を有しているので，レーザー刻印で作製されたような溝パターンが形成できればこれらにはすべてPFS法が適用できる。ナノインプリント法は溝パターンの形成に適した方法で，溝幅がサブミクロンで溝幅に対する深さのアスペクト比が1以上のパターンが容易に作製できる。図7はシクロオレフィン系フィルムの表面に刻印した溝幅1μm，深さ0.5μmのナノインプリントパターンにPFS法を適用した例を示す。線幅1μmの銅線が刻印パターン通りに形成できている。

刻印パターンを施すための基質としては熱可塑性の有機フィルムやガラスが用いられるが，図8に示すUV硬化樹脂を表面に塗布した基板を用いるUV転写法[25]はとくに興味深い。この場合金型にはUV光を透過する石英ガラスが用いられ，金型をUV硬化層表面にプレスしながら熱とUV光を照射して金型の転写とUV層の硬化を同時に行う。金型を剥離した後には金型の突起部が溝パターンとして刻印されナノインプリントパターンが得られる。

図8において，UV硬化層を有する基盤がプレスされた状態では，基質の背面あるいは金型の

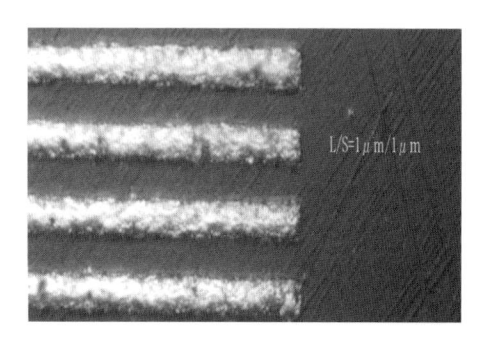

図7　ナノインプリント刻印パターンにPFS法を適用して作製した微細配線

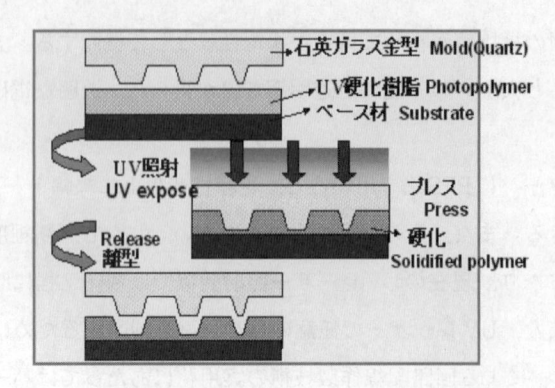

図8　UV硬化樹脂を用いたナノインプリント法の原理
（東芝機械㈱　微細転写事業部　提供資料）

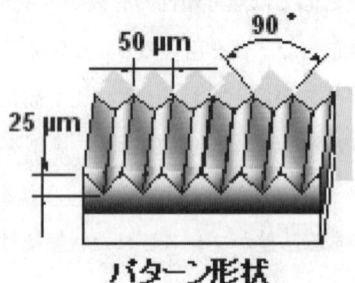

図9　Roll to Roll式インプリント用ロール金型
（東芝機械㈱　微細転写事業部　提供資料）

背面のいずれからでもUV光を照射することが可能である。そのため，図9に示すようなロール状の金型にUV硬化層を有する基板が巻きついてプレスされている状況でUV光照射がなされるようにすれば，Roll to Roll方式により連続してナノインプリントパターンを製造することもできる。図10にはRoll to Roll方式でPETフィルム上のUV硬化層に作製されたナノインプリントパターンを示す[25]。図の場合，A4版のNi電鋳金型が凹版で，A4版のPET基板転写品が凸版とな

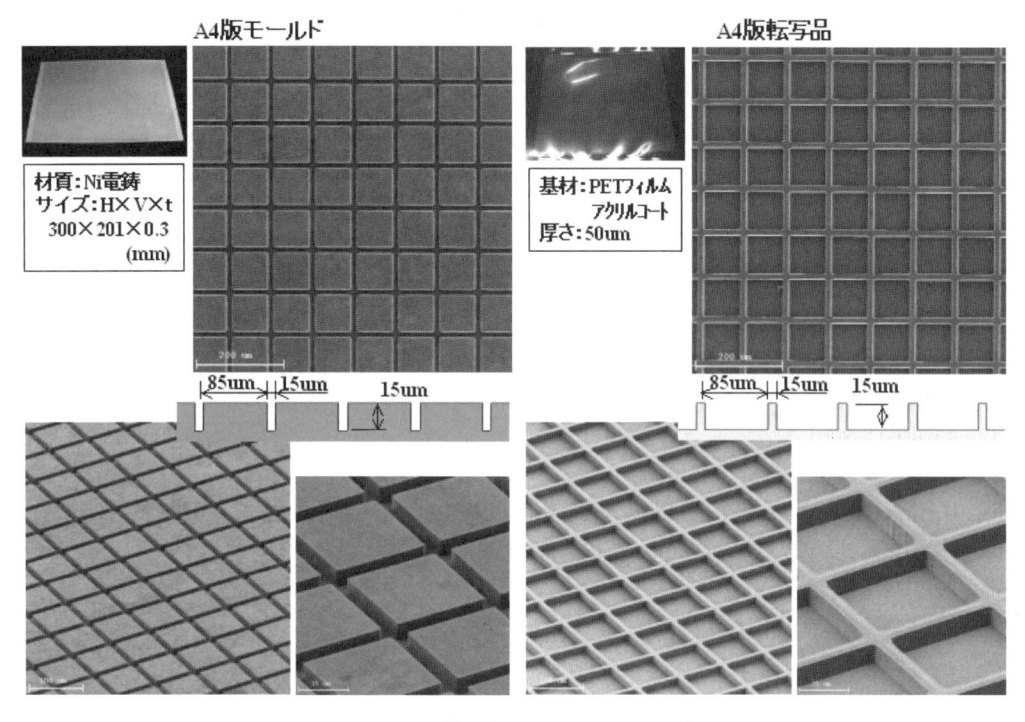

第7章 プリンタブルエレクトロニクスが期待される有機デバイスとその要素技術

図10 Roll to Roll UV転写法で作製されたナノインプリントパターン
（東芝機械㈱ 微細転写事業部 提供資料）

っているが，凹版と凸版のいずれも精巧でこれらの版を相互に交換してもパターンの精度はほとんど変わらない。Roll to Rollプロセスで作製された凹版のナノインプリントパターンを有するPET基板にPFS法を適用すれば，上述のレーザー刻印パターンにPFS法を適用した場合よりもさらに高精細な微細回路配線を連続して製造できる。

ナノインプリント法とPFS法を組み合わせた微細回路配線の作製プロセスでは，版が必要となるので少数の製品作製には不向きである。しかし，線幅が数100nm前後の高精細で信頼性が高い微細回路配線を大量生産するには非常に適した方法で，今後の実用化が期待される。

8.7 まとめ

以上，金属コロイドインクを用いた回路配線形成技術の現状と将来の展望について述べた。最近の金属コロイド液は各種のものが容易に入手できるようになってきたばかりでなく，粒子表面の保護コロイド層を薄くし，粒度分布を改善して低温でのベーキングで十分な導電度と基板への接着性が確保されるようになってきている。また，最近はナノインプリントのような超微細なパターニング手法が手に届くところに来ている。微細回路のパターニング手法に関しては，今回述

べた以外にも多くの優れたものが提案されている。今後はこれらの回路パターニング技術と金属コロイドとを組み合わせた新しい回路配線形成技術の更なる発展が期待できる。

文献

1) 北原文雄, 古澤邦夫, 分散・乳化の化学, p.24, 工学図書 (1979)
2) G. Tsutsui *et al.*, *Jpn. J. Appl. Phys.*, *Part1*, **40**, 346 (2001)
3) 特開平11-8064
4) 小林敏勝, 色材, **75**, 66 (2002)
5) T. Kobayashi *et al.*, Proceedings of IS & T's NIP19 Conference, p.245 (2007)
6) 木下靖浩, *TECHNO-COSMOS*, **19** (2006)
7) 特開2004-256915
8) 特開2004-232-012
9) 特開2004-169162
10) 特開2006-241494
11) 特開2005-36309
12) 中許昌美, 吉田幸雄, 「金属ナノ粒子ペーストのインクジェット微細配線」, p.36, シーエムシー出版 (2006)
13) T. Suzuki and M. Oda, Proceedings of the 9th International Micro-electronics Conf., p.37 (1996)
14) 特開2002-13487
15) T. Oguchi *et al.*, Proceedings of the IS & T's NIP19 Conference, p.656 (2003)
16) M. Furusawa *et al.*, Tech. Digest of SID 02, p.753 (2002)
17) D. Kim *et al.*, Proceedings of the IS & T's Digital Fabrication 2005 Conference, p.93 (2005)
18) M. Kawalski *et al.*, Proceedings of the IS & T's Digital Fabrication 2005, p.158 (2005)
19) T. Oguchi *et al.*, Proceedings of the IS & T's NIP20 Conference, p.291 (2004)
20) M. Kaneko *et al.*, Proceedings of the IS & T's NIP23/Digital Fabrication 2007 Conference, p.314 (2007)
21) K. Ozawa *et al.*, Proceedings of the IS & T's NIP23/Digital Fabrication 2007 Conference, p.898 (2007)
22) K. Murata *et al.*, Proceedings of the IS & T's NIP23/Digital Fabrication 2007, p.956 (2007)
23) T. Oguchi *et al.*, Proceedings of the IS & T's NIP20 Conference, p.291 (2004)
24) T. Oguchi *et al.*, Proceedings of the IS & T's Digital Fabrication 2005 Conference, p.82 (2005)
25) 小久保光典, 材料技術研究協会第66回表面改質研究会講演要旨集, p.16 (2007)

9 ラテント顔料を用いたインクジェット法によるカラーフィルタ形成法の開発

大石知司*

9.1 はじめに

現在の高度情報化社会において，情報を視覚化する表示装置は必要不可欠なものである。表示装置として，近年の液晶，PDP，有機ELなどのフラットパネル型ディスプレイの技術進展には目を見張るものがある。これらの表示デバイスにおいて性能，機能の向上化とともに低コスト化の要求度が高い。カラー表示が一般的となった今日，表示デバイスに使用されるカラーフィルタの効率的作製法の開発は最も重要度の高いものである。従来の印刷を主体とした方法に対して，インクジェット法を用いるカラーフィルタ形成法は，より効率的な方法として注目されるものである[1]。このため実用化に向け活発な研究が行われつつあり，すでにこの手法による有機顔料インクを用いたカラーフィルタ形成が製品に適用された例も出てきている。しかしながら，現在使用されているインクに含有される有機顔料は溶媒に不溶なため，インクジェット法で使用した場合，顔料の微細分散，溶液の濃度や粘度調整，溶液の安定性，吐出部の目詰まりなどの問題点が多い。

本稿では溶媒に可溶なラテント顔料を用いたインクジェット法によるカラーフィルタ形成法について述べる。

9.2 現行カラーフィルタ作製法と問題点

図1に現在の液晶デバイスに用いられるカラーフィルタ作製方法である顔料分散フォトリソ法

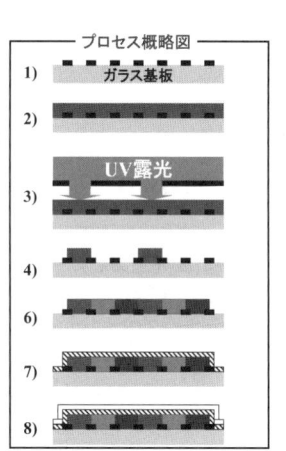

図1 現行のカラーフィルタ作製方法

---

* Tomoji Ohishi 芝浦工業大学 工学部 応用化学科 教授

の概略を示す。基板上に 1）ブラックマトリックスを形成後，2）顔料レジスト塗布 3）露光 4）現像 5）2〜4の工程を3回繰り返し 6）R, G, Bの三色形成 7）保護膜形成 8）透明導電膜形成などの複雑な工程を経る。印刷による顔料レジストの非効率な使用，多段階の露光，現像プロセスなど高コスト化の一因となる。

インクジェット法は光硬化用レジストを使用することも無く，効率的な顔料インクの使用が可能となる。また，露光，現像プロセスなどが不必要であり，一回の膜形成プロセスにより三原色の膜形成が可能となるため，カラーフィルタ形成プロセスの大幅な簡略化および低コスト化が可能となる。インクジェット法は大きな可能性を持つが，その中で最も重要な開発要因の一つに顔料インクがある。

9.3 ラテント顔料について

図2に染料，顔料およびラテント顔料の特徴を示す。

有機色素は染料と顔料に分類されるが，それぞれ長所と短所を有する。染料は溶媒に可溶であり，使いやすく，高い透明力，着色力を示す反面，耐光性，耐溶剤性が悪いなどの欠点がある。一方，顔料は耐光性，耐溶剤性に優れるが，溶媒に不溶なため取り扱いに難点がある。特に表示デバイスのような光学用途への応用を想定した場合，高い透明性の確保が必要不可欠であり，溶媒に不溶な顔料を極めて微細化する必要性と溶媒に分散させるための高度の分散技術が必要となる。このため表示デバイスに使用される顔料分散溶液は高コストなものとなる。

ラテント顔料は，染料と顔料の両者の長所を有する有機色素材料として注目されている[2]。顔料を出発物質として，顔料の官能基上に有機合成で置換基を導入する。この置換基の導入により，顔料分子同士の水素結合やπ-πスタッキングによる分子間の相互作用を断ち，溶媒和を可

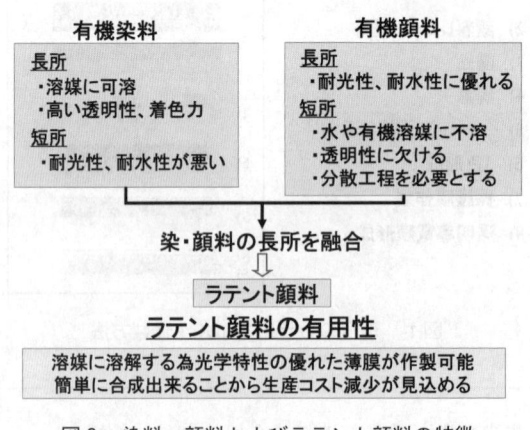

図2 染料，顔料およびラテント顔料の特徴

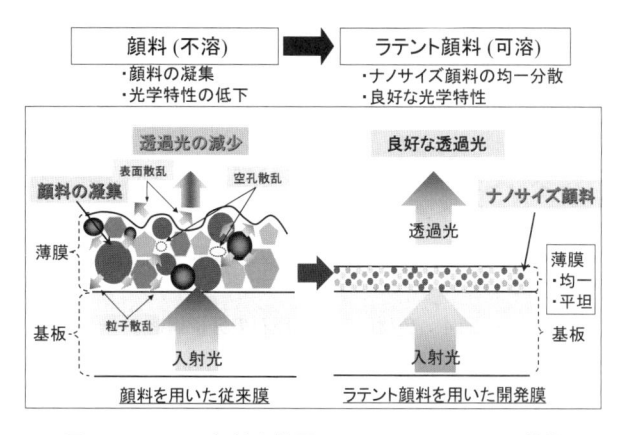

第7章　プリンタブルエレクトロニクスが期待される有機デバイスとその要素技術

図3　ラテント顔料を使用したカラーフィルタの特徴

能とする。このため各種溶媒に可溶となり，種々の薄膜中への導入が容易となる。また，導入した置換基は熱処理等によるなんらかのエネルギーの付与により脱離させることが可能であり，出発顔料へと転換する。このため，結果として得られる顔料膜は透明性が高く，光学特性に優れたものとなる。使用時には溶媒に可溶な染料のような取り扱いができ，また最終的な薄膜においては顔料の特性を発現するという特徴を持つ。図3に顔料およびラテント顔料膜の概略を示す。従来の顔料分散溶液を用いた顔料膜においては顔料の凝集に起因する光学特性の低下などの問題点があるが，ラテント顔料を用いることによりナノサイズの顔料膜の作製が可能となり光学特性の向上が見込める。

9.4　ラテント顔料の合成

全ての色の顔料をラテント化することは困難であるため，色材の三原色顔料のラテント化を行った。色材の三原色はマゼンタ色（赤紫色），シアン色（青色），イエロー色（黄色）であり，これらの原色の色を混色することにより種々の色の発現が可能となる。ラテント化可能な顔料としてキナクリドン（Qn：赤紫），1,4-ジアミノ-2,3-ジシアノ-9,10-アントラキノン（DDA：青），ピグメントイエロー93（PY93：黄）を選択し合成を行った。顔料の化学構造式を図4に示す。

図5には代表的な赤紫顔料色素であるキナクリドン（Qn）の合成スキームを示す。Qnにジ-t-ブチルジカーボネートを反応させるとアミノ基上に$(CH_3)_3COCO$（t-BOC）基が結合したQnラテント顔料（Qn-t-BOC）が生成する。このt-BOC基は極めて嵩高い置換基であり，これによりQn分子間に生ずる水素結合および$\pi-\pi$相互作用などの分子間相互作用が断たれ，溶媒が溶媒和しやすいものとなる。このため各種溶媒に可溶となる。この反応は，アミノ基の保護基の導入反応として有機合成においてよく知られた反応であり[3]，ほぼ定量的に進行する。合成したQn

図4 色材の三原色顔料の分子構造

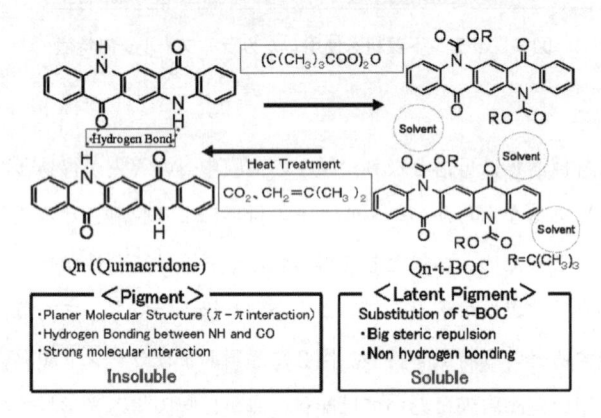

図5 Quinacridoneラテント顔料の合成

-t-BOCを熱処理（160〜180℃）するとt-BOC基はCO_2とブチレンガスとして分解脱離し，Qn顔料に戻る。

DDA，PY93についても同様な方法によりアミノ基上にt-BOCの導入が可能であり，いずれも4個のt-BOCが結合したDDA-t-BOC，PY93-t-BOCが得られる。DDA-t-BOCにおいては，N上の2個の水素が2個のt-BOC基で置換されていることが単結晶X線解析の結果から明らかとなっている[4]。嵩高く立体障害の大きなt-BOC基が同一N上に2個結合していることは珍しく興味深い。溶媒に対する溶解特性，熱処理によるt-BOC基の脱離特性などは，Qnとほぼ同様である。

9.5 インクジェットプリンティング（IJP）法によるカラーフィルタ形成技術

三色のラテント顔料を塗料化（インク化）し，IJPによるカラーフィルタ形成の検討を行った。IJPはフォトリソ法と比べ多段階におよぶ複雑な工程を必要とせず，比較的精密なパターン形成が可能なことや印刷法などと比較して使用する塗料の量を大幅に低減化できるため，薄膜形成の

第7章　プリンタブルエレクトロニクスが期待される有機デバイスとその要素技術

手段として有用である。

　図6にIJPによるパターン形成プロセスを示す。基板面上にインクを定着する有機樹脂からなるインク受容層を形成する。このインク受容層にはポリスチレン，シロキサン変性アクリル樹脂などの有機樹脂が適している。有機樹脂を溶媒に溶解し，この溶液を塗布しついで加熱処理することによりインク受容層の薄膜を形成する。このインク受容層付基板にラテント顔料のインクをIJPを用いて滴下，着弾，定着させた後，この基板を加熱処理して顔料膜を形成する。ラテント顔料のインク化はIJPに適した濃度，粘度，表面張力，沸点などの調整が必要であり，本実験ではイソホロンを溶媒として用いた。図7にラテント顔料溶液の作製とIJPによる顔料膜作製フローを示した。Qn-t-BOC，DDA-t-BOC，PY93-t-BOCそれぞれをイソホロン溶液とし，IJP

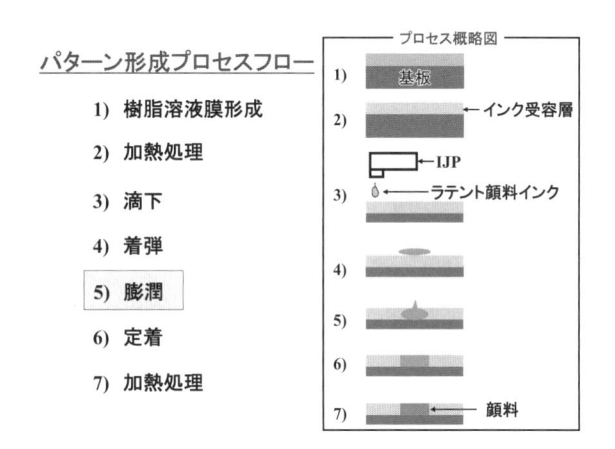

図6　インク受容層（膨潤作用）を用いた微細パターニング

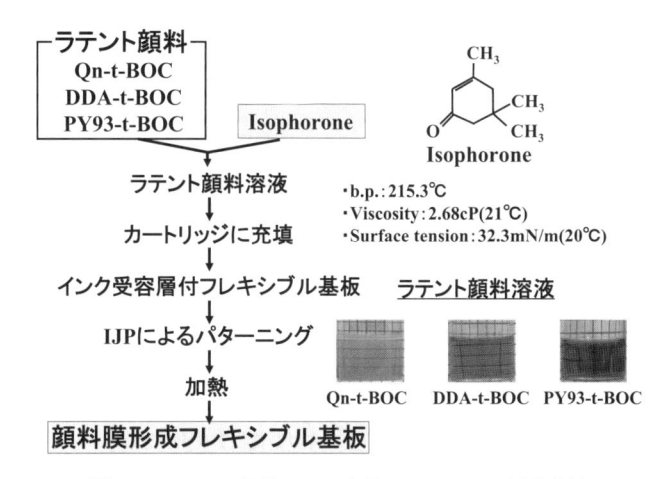

図7　ラテント顔料インクを用いたパターン形成方法

のカートリッジに充填後，パターニング実験を行った。図8には三原色の文字パターンの形成結果を示す。インク受容層の有無による文字パターン形成結果についても比較のため示す。インク受容層が無い場合，ラテント顔料インクは広がってしまいパターンの形成は難しい。一方，インク受容層が形成されているものではパターンが確実に形成されており，熱処理により色材の三原色が発色する。図9にはインク受容層の違いによるパターン形成結果を示す。ポリスチレン，シロキサン変性アクリル樹脂のいずれにおいてもパターン形成が可能であるが，シロキサン変性アクリル樹脂のほうがより明確なパターン形成がなされる。図10には市松模様のパターン形成結果を示す。色材の三原色のほかにこの三原色をIJPで混合することにより緑，青，赤などの光の三原色を発現させることもでき，顔料膜の多色化も可能である。この方法により得られた顔料膜は透明性も確保されており，またフレキシブル基板を使用した場合はフレキシビリティーを有するものも得られる。

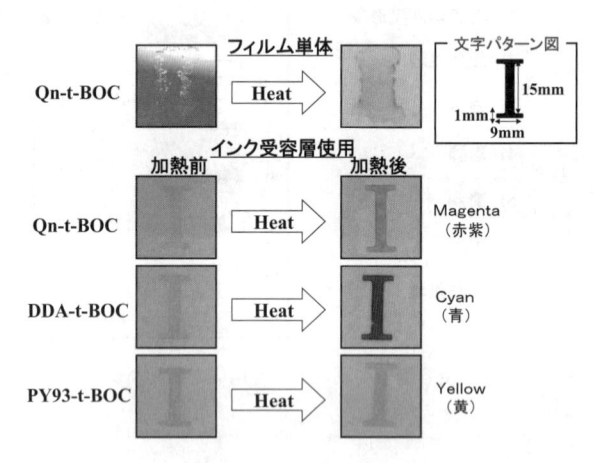

図8　ラテント顔料インクを用いた文字パターンの形成

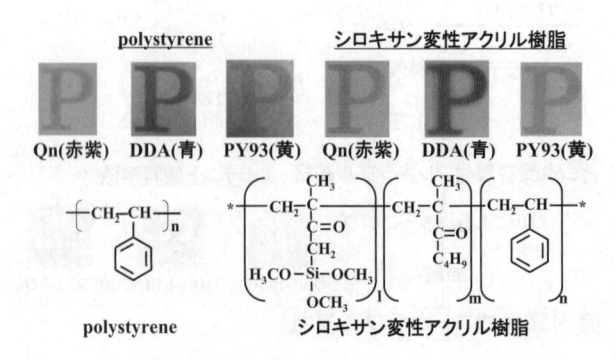

図9　インク受容層樹脂変化によるラテント顔料のパターニング

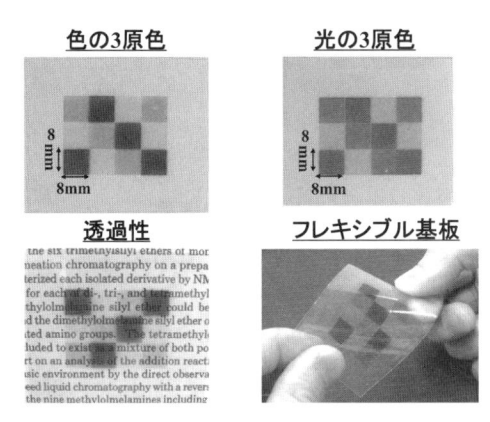

第7章　プリンタブルエレクトロニクスが期待される有機デバイスとその要素技術

図10　IJP法による色材の三原色および混色パターンの形成

9.6　おわりに

　カラーフィルタの高効率作製法の要素技術開発を目的として，ラテント顔料インクを用いたIJP法によるカラーフィルタの簡便な形成法およびパターニング技術について検討した。ラテント顔料は，出発時溶剤に可溶であり染料のような取り扱いが可能である。ついで熱により顔料へと変換し，顔料膜としての性質を発現する。このためIJP法の顔料インクの作製およびパターン形成が容易である。また薄膜中にナノサイズの顔料粒子の析出が可能なため，光学特性の良いカラーフィルタが得られる。色材の三原色としての顔料（Qn，DDA，Py93）は，全てt-BOC基の導入に成功しラテント化が可能である。ラテント化した顔料は溶媒に可溶であった。このラテント顔料をインクとして用い，IJP法によりフレキシブル基板上への顔料膜形成が可能であった。また，三原色ラテント顔料の混色により顔料膜の多色化が可能である。

文　　献

1) 小関健一編集，『インクジェット技術のエレクトロニクス応用』，リアライズ理工センター（2006）
2) Z. Zambounis, H. Hao, A. Iqbal, *Nature*, **388**, 131（1997）
3) T.W. Greene, P.G.M. Wuts, Protective Groups in Organic Synthesis, 2nd Ed., John Wiley & Sons, New York（1991）
4) 木村将之，大石知司，色材の三原色可溶化有機顔料の合成と有機無機ハイブリッド膜の性質，日本化学会第85春季年会講演集 PA-079（2005）

プリンタブル有機エレクトロニクスの最新技術 《普及版》（B1120）

2008年11月28日　初　版　第1刷発行
2015年　4月　7日　普及版　第1刷発行

監　修　　横山正明，鎌田俊英　　　　Printed in Japan
発行者　　辻　賢司
発行所　　株式会社シーエムシー出版
　　　　　東京都千代田区神田錦町 1-17-1
　　　　　電話 03 (3293) 7066
　　　　　大阪市中央区内平野町 1-3-12
　　　　　電話 06 (4794) 8234
　　　　　http://www.cmcbooks.co.jp/

〔印刷　株式会社遊文舎〕　　　Ⓒ M. Yokoyama, T. Kamata, 2015

落丁・乱丁本はお取替えいたします。

本書の内容の一部あるいは全部を無断で複写（コピー）することは，法律で認められた場合を除き，著作権者および出版社の権利の侵害になります。

ISBN978-4-7813-1013-8　C3054　¥4000E